FÍSICA
com Aplicação Tecnológica

Mecânica | Volume 1

Blucher

DIRCEU D'ALKMIN TELLES
JOÃO MONGELLI NETTO

Organizadores

FÍSICA
com Aplicação Tecnológica

Mecânica | **Volume 1**

Física com aplicação tecnológica – edição coordenada por Dirceu D'Alkmin Telles / João Mongelli Netto

© 2011 Volume I – Mecânica – Organizador: João Mongelli Netto

1ª reimpressão – 2014

Direitos reservados para Editora Edgard Blücher Ltda.

Blucher

Rua Pedroso Alvarenga, 1245, 4º andar
04531-012 – São Paulo – SP – Brasil
Tel 55 11 3078-5366
contato@blucher.com.br
www.blucher.com.br

Segundo Novo Acordo Ortográfico, conforme 5. ed. do *Vocabulário Ortográfico da Língua Portuguesa*, Academia Brasileira de Letras, março de 2009.

É proibida a reprodução total ou parcial por quaisquer meios, sem autorização escrita da Editora.

Todos os direitos reservados pela Editora Edgard Blücher Ltda.

FICHA CATALOGRÁFICA

Física com aplicação tecnológica, volume I / Dirceu D'Alkmin Telles, João Mongelli Netto. – São Paulo: Blucher, 2011.

Vários autores.
Bibliografia.

ISBN 978-85-212-0587-6

1. Física I. Telles, Dirceu D'Alkmin.
II. Mongelli Neto, João

11-00420   CDD-530

Índices para catálogo sistemático:
1. Física   530

À memória do professor Tore Niels Olof Folmer Johnson

APRESENTAÇÃO

A oportunidade de contribuir para a transferência e difusão do conhecimento, por meio da publicação de obras científicas, é gratificante para nós, da FAT. Ações como esta se adequam aos princípios estabelecidos por esta Instituição - Fundação de Apoio à Tecnologia – criada em 1987, por um grupo de professores da FATEC-SP.

A obra "Física com Aplicações Tecnológicas" (Volume 1 – Mecânica), que abrange as teorias da Física e suas aplicações tecnológicas, será fundamental para o desenvolvimento acadêmico de alunos e professores dos cursos superiores de tecnologia, engenharia, bacharelado em Física e para estudiosos da área.

No processo de elaboração da obra, os autores tiveram o cuidado de incluir textos, ilustrações, orientações para solução de exercícios. Isto faz com que a obra possa ser considerada ferramenta de aprendizado bastante completa e eficiente.

A FAT, que nasceu com o objetivo básico de ser um elo entre o setor produtivo e o ambiente acadêmico, parabeniza os autores pelo excelente trabalho.

Ações como essa se unem ao conjunto de outras que oferecemos, como assessorias especializadas, cursos, treinamentos em diversos níveis, consultorias e concursos para toda a comunidade.

A cidadania é promovida visando à conscientização social, a partir do esforço das instituições em prol da difusão do conhecimento.

Professor César Silva
Presidente da FAT – Fundação de Apoio à Tecnologia

PREFÁCIO

Os docentes de Física do Departamento de Ensino Geral da FATEC-SP, sob a coordenação do Prof. João Mongelli Netto e Prof. Dr. Dirceu D´Alkmin Telles, lançam o primeiro volume 1 do livro Física com Aplicações Tecnológicas – Mecânica.

Destinado a alunos e professores dos cursos superiores de Tecnologia, Engenharia, Bacharelado em Física e estudiosos da área, o presente volume apresenta às comunidades acadêmicas a Mecânica Clássica, por meio de teorias, aplicações tecnológicas, exercícios resolvidos e propostos.

Expresso meus agradecimentos a todos os autores que contribuíram para a caracterização deste trabalho que certamente será de grande valia para as Instituições de Ensino Superior do Pais.

Prof^a. Dr^a. Luciana Reyes Pires Kassab
Diretora da FATEC-SP

SOBRE OS AUTORES

DIRCEU D´ALKMIN TELLES

Engenheiro, Mestre e Doutor em Engenharia Civil – Escola Politécnica – USP. Consultor nas áreas de Irrigação e de Recursos Hídricos. Professor do Programa de Pós-Graduação do Ceeteps. Coordenador de cursos de pós-graduação da FAT - Fundação de Apoio à Tecnologia. Coordenador e Professor de Curso de Especialização da FATEC-SP. Foi: Presidente da Associação Brasileira de Irrigação e Drenagem, Professor e Diretor da FATEC-SP, Coordenador de Projetos de Irrigação do Daee e Professor do Programa de Pós-Graduação da Escola Politécnica – USP.

datelles@fatecsp.br   dirceu.telles@fatgestao.org.br

JOÃO MONGELLI NETTO

Licenciado em Física pela Universidadede São Paulo. Autor de Física Básica, pela Editora Cultrix: vol. 1 Mecânica; vol.2 Hidrostática, Termologia e Óptica; coautor de Física Geral – curso superior – Mecânica da Partícula e do Sólido, sob coordenação do Professor Tore Johnson. Leciona atualmente essa disciplina na Faculdade de Tecnologia de São Paulo.

mongelli@fatecsp.br

JUAN CARLOS RAMIREZ MITTANI

Graduado em Física pela Universidade Nacional de San Agustin (Arequipa- Perú). Mestre e Doutor pela Universidade de São Paulo. Pós-doutorado na USP e na Universidade de Oklahoma (Estados Unidos). Atualmente, é professor da Faculdade de Tecnologia de São Paulo e realiza pesquisas na área de datação e dosimetria, usando técnicas de luminescência.

juan@fatecsp.br

GILBERTO MARCON FERRAZ

Graduado em Física pela Pontifícia Universidade Católica de São Paulo. Mestre em Física Aplicada `a Medicina e Biologia pela Faculdade de Filosofia, Ciências e Letras de Ribeirão Preto, da Universidade de São Paulo. Doutor em Ciências – área Física do Estado Sólido – pelo Instituto de Física da Universidade de São Paulo. Atualmente, é professor de Física da FEI, da Faculdade de Tecnologia de São Paulo e do UNIFIEO.

gmarconf@fatecsp.br.

MANUEL VENCESLAU CANTÉ

Bacharel e Mestre em Física pela Unicamp. Doutor em Engenharia de Materiais e Processos de Fabricação pela Unicamp. Tem experiência em ensino de Física, tanto no Ensino Médio como no Ensino Superior. Atualmente, é professor Associado da Faculdade de Tecnologia da Zona Leste, no Curso de Polímeros.

mvcante@terra.com.br

OSVALDO DIAS VENEZUELA

Bacharel e Licenciado em Física pela Universidade de São Paulo. Mestre em Ensino de Física pela Universidade de São Paulo. Professor de Física da Faculdade de Tecnologia de São Paulo e da Escola Técnica Walter Belian.

ovenezuela@uol.com.br

ROBERTA NUNES ATTILI FRANZIN

Bacharel e Licenciada em Física pela Pontifícia Universidade Católica de São Paulo. Mestre em Ciências na Área de Tecnologia Nuclear pelo Ipen/ USP. Doutora em Ciências na Área de Tecnologia Nuclear pelo Ipen/USP. Professora de Física da Faculdade de Tecnologia de São Paulo.

rnattili@gmail.com

ROBERTO VERZINI

Bacharel e Licenciado em Física pela Universidade de São Paulo. Mestre em Física pela Universidade de São Paulo, na área de Absorção Óptica e Termoluminescência em vidros. Professor de Física da Faculdade de Tecnologia de São Paulo, atuando também em Produção e Desenvolvimento de Filmes Finos para Aplicações Ópticas na empresa Engefilme Indústria e Comércio Ltda.

engefilm@terra.com.br

EDUARDO ACEDO BARBOSA

Bacharel em Física pelo Instituto de Física da Universidade de São Paulo. Mestre em Física pela Unicamp. Doutor em Tecnologia Nuclear pelo Ipen. Professor e pesquisador da Faculdade de Tecnologia de São Paulo na área de lasers, holografia e metrologia óptica.

ebarbosa@fatecsp.br

FRANCISCO TADEU DEGASPERI

Bacharel em Física pelo Instituto de Física da Universidade de São Paulo. Mestre e Doutor pela Feec – Unicamp. Trabalhou por 24 anos no Ifusp e trabalha em tempo integral na Faculdade de Tecnologia de São Paulo desde 2000. Montou e coordena o Laboratório de Tecnologia do Vácuo da Fatec-SP. Realiza trabalhos acadêmicos e industriais, desenvolvendo Processos, Metrologia e Instrumentação na área de Vácuo.

ftd@fatecsp.br

CONTEÚDO

Volume 1

Introdução	**FÍSICA, UM MODO DE VER O MUNDO**	*15*
Capítulo 1	**GRANDEZAS FÍSICAS E VETORES**	*27*
Capítulo 2	**MOVIMENTO EM UMA DIMENSÃO**	*61*
Capítulo 3	**MOVIMENTO EM DUAS E TRÊS DIMENSÕES**	*93*
Capítulo 4	**LEIS DE NEWTON**	*129*
Capítulo 5	**EQUILÍBRIO DE UM SÓLIDO**	*159*
Capítulo 6	**TRABALHO E ENERGIA**	*193*
Capítulo 7	**MOMENTO LINEAR E IMPULSO**	*229*
Capítulo 8	**ROTAÇÕES**	*263*

INTRODUÇÃO
FÍSICA, UM MODO DE VER O MUNDO

João Mongelli Netto

Esta breve introdução tem como objetivo evidenciar descobertas e avanços no campo dos fenômenos ligados à ciência denominada física, mostrando que o que hoje conhecemos é fruto de esforços na busca incessante de satisfação aos desejos de compreender os fenômenos, viver mais harmoniosamente com a Natureza e aplicar os novos conhecimentos, ou seja, desenvolver a tecnologia.

Os fenômenos naturais, que percebemos por meio dos sentidos, sempre foram objeto de investigação para compreender como a Natureza funciona:

O Universo é finito?

Qual a origem do nosso sistema solar?

Quando a vida teve início na Terra?

Por que o céu é azul?

Por que uma pedra, quando largada no ar, cai ao solo?

Por que um pedaço de ferro atrai um ímã?

Por que sentimos frio?

O litro de álcool combustível deve, mesmo, custar menos que o litro de gasolina?

Como se formam as nuvens?

O que é o trovão? E o raio?

Quando não se têm respostas a estas e a outras indagações, a superstição entra em cena, para saciar a curiosidade do ser humano. Por exemplo, na Antiguidade, os homens chegavam a temer a doença do Sol, quando ele desaparecia para dar lugar à noite.

A busca do conhecimento é tão antiga quanto a humanidade e, desde o início, o que se procurava era o *porquê* das coisas; depois de muitas observações, elaborava-se a explicação, a teoria.

Assim, a Antiguidade legou-nos diversas ideias de seus pensadores. Várias delas foram aceitas como justificativas de fenômenos naturais e prevaleceram sobre outras hipóteses durante muitos séculos.

O ANTIGO EGITO

Os egípcios constituíram uma cultura de grande e eficiente administração, que perdurou por 20 séculos (de 3000 a.C. a 1000 a.C., aproximadamente). Atestado dessa pujança de organização foi a construção de monumentais edifícios: palácios, templos, pirâmides, calendários com ano de 365 dias e registros de astronomia e matemática, principalmente a aritmética e a geometria. Eles tinham noções de geologia, reconhecendo as propriedades físicas e químicas dos materiais. Na medicina, eram cirurgiões competentes. Certamente, os egípcios muito contribuíram para o desenvolvimento da ciência em seu estado nascente.

Em 3000 a.C., os sumérios ocuparam a região onde hoje se situam o Iraque, a Síria, o Líbano e parte de Israel. Eles inventaram a escrita, de fundamental importância para o desenvolvimento da ciência e sua difusão. Não havendo moedas à época, os sumérios desenvolveram um sistema de pesos e medidas, no qual o comprimento era baseado em partes do corpo humano. Posteriormente, os fenícios (aproximadamente em 1500 a.C.) e os babilônios (aproximadamente em 1000 a.C.) lançaram os fundamentos da matemática.

OS GREGOS

A civilização grega, com sua tentativa de dar um sentido ao mundo material, afetou profundamente a nossa. Dentre os povos da Antiguidade ocidental, foram os grandes filósofos da Natureza, em busca de explicações acerca do universo, interpretando os fenômenos cósmicos e terrestres. Entre seus ilustres filhos, citamos:

Tales, de Mileto (624 a.C.–547 a.C., aproximadamente) estadista, matemático, astrônomo e negociante; em suas viagens ao Egito, trouxe para a Grécia o estudo da geometria prática, a partir da qual se desenvolveu a estrutura lógica;

Pitágoras, de Samos (aproximadamente 560 a.C.–500 a.C.), líder religioso, estudioso de música, matemático e astrônomo, afirmou que a Terra era um planeta, em órbita como os outros;

Leucipo e seu discípulo Demócrito (aproximadamente 500 a.C.–404 a.C.) propuseram a teoria atômica, com os átomos em perpétuo movimento no vácuo;

Sócrates (470 a.C.–399 a.C.) e seu discípulo Platão (427 a.C.–347 a.C.) desenvolveram a dialética, uma técnica que, por meio de perguntas, levava os alunos a elaborar por si mesmos suas ideias. Tal método de lógica foi fundamental para a matemática. Platão estava convencido de que a Terra, esférica, estava fixa no centro do universo, com o Sol, a Lua e os planetas movendo-se em torno dela. Acreditava que os corpos eram formados pelos quatro elementos: terra, água, ar e fogo;

Hipócrates, de Quios, notável matemático contemporâneo de Sócrates, fundou uma escola de matemática em Atenas, que se tornaria importante centro no mundo grego;

Aristóteles (384 a.C.–322 a.C.), maior figura da ciência grega, pregava ser necessária uma força para manter um corpo em movimento e que o comportamento dos corpos se devia à constituição deles. Afirmava: tudo tem o seu lugar natural; o dos materiais terrestres é o centro da Terra, considerada esférica e centro do universo. Quanto mais elemento terra o corpo contiver, mais fortemente ele quer chegar a esse centro. Então, corpos mais pesados caem mais rapidamente. O lugar natural da água é a superfície da Terra, enquanto o lugar do ar e do fogo é em torno da Terra, acima de nossas cabeças. Essa ideia dos quatro elementos parece ingênua, mas hoje sabemos que pouco mais de uma centena deles constituem todos os corpos imagináveis;

Euclides fundou a escola de matemática do museu de Alexandria, onde trabalhou entre 320 a.C. e 260 a.C.. Seu livro *Elementos* é a síntese da geometria grega, base do ensino dessa ciência no Ocidente; escreveu também uma série de teoremas de óptica;

Arquimedes (287 a.C.–212 a.C.), da escola de matemática de Alexandria, foi um dos primeiros a usar a experimentação para observar os fenômenos, construiu máquinas de guerra utilizando as propriedades das alavancas, contribuiu para o desenvolvimento da hidrostática;

Eratóstenes (276 a.C.–195 a.C.), notável sábio, conseguiu determinar, com razoável precisão, o raio e a circunferência da Terra, utilizando a proporcionalidade entre os lados de dois triângulos semelhantes;

Ptolomeu (aproximadamente 100 d.C.–170 d.C.) estudou em Alexandria e apresentou uma descrição matemática detalhada dos movimentos do Sol, da Lua e dos planetas em torno da Terra, apoio para toda a astronomia ocidental nos séculos seguintes. Baseava-se na teoria dos epiciclos, desenvolvida por Apolônio. De acordo com essa proposta, um planeta gira em órbita circular em torno de um ponto que, por sua vez, descreve movimento circular em torno da Terra, gerando um movimento ligeiramente elíptico. Deixou-nos um compêndio de astronomia chamado *Almagesto* e escreveu, ainda, sobre óptica e música, além de um tratado de geografia.

A física teve pequeno desenvolvimento depois dos trabalhos desses helenistas. Convém lembrar que foram feitas notáveis descobertas, em todos os campos do conhecimento, nas culturas de outros povos, mas havia grande dificuldade de comunicação entre eles e tais conhecimentos não puderam ser rapidamente compartilhados. Como exemplo, podemos citar a cultura da China. Os chineses, práticos e inventivos, foram notáveis astrônomos. Por volta do ano 723 criaram o relógio mecânico, bastante preciso, usando uma série de engrenagens; descobriram a pólvora, usada em fogos de artifício e pela primeira vez empregada em combates no século X. Deram inúmeras contribuições à física; a mais significativa foi a invenção da bússola magnética, já usada por eles na navegação, por volta do século XI, precedendo, em muito, o uso no Ocidente.

A FÍSICA DOS ÁRABES E O OCIDENTE EUROPEU

O povo árabe teve importante papel na história da matemática e da física, tornando-se uma espécie de responsável pelo desabrochar desses estudos na Europa.

O maior físico islâmico, Ibn al-Haytham, conhecido no Ocidente como Alhazen, nasceu em Basra, no Iraque, em 965 e viveu no Cairo. Seu trabalho marcou o ponto mais elevado da física árabe – *Óptica* –, usa orientação matemática e experimental e coloca como autoridade a evidência empírica. Ele tinha claro o conceito de raio de luz, e suas leis da refração da luz foram usadas no século XVII por Kepler e Descartes.

No século XII, o Ocidente recuperou o ensino grego sob forma de traduções latinas de textos islâmicos, fossem trabalhos originais árabes, como a *Álgebra* de al-Khwarizmi e a *Óptica* de al-Haytham, fossem traduções e comentários de árabes sobre textos gregos de Aristóteles. Esse recente conhecimento afetou as novas universidades de Paris e de Oxford, na Inglaterra, ambas da segunda metade do século XII.

Dois grandes cientistas, versados nas traduções das fontes árabes então disponíveis, foram Robert Grosseteste e seu aluno Roger Bacon. Grosseteste nasceu na Inglaterra por volta de 1168 e faleceu em 1253. Curioso dos fenômenos naturais, ele escreveu importantes textos sobre astronomia, som e principalmente óptica, enfatizando a natureza da pesquisa científica. Figuras centrais do importante movimento intelectual na Inglaterra, ambos tiveram significativa influência numa época em que o novo conhecimento da ciência e da filosofia gregas estava exercendo profundo efeito na filosofia cristã; divulgaram textos vindos do mundo árabe e foram precursores do método científico.

O alemão da Baviera Alberto Magno também desempenhou marcante papel na introdução da ciência grega e árabe nas universidades da Europa ocidental. Tendo nascido por volta de 1200; Alberto Magno era dominicano e foi ensinar na universidade de Paris em 1240. Desde 1210, as autoridades eclesiásticas de Paris condenaram os trabalhos científicos de Aristóteles e, por esse motivo, Alberto Magno enfrentou forte resistência. Foi um estudioso da Natureza, deixando trabalhos sobre os animais e as plantas. Diante da necessidade de uma síntese aceitável entre o pensamento pagão aristotélico e a doutrina cristã, a solução encontrada por Alberto Magno foi parafrasear a ciência contida nos ensinamentos aristotélicos. Sem recear discordar de Aristóteles, importou parte de seus pensamentos. Grande sábio, também parafraseou a lógica, a matemática, a ética, a política e a metafísica do filósofo grego.

O tardio movimento científico medieval concentrou-se na ciência física pela possibilidade de se exercer a precisão de pensamento e a liberdade de especulação. Esse trabalho teve continuidade nos séculos seguintes, na Renascença e no período da Revolução Científica.

O RENASCIMENTO

Jean Buridan foi influente estudioso da ciência natural e reitor da universidade de Paris. Seu discípulo Nicole d'Oresme (aproximadamente 1320–1382) estabelecia uma diferença entre movimentos celestes e terrestres: utilizou a matemática no movimento planetário e chegou a aplicar o conceito de "centro de gravidade" aos corpos no universo; ele propôs uma teoria para explicar o difícil movimento de um projétil e, no estudo da queda de um corpo na Terra, sugeriu que a velocidade aumentava com o tempo de queda, antecedendo portanto a determinação do valor da aceleração da gravidade, 9,81 m/s^2 para a queda livre.

O período histórico denominado Renascimento manifesta-se na Itália no século XIV, com seus primeiros indícios nos trabalhos dos poetas Petrarca (1304–1374) e Boccaccio (1313–1375), humanistas e defensores da crença de que sua cultura era herdeira da Antiguidade clássica. A época foi extremamente criativa e pujante, destacando-se as grandes navegações e descobertas de rotas marítimas e de novas terras, a invenção da imprensa pelo alemão Gutenberg.

O artista e inventor italiano Leonardo da Vinci (1452–1519), mesmo sem possuir educação formal, mostrou-se criativo construtor mecânico e habilidoso desenhista.

O polonês Nicolau Copérnico (1473–1543), insatisfeito com a teoria de Ptolomeu, propôs o sistema heliocêntrico, com a Terra e os planetas em órbita ao redor do Sol, ponto de vista revolucionário descrito em seu livro *Das revoluções dos corpos celestes;* a partir daí, o homem perdeu seu lugar privilegiado no centro do universo.

Simon Stevin (1548–1620) publicou três livros: *Princípios da estática, Aplicações da estática* e *Princípios da hidrostática,* retomando os trabalhos de Arquimedes, de 18 séculos atrás.

Gilbert (1540–1603) publicou, em 1600, o livro *De magnete,* tratado de magnetismo.

O italiano Giambattista Della Porta deu grande contribuição à óptica no século XVI.

Ticho Brahe (1546–1601), astrônomo dinamarquês, realizou medidas precisas do movimento dos astros, no observatório fundado por ele, com instrumentos de precisão jamais vista; discordou de algumas ideias de Aristóteles e também de Copérnico. Criou sua própria cosmologia, com a Terra fixa no centro do universo, a Lua e o Sol em órbitas terrestres, porém admitindo os planetas em órbita ao redor do Sol. Publicou *Mecânica da nova astronomia*, um tratado descritivo dos instrumentos e seus métodos de uso por ele desenvolvidos.

Johannes Kepler (1571–1630) sucedeu Ticho Brahe e chegou às três leis dos movimentos dos planetas, com a publicação, em 1609, de *A nova astronomia*. Resultou de anos de observação do movimento de Marte, que não apresentava movimento circular uniforme e sim elíptico, com velocidade crescente ao se aproximar do Sol e decrescente ao se afastar dele. Entre 1619 e 1621, depois de examinar as informações de Brahe, Kepler concluiu que todos os planetas se comportavam da mesma maneira, conforme descrito nas três partes de sua obra *Epítome da astronomia copernicana*.

Galileu Galilei (1564–1642), contemporâneo de Kepler, estudou o movimento dos corpos próximos à Terra, descobriu a lei do movimento de um pêndulo e pesquisou a queda dos corpos, provando que, ao contrário da teoria aristotélica, o tempo de queda independe de o corpo ser leve ou pesado. Estudou o movimento de esferas em planos inclinados, chegando ao princípio da inércia. Fez uso científico do telescópio (talvez invenção holandesa), notou que a Lua tinha montanhas, cuja altura podia ser medida pelos comprimentos de suas sombras, e que Júpiter era acompanhado por quatro pequenas luas em sua órbita. Eram fortes evidências a favor da teoria de Copérnico. Mudou-se de Veneza para Florença em 1610. Lá enfrentou resistências às suas concepções, pois "uma Terra em movimento feria as Sagradas Escrituras". Por algum tempo, Galileu manteve-se em silêncio; porém, em 1623 publicou *O ensaiador*, expondo seus pontos de vista sobre a realidade científica e sobre o método científico. Seu livro *Diálogo sobre os dois principais sistemas do mundo* – o ptolomaico e o copernicano, publicado em 1632, foi aplaudido em todo o restante da Europa, causando, porém, tumulto na Itália. Galileu foi processado pela Inquisição (1633) e condenado à prisão domiciliar. Trabalhou, então, em seu último livro, *Discursos referentes a duas novas ciências*, no qual apresenta suas conclusões a respeito da mecânica.

A revisão desses conceitos por Kepler e Galileu possibilitou a Isaac Newton (1642–1727) estabelecer as leis da Mecânica Clássica, um conjunto harmonioso de princípios claramente enunciados, bem como a lei do inverso do quadrado da distância que explicava a gravitação universal. Sua obra-prima *Philosophiae naturalis principia mathematica* [Os princípios matemáticos da filosofia natural] foi publicada em 1687.

No presente livro, procuramos apresentar a Mecânica até a época newtoniana. A Física sofreu avanços posteriores, que serão objeto de estudo nos outros volumes, que tratarão de hidrodinâmica, termodinâmica, ondas e eletromagnetismo.

O MÉTODO CIENTÍFICO

Voltemos nossa atenção ao método que revolucionou todo o desenvolvimento científico, trazendo explicações confiáveis e bem elaboradas dos fenômenos.

O estágio fenomenológico da ciência física consiste na catalogação de eventos, acompanhados de sua descrição. Os eventos são agrupados de acordo com suas semelhanças; a partir daí, levantam-se as grandezas físicas comuns aos fenômenos, aquelas propriedades necessárias para sua descrição. O passo seguinte para a obtenção de uma teoria que explique aqueles fenômenos parecidos é a busca de relações entre as grandezas, o que permite, via de regra, formular hipóteses explicativas. O método experimental ou método científico, desenvolvido por Galileu, é instrumento poderoso de análise dessa questão.

Galileu percebeu que era muito mais produtiva – e ainda o é –, para o avanço da ciência, uma nova atitude: em vez de se procurar o *porquê* de um fenômeno, deve-se inicialmente buscar o *que* ocorre e *como* ocorre tal fenômeno. Quase todo o progresso científico, a partir da Renascença, é baseado no método experimental introduzido por Galileu. Tal método consiste em:

- observação;
- formulação de uma hipótese;
- experimentação;
- conclusão.

O homem procura, então, observar os fenômenos, repeti-los em laboratório, efetuar medidas, propor uma hipótese inicial, alterar as condições em que ocorreram, fazer novas medidas, observar outros fenômenos e realizar novas experimentações. Essas novas experimentações poderão confirmar ou não a hipótese inicial.

Foi assim que se desenvolveram a mecânica e a termologia, a óptica e a acústica. Ainda não há teoria consistente para os fenômenos que envolvem o olfato e o paladar, mas poderemos ainda assistir à formulação dessa teoria ou, até mesmo, participar de sua criação. Uma vez elaborada uma teoria, ela deve passar por testes.

Se, em todos os fenômenos estudados, há concordância entre o que se levantou como hipótese e a evidência experimental, então a teoria formulada parece adequada à compreensão dos fenômenos e também à percepção de previsões embasadas. Por outro lado, se o teste da hipótese nos mostrar que, em alguma situação, não conseguimos explicar um dos eventos relacionados, por haver discordância entre a hipótese e a realidade, é hora de substituir a teoria recém-criada por outra mais vigorosa, capaz de cobrir aquele evento e todos os demais do conjunto.

A Natureza não erra; já a explicação, fruto da capacidade humana, pode falhar.

É preciso ter o espírito alerta para observar, indagar e buscar explicações mais satisfatórias à ampliação dos conhecimentos das leis da Natureza, os quais nos propiciam controlar fenômenos e tirar proveito deles. Isto é fazer Tecnologia, que consiste na aplicação dos conhecimentos científicos na solução dos problemas práticos. Alguns exemplos ajudam a ilustrar a afirmação:

- a descoberta do elétron foi consequência do desejo de se conhecer a estrutura da matéria, mas serviu de base ao desenvolvimento de muitos aparelhos eletrônicos;
- a descoberta das propriedades dos materiais semicondutores germânio e silício possibilitou melhorias profundas nos aparelhos eletrônicos e avanços notáveis na computação e na transmissão de dados;
- a descoberta do raio laser trouxe inúmeras aplicações práticas à indústria, à medicina e à instrumentação.

A QUEM SERVEM ESSAS TEORIAS?

O conhecimento de física é necessário a todas as pessoas que desenvolvem espírito crítico, independentemente de sua atuação: médico, literato, jornalista, economista. Serve especialmente a tecnólogos e engenheiros que a utilizam como apoio nas tomadas de decisão em suas atividades profissionais. O estudo da física faculta-nos um novo olhar, mais arguto, possibilitando visão mais integrada do que ocorre à nossa volta.

Sem dúvida, a compreensão dos fatos cotidianos, bem como a previsão do que poderá acontecer sob determinadas condições, nos integram à Natureza e nos permitem entendê-la, trazendo-nos a confiança nos conhecimentos adquiridos por dedicados homens e mulheres que, ao longo dos séculos, elaboraram teorias capazes de explicá-la.

MODELO

Nos estudos de física, frequentemente para facilitar a compreensão e a análise matemática de situações complexas, lança-se mão de um "modelo", um sistema irreal e abstrato, mas que apresenta solução simples e aproximada da realidade.

Exemplificando, analisamos a queda de um corpo supondo não haver resistência do ar e admitindo constante a aceleração da gravidade. Isto se justifica plenamente, de acordo com a precisão exigida para a resposta do problema em exame. Em certos casos, as previsões teóricas coincidem com as medidas experimentais, às vezes com pequena margem de diferença. Em outros casos, a diferença é grande e este procedimento serve apenas como referência inicial da resposta, que deve ser alterada pelas outras condições do problema. Por exemplo: como atua a resistência do ar? Sua intensidade é variável? Constata-se, empiricamente, que a força de resistência oferecida pelo ar a um corpo que nele se move depende da forma do corpo e, para baixas velocidades, é proporcional à velocidade, isto é, $F = k \cdot v$; para outra faixa de velocidades, é proporcional ao quadrado da velocidade, ou seja, $F = k \cdot v^2$. O fenômeno é bastante complexo.

E a aceleração da gravidade sofre alteração com a altitude? De acordo com a lei da gravitação universal, descoberta por Newton, a aceleração gravitacional num ponto é inversamente proporcional ao quadrado da distância desse ponto ao centro da Terra.

Estes e outros elementos complicadores podem levar o profissional a aplicar leis empíricas para solução de determinados problemas ou a usar maquetes em escala reduzida ou, ainda, a servir-se de tabelas que permitem chegar mais rapidamente ao resultado esperado. Maquetes em escala reduzida podem detectar problemas reais e precedem a construção de usinas hidrelétricas, por exemplo. A utilização de tabelas para solucionar um problema real de balística, é, sem dúvida, vantajosa sob vários pontos de vista, incluindo o tempo de solução.

Observações, análises e experimentos conduzem à necessidade do uso de instrumentos, desde os mais rudimentares até os mais complexos. Desenvolvidos por cientistas e técnicos nos últimos séculos, esses instrumentos fantásticos foram capazes de ampliar nossos sentidos, fornecendo informações e comprovações confiáveis.

Assim evolui a ciência: novos instrumentos possibilitam novas descobertas.

REFERÊNCIAS

RONAN, Colin A. *História ilustrada da ciência da Universidade de Cambridge*. Rio de Janeiro: Jorge Zahar, 1987, 4 v.

KUHN, T. S. *The struture of scientific revolutions*. 2. ed. Chicago e London: University of Chicago Press, 1970.

Juan Carlos Ramirez Mittani

1.1 GRANDEZAS FÍSICAS

1.1.1 INTRODUÇÃO

Uma grandeza física é toda propriedade dos corpos que pode ser medida e à qual se pode atribuir um valor numérico. Por exemplo, volume, temperatura, velocidade, pressão etc. Porém, existem outras propriedades que ainda não podem ser medidas como o sabor, o odor e a saudade, que, por conseguinte, não têm a característica de grandeza física.

Medir é comparar quantitativamente a grandeza física com outra grandeza padrão da mesma espécie, que no caso é a unidade de medida. Assim verificamos, então, quantas vezes a unidade padrão está contida na grandeza que está sendo medida. Nas medições, as grandezas sempre devem vir acompanhadas de unidades. Por exemplo, a massa de um corpo pode ser medida em quilogramas. Suponha que a massa de um determinado corpo tenha 2 kg, se dividirmos o corpo em duas partes iguais, cada uma terá massa 1 kg, neste caso 1 kg é a unidade de medida. Entretanto, se pudéssemos dividir o corpo em 2 000 pedaços iguais, cada parte teria 1 g, neste caso 1 g é a unidade de medida. Em ambos os casos, estamos medindo a mesma grandeza física, que é a massa do corpo, embora as unidades sejam distintas.

Não obstante existam dezenas de grandezas físicas, são estabelecidos padrões e unidades definidos para um número mínimo de grandezas, as quais são denominadas fundamentais.

A partir das grandezas fundamentais são definidas unidades para todas as demais grandezas denominadas grandezas derivadas.

1.1.2 SISTEMA INTERNACIONAL DE UNIDADES

O Sistema Internacional de unidades, SI, foi sancionado em 1971, na 14ª Conferência Geral de Pesos e Medidas. Tomando em consideração as vantagens de se adotar um sistema único para ser utilizado mundialmente nas medições que interessam tanto ao comércio e a indústria, quanto ao ensino e ao trabalho científico, decidiu-se fundamentar o Sistema Internacional em sete unidades básicas bem definidas, consideradas independentes, sob o ponto de vista dimensional. A Tabela 1.1 mostra as grandezas fundamentais do SI e suas respectivas unidades e a Tabela 1.2 as definições das grandezas comprimento, massa e tempo.

Tabela 1.1 Grandezas fundamentais do SI

Grandeza	Unidade	Símbolo	Representação dimensional
Comprimento	metro	m	L
Massa	quilograma	kg	M
Tempo	segundo	s	T
Corrente elétrica	ampère	A	I
Temperatura	kelvin	K	θ
Intensidade Luminosa	candela	cd	I
Quantidade de Matéria	mol	mol	

Tabela 1.2 Definição das três principais grandezas físicas fundamentais da Mecânica.

Grandeza	Unidade	Definição
Comprimento	metro	"O metro é o comprimento do trajeto percorrido pela luz no vácuo durante um intervalo de tempo de 1/299 792 458 de um segundo"
Massa	quilograma	"O quilograma é a unidade de massa (e não de peso, nem força); ele é igual à massa do protótipo internacional do quilograma." Esse protótipo internacional, em platina iridiada, é conservado no Bureau Internacional.
Tempo	segundo	"O segundo é a duração de 9 192 631 770 oscilações da luz correspondente à transição entre os dois níveis hiperfinos do estado fundamental do átomo de césio 133"

A segunda classe de unidades do SI abrange as unidades derivadas, isto é, as unidades que podem ser formadas combinando-se unidades fundamentais segundo relações algébricas que interligam as grandezas correspondentes. Diversas dessas expressões algébricas, em razão de unidades de base, podem ser substituídas por nomes e símbolos especiais, o que permite sua utilização na formação de outras unidades derivadas.

1.1.3 MÚLTIPLOS E SUBMÚLTIPLOS DAS UNIDADES

Quando a grandeza física é muito maior ou muito menor que a unidade, é comum utilizar múltiplos e submúltiplos das unidades. Fazemos uso, então, da notação com potências de dez, também conhecida como notação científica.

A Tabela 1.3 apresenta a correspondência entre a notação científica e os múltiplos e submúltiplos. Cada conjunto de múltiplo e submúltiplo do SI tem um símbolo da unidade. Por exemplo, o símbolo k (quilo) corresponde a 10^3. Como exemplo, se certa distância é de 80 km, então, essa distância é igual $80 \cdot 10^3$ m ou $8{,}0 \cdot 10^4$ m, em notação científica.

Tabela 1.3 Prefixos das unidades do SI

Fator	Prefixo	Símbolo	Escala curta
10^{18}	exa	E	Quintilhão
10^{15}	peta	P	Quadrilhão
10^{12}	tera	T	Trilhão
10^{9}	giga	G	Bilhão
10^{6}	mega	M	Milhão
10^{3}	quilo	k	Milhar
10^{2}	hecto	h	Centena
10^{1}	deca	da	Dezena
10^{-1}	deci	d	Décimo
10^{-2}	centi	c	Centésimo
10^{-3}	mili	m	Milésimo
10^{-6}	micro	μ	Milionésimo
10^{-9}	nano	n	Bilionésimo
10^{-12}	pico	p	Trilionésimo
10^{-15}	femto	f	Quadrilionésimo
10^{-18}	ato	a	Quintilionésimo

1.1.4 TRANSFORMAÇÃO DE UNIDADES DE MEDIDA

A transformação ou conversão de unidades segue regras algébricas simples e pode ser feita pela regra da cadeia (ver exercícios resolvidos).

1.1.5 FÓRMULA DIMENSIONAL

Algumas vezes, podemos especificar a posição de uma partícula pelo número de coordenadas envolvidas. Assim, por exemplo, se a partícula está ao longo do eixo x, utilizamos uma coordenada (unidimensional). Se a partícula está num plano xy, utilizamos duas coordenadas (bidimensional) e, se está no espaço, utilizamos três coordenadas (tridimensional).

A dimensão de grandezas físicas segue a mesma filosofia e nos indica a natureza da grandeza com base nas unidades fundamentais. Em outras palavras, a dimensão de uma grandeza nos indica como essa grandeza se relaciona com cada uma das sete unidades básicas. Por exemplo, uma grandeza física que pode ser medida usando-se unidades de massa é dita ter a dimensão de massa, cujo símbolo é M. Para podermos identificar uma grandeza física numa fórmula dimensional devemos colocar a grandeza entre colchetes ([ ]).

A Tabela 1.4 apresenta a fórmula dimensional de algumas grandezas físicas que usaremos neste livro, em função das três grandezas físicas fundamentais da Mecânica, comprimento (L), massa (M) e tempo (T).

Tabela 1.4 Fórmula dimensional e unidades SI de algumas grandezas físicas.

Grandeza física	Fórmula dimensional	Unidade
Área	L^2	$1\ m^2$
Volume	L^3	$1\ m^3$
Velocidade	LT^{-1}	$1\ m/s$
Aceleração	LT^{-2}	$1\ m/s^2$
Força	MLT^{-2}	$1\ kg\ m/s^2 = 1\ N$
Trabalho	ML^2T^{-2}	$1\ kg\ m^2/s^2 = 1\ Nm = 1\ J$
Energia cinética	ML^2T^{-2}	$1\ kg\ m^2/s^2 = 1\ Nm = 1\ J$
Energia potencial	ML^2T^{-2}	$1\ kg\ m^2/s^2 = 1\ Nm = 1\ J$
Torque	ML^2T^{-2}	$1\ kg\ m^2/s^2 = 1\ Nm$
Potência	ML^2T^{-3}	$1\ kg\ m^2/s^3 = 1\ J/s = 1\ W$
Impulso	MLT^{-1}	$1\ kg\ m/s = 1\ N\ s$
Momento linear	MLT^{-1}	$1\ kg\ m/s$
Período	T	$1\ s$
Frequência	T^{-1}	$1/s = 1\ Hz$
Velocidade angular	T^{-1}	$1\ rad/s$
Aceleração angular	T^{-2}	$1\ rad/s^2$

Para resolvermos equações dimensionais devemos tratá-las como qualquer equação algébrica comum, porém considerando os aspectos importantes a seguir:

a) A equação dimensional tem de ser homogênea, isto é, todos os termos que compõem a equação têm de ter a mesma dimensão.

Na equação $s = vt + \dfrac{1}{2}at^2$

$[s] = L$

$[v\,t] = LT^{-1}T = L$

$[a\,t^2] = LT^{-2}T^2 = L$.

Podemos observar que todos os termos que compõem a equação têm a mesma dimensão, então ela é homogênea.

b) Todos os valores puramente numéricos, ângulos, logaritmos, constantes numéricas e funções trigonométricas que figuram em algumas grandezas derivadas têm dimensão 1, ou seja, são adimensionais.

Por exemplo, a constante π:

$[\pi] = M^0L^0T^0 = 1$ adimensional.

c) Não se pode operar a soma ou subtração de duas grandezas com dimensão diferente, e todas as equações dimensionais devem ser expressas como produtos.

Por exemplo, a expressão $\dfrac{M}{L^2T^{-3}}$ deverá ser expressa como $ML^{-2}T^3$.

EXERCÍCIOS RESOLVIDOS

CONVERSÃO DE UNIDADES

1) A quantos km/h equivale 30 m/s?

    Solução:

    Como $1\,000$ m = 1 km, temos que $\dfrac{1\,km}{1000\,m} = 1$

    Da mesma maneira $3\,600$ s = 1h e, portanto, $\dfrac{3600\,s}{1h} = 1$

    Assim

    $30\dfrac{m}{s} = 30\dfrac{m}{s} \cdot \dfrac{1\,km}{1000\,m} \cdot \dfrac{3600\,s}{1h} = \dfrac{30 \cdot 3600}{1000}\dfrac{km}{h} = 108\dfrac{km}{h}$.

2) Uma unidade astronômica UA é a distância média da Terra ao Sol e é aproximadamente $150 \cdot 10^6$ km. Suponha que a velocidade da luz vale cerca de $3 \cdot 10^8$ m/s. Escrever a velocidade da luz em termos de unidades astronômicas por minuto.

    Solução:

    Primeiramente, temos que 1 km = $1\,000$ m ou $\dfrac{1\,km}{1000\,m} = 1$, e $1UA = 150 \cdot 10^6$ km ou $\dfrac{1UA}{150 \cdot 10^6 \text{ km}} = 1$

também $60 \text{ s} = 1 \text{ min}$ ou $\dfrac{60 \text{ s}}{1 \text{ min}} = 1$

Assim

$$3 \cdot 10^8 \, \dfrac{m}{s} = 3 \cdot 10^8 \, \dfrac{m}{s} \cdot \dfrac{1 \text{ km}}{1000 \text{ m}} \cdot \dfrac{1 UA}{150 \cdot 10^6 \text{ km}} \cdot \dfrac{60 \text{ s}}{1 \text{ min}} = 0{,}12 \dfrac{UA}{\text{min}}.$$

ANÁLISE DIMENSIONAL

3) Determinar a fórmula dimensional da força.

   Solução:

   De acordo com a segunda lei de Newton,
   Força = massa · aceleração ou $F = m \cdot a$

   $[F] = [m] \cdot [a]$

   $[m] = M$

   $[a] = [v]/[t] = L\,T^{-1}/T = L\,T^{-2}$

   Assim a dimensão da força será $[F] = L\,M\,T^{-2}$

4) Determinar a fórmula dimensional da pressão.

   Solução:

   Sabemos que *Pressão = Força/Área* ou $P = F/A$

   $[P] = [F]/[A]$

   $[F] = L\,M\,T^{-2}$

   $[A] = L^2$

   A dimensão da pressão é $[P] = L\,M\,T^{-2}/L^2 = L^{-1}\,M\,T^{-2}$.

5) A equação $m^{(-1/3)} v^2 = k\, g^a\, \rho^b$ é dimensionalmente homogênea. Determinar os valores de a e b onde:

   m = massa

   v = velocidade

   k = constante numérica

   g = aceleração da gravidade

   ρ = densidade absoluta ou massa específica

   Solução:

   Primeiramente, determinamos a dimensão de cada componente

   $[m] = M$

$[v] = LT^{-1}$

$[k] = 1$

$[g] = LT^{-2}$

$[\rho] = ML^{-3}$

A seguir colocamos as dimensões na equação

$$m^{-1/3}v^2 = kg^a \rho^b$$

$$M^{-1/3}L^2T^{-2} = 1L^aT^{-2a}M^bL^{-3b}$$

Ordenando os termos, temos $L^2M^{-1/3}T^{-2} = L^{a-3b}M^bT^{-2a}$

Devido à homogeneidade da equação igualamos os expoentes e obtemos os valores de a e b

Para os expoentes de T $-2a = -2$

$$a = 1$$

Para os expoentes de M $b = -1/3$

Verificação:

Para os expoentes de L $2 = a - 3b$

De fato, $2 = 1 - 3\left(-\dfrac{1}{3}\right).$

EXERCÍCIOS COM RESPOSTAS

CONVERSÃO DE UNIDADES

1) Converter 235 mililitros para hectolitros.

   Resposta:

   $2,35 \cdot 10^{-3}$ hectolitros.

2) Converter 50 m² para mm².

   Resposta:

   $50 \cdot 10^6$ mm².

3) Sabe-se que a aceleração normal da gravidade é 9,80665 m/s²: Expressar esta aceleração em:

   a) pés/min²

   Resposta:

   $11,6 \cdot 10^4$ pés/min²

b) milhas/hora²

Resposta:

$7{,}9 \cdot 10^4$ milhas/hora²

Sabe-se que 1 pé = 0,3048 m e 1 milha = 1609 m.

4) Converter 5 newtons em dinas, sabendo que 1 newton = 1 kg · 1m/s² e 1dina = 1g · 1cm/s².

Resposta:

$5 \cdot 10^5$ dinas.

5) Na figura estão representadas três esferas, mutuamente tangentes, a maior delas oca. As duas menores são iguais, cada uma de volume V_m. Em função de V_m expressar:

O volume V_M da esfera maior

Resposta:

$V_M = 8V_m$

O volume V_V do espaço vazio dentro da esfera maior.

Resposta:

$V_V = 6V_m$.

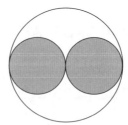

6) O momento de inércia da Terra, em relação ao seu eixo de rotação é $I = 2{,}14 \cdot 10^{39}$ pés² lb (onde 1 pé = 0,3048 m e 1 lb = 0,454 kg). Expressar o momento de inércia da Terra em unidades S.I.

Resposta:

$9{,}04 \cdot 10^{37}$ m² kg.

7) Sendo uma unidade A = 100B e uma unidade C = 5D, converter

a) 5 unidades A para unidades B

Resposta:

500B.

b) 10 unidades C para unidades D

   Resposta:

   50D

c) 10 unidades B para unidades A

   Resposta:

   0,1A

d) 20 unidades D para unidades C

   Resposta:

   4C.

8) Com as mesmas relações do problema anterior, converter:

   a) 15 A/C² para B/D²

   Resposta:

   60 B/D²

   b) 1 620B/D² para A/C²

   Resposta:

   405 A/C².

9) Um cavalo-vapor (cv) equivale a 735,5 W. Qual é o consumo de energia de uma máquina de 10 cv que funciona 8 horas, em joules? (1 W = 1J/s)

   Resposta:

   211,8 · 10⁶ joules.

ANÁLISE DIMENSIONAL

10) Determinar a fórmula dimensional do trabalho.

    Resposta:

    ML^2T^{-2}.

11) Einstein deduziu a equação $E = mc^2$ onde m é a massa e c a velocidade da luz (m/s). Determinar a fórmula dimensional de E e sua unidade no S.I.

    Resposta:

    ML^2T^{-2}, kg m²/s².

12) A vazão de uma torneira é 12 litros/min.

   a) Converter para unidades do S.I.

   Resposta:

   $2 \cdot 10^{-4}$ m³/s

   b) Qual é a fórmula dimensional da vazão?

   Resposta:

   $L^3 T^{-1}$.

---

13) Certa força segue a lei F = 15 − 3x, com unidades do S.I.; nesta expressão, x é a abscissa que assume os valores entre 0 e 5m. Determine a fórmula dimensional das constantes 15 e −3, bem como suas unidades no S.I.

   Resposta:

   MLT^{-2} e kg m/s² para a constante 15 e MT^{-2} e kg/s² para a constante −3.

---

14) Suponha duas grandezas físicas A e B ambas com diferentes dimensões. Determinar quais das operações aritméticas propostas abaixo podem ter significado físico.

   a) A + B

   b) A / B

   c) B − A

   d) A · B

   Resposta:

   b) e d).

---

15) Nas equações abaixo, x é a distância em metros, t o tempo em segundos, e v a velocidade em metros por segundo. Quais são as fórmulas dimensionais e as unidades SI das constantes C_1 e C_2?

   a) $x = C_1 + C_2 t$

   Resposta:

   L, m para C_1 e LT^{-1}, m/s para C_2

   b) $\dfrac{x}{2} = C_1 t^2$

   Resposta:

   LT^{-2}, m/s² para C_1

   c) $v = 2 C_1 x$

   Resposta:

   T^{-1}, 1/s para C_1

d) $x = C_1 \cos C_2 t$

Resposta:

L, m para C_1 e T^{-1}, 1/s para C_2

e) $v = C_1 e^{-C_2 t}$

Resposta:

LT^{-1}, m/s para C_1 e T^{-1}, 1/s para C_2.

---

16) A equação da posição de uma partícula que se movimenta com uma aceleração constante é $x = k\, a^m\, t^n$ onde k é uma constante, a aceleração (metros/segundo^2) e t o tempo. Usando a fórmula dimensional encontrar os valores de m e n para que a expressão fique correta.

Resposta:

$m = 1$ e $n = 2$.

---

17) Quais das equações abaixo são dimensionalmente corretas?

a) $v = v_0 + ax$

b) $v = v_0 + at$

c) $\Delta s = v_0 t + 2at^2$

d) $v^2 = 2a\Delta s$

Resposta:

b), c) e d).

---

18) Seja x = A + B sen (Ct) a equação do movimento oscilatório de uma partícula no eixo x. Obter as dimensões de A, B e C.

Resposta:

L para A, L para B e T^{-1} para C.

---

19) A equação $P = q^z R^{-y} S^x$ é dimensionalmente homogênea. Encontrar o valor de $x - 3y$ onde P é a pressão, q é a força, R o volume e S comprimento.

Resposta:

x − 3y = −2.

---

20) A velocidade de uma partícula é dada pela expressão $v = KF - \dfrac{Qd}{Q + v_1}$ onde F é força e v_1 velocidade. Determinar as dimensões de K, Q e d.

Resposta:

$M^{-1}T$ para K, LT^{-1} para Q e LT^{-1} para d.

1.2 VETORES

1.2.1 INTRODUÇÃO

Algumas grandezas físicas, para sua caracterização, precisam apenas do valor de sua intensidade. Por exemplo, se falamos de 36 °C ou 10 segundos, ambas as grandezas ficam perfeitamente definidas quando especificadas sua intensidade e sua unidade de medida. Grandezas desse tipo são denominadas grandezas escalares e lidamos com elas simplesmente usando as regras de álgebra elementar. Exemplos de grandezas escalares são a temperatura, o tempo, a massa etc.

Por outro lado, existem grandezas físicas que, para sua caracterização, exigem além de sua intensidade (módulo), uma orientação espacial, isto é, uma direção e um sentido. Assim, quando alguém está se deslocando de uma posição para outra, não basta dizer que percorreu uma distância igual a 20 m; é preciso especificar além da distância, a direção e o sentido em que ocorreu o deslocamento. Essas grandezas recebem o nome de grandezas vetoriais. Exemplos de grandezas vetoriais são a velocidade, a aceleração, a força etc.

Uma grandeza vetorial pode ser representada matematicamente por um vetor. Graficamente, podemos representar um vetor por meio de um segmento de reta orientado que apresenta as seguintes características:

Módulo = comprimento do segmento de reta em escala adequada;

Direção = a reta que suporta o segmento;

Sentido = dado pela seta colocada na extremidade do segmento.

A Figura 1.1 representa uma grandeza vetorial qualquer onde o módulo é representado pelo comprimento do segmento AB; a direção, determinada pela reta que passa pelos pontos A e B; e o sentido, a seta localizada no ponto B que indica de *A para B*.

Figura 1.1

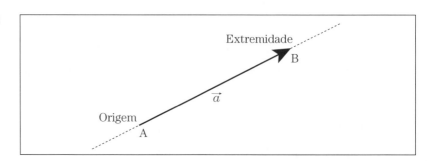

Para indicar um vetor, podemos usar qualquer uma das formas seguintes:

$$\vec{a} \text{ ou } \overrightarrow{AB}$$

De igual maneira, para indicar o módulo, podemos usar qualquer uma das notações abaixo:

$$a \text{ ou } |\vec{a}|$$

1.2.2 SOMA DE VETORES

A Figura 1.2 mostra o caminho percorrido por uma bola de sinuca após sofrer vários choques. Observa-se que a bola executa vários deslocamentos desde o ponto O até chegar ao ponto P. A Figura 1.2 também mostra o deslocamento resultante, que chamaremos de soma vetorial dos vários deslocamentos.

É importante notar que o vetor Soma Vetorial é um vetor que tem o seu início no ponto de partida da bola e fim, no ponto de chegada. Observa-se que este deslocamento resultante não é simplesmente uma soma algébrica usual.

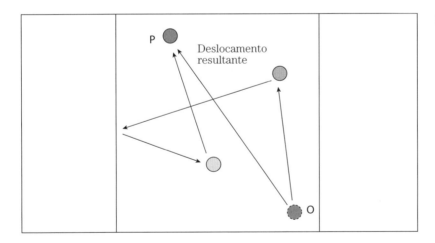

Figura 1.2

Uma propriedade importante dos vetores é que eles podem ser transladados para qualquer ponto no espaço sem sofrer nenhuma alteração no seu módulo, sentido e direção. A Figura 1.3 mostra dois vetores $\vec{A}$ e $\vec{B}$ (Figura 1.3a), transladados de duas maneiras (Figuras 1.3b e 1.3c):

Existem dois *métodos geométricos* para realizar a soma de dois vetores $\vec{A} + \vec{B}$. Estes dois métodos são: método da triangulação e método do paralelogramo.

Figura 1.3

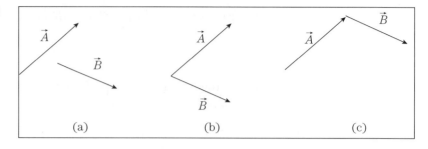

(a) (b) (c)

1.2.2.1 Método da triangulação

Sejam dois vetores: $\vec{A} = 5$, com o sentido e a direção do eixo x positivo; e $\vec{B} = 10$, que forma um ângulo de 60° com o vetor $\vec{A}$. O vetor resultante $\vec{R}$ pode ser obtido aplicando-se o método da triangulação.

O método consiste em ligar a origem do vetor $\vec{B}$ com a extremidade do vetor $\vec{A}$, sendo o vetor Resultante ou vetor Soma, aquele vetor que fecha o triângulo e que tem sua origem coincidente com a origem do vetor $\vec{A}$ e sua extremidade coincidente com a extremidade do vetor $\vec{B}$, o que é representado pelo vetor $\vec{R}$ da Figura 1.4.

Figura 1.4

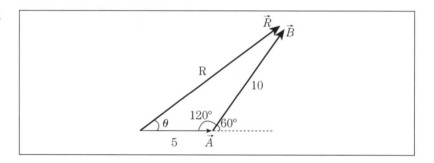

Para obtermos o vetor resultante $\vec{R}$, devemos calcular seu módulo e sua direção, dada pelo ângulo θ. Algebricamente, podemos calcular ambos usando as leis dos senos e cossenos:

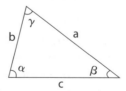

Lei dos cossenos
$a^2 = b^2 + c^2 - 2\,b\,c\,\cos\alpha$
$b^2 = a^2 + c^2 - 2\,a\,c\,\cos\beta$
$c^2 = b^2 + a^2 - 2\,a\,b\,\cos\gamma$

Lei dos senos
$$\frac{a}{\operatorname{sen}\alpha} = \frac{b}{\operatorname{sen}\beta} = \frac{c}{\operatorname{sen}\gamma}$$

Da Figura 1.4, obtemos o valor de $\vec{R}$ aplicando a lei dos cossenos:

$$R = \sqrt{5^2 + 10^2 - 2\cdot 5 \cdot 10 \cos 120°} = 13,2$$

e o ângulo θ, com a lei dos senos:

$$\frac{R}{\text{sen}120°} = \frac{10}{\text{sen}\,\theta}$$

$$\text{sen}\,\theta = \frac{10 \cdot \text{sen}120°}{13,2}$$

$$\text{sen}\,\theta = 0,656 \quad \text{ou} \quad \theta = 41°$$

1.2.2.2 Método do paralelogramo

O método do paralelogramo consiste em coincidir as origens dos dois vetores $\vec{A}$ e $\vec{B}$, e construir um paralelogramo. O vetor Resultante ou vetor Soma será a diagonal do paralelogramo, cuja origem coincide com a origem dos vetores $\vec{A}$ e $\vec{B}$ (Figura 1.5). O módulo e o ângulo do vetor resultante $\vec{R}$ são obtidos da mesma maneira descrita no método da triangulação, anteriormente visto. Para isto, usamos o triângulo sombreado da Figura 1.5.

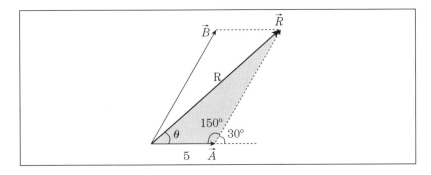

Figura 1.5

Usando uma régua e um transferidor, podemos obter a resultante graficamente, construindo as figuras com escala adequada ao tamanho do papel. A resposta é dada com a leitura do comprimento da resultante (em escala) e do ângulo que esse vetor forma com o vetor $\vec{A}$.

1.2.3 VETORES OPOSTOS

Dois vetores são opostos quando possuem o mesmo módulo e a mesma direção, porém com sentidos contrários (Figura 1.6). Assim, o vetor oposto de $\vec{B}$ é o vetor $-\vec{B}$, tal que $\vec{B} + (-\vec{B}) = 0$.

Figura 1.6

Para efetuarmos uma subtração vetorial $\vec{R} = \vec{A} - \vec{B}$, fazemos a soma $\vec{A} + (-\vec{B})$, como mostrado na Figura 1.7.

Figura 1.7
(a) soma de vetores $\vec{A} + \vec{B}$
(b) subtração de vetores $\vec{A} - \vec{B}$.

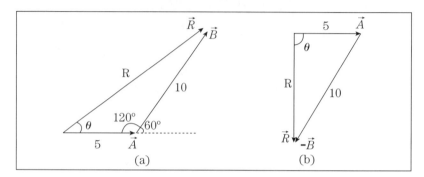

Assim, como no caso da soma de vetores, obtemos o valor de $\vec{R}$ aplicando a lei dos cossenos; e o ângulo θ, mediante a aplicação da lei dos senos:

$$R = \sqrt{5^2 + 10^2 - 2 \cdot 5 \cdot 10 \cos 60°} = 8,7$$

$$\frac{R}{\operatorname{sen} 60°} = \frac{10}{\operatorname{sen} \theta}$$

$$\operatorname{sen} \theta = \frac{10 \cdot \operatorname{sen} 60°}{8,7} \qquad \theta = 84,5°$$

1.2.4 MULTIPLICAÇÃO DE UM VETOR POR UM ESCALAR

Seja o vetor $\vec{A} + \vec{A}$, como mostra a Figura 1.8. É fácil perceber que o vetor resultante será um vetor que tem a mesma direção e sentido do vetor $\vec{A}$, porém, um módulo duas vezes maior ($2\vec{A}$). Similarmente, se considerarmos o vetor $(-\vec{A}) + (-\vec{A}) + (-\vec{A})$, o vetor resultante será um vetor que possui a mesma direção do vetor $\vec{A}$, porém, com sentido oposto e um módulo três vezes maior ($3\vec{A}$).

Figura 1.8

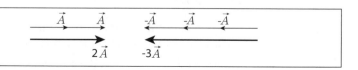

Dos exemplos acima, podemos generalizar dizendo que: quando multiplicamos um escalar m por um vetor $\vec{A}$, o resultado $m\vec{A}$ é um vetor que tem a mesma direção de $\vec{A}$, e também o mesmo sentido se $m > 0$; ou sentido contrário, se $m < 0$. O módulo do vetor é $|m|$ vezes A (Figura 1.9).

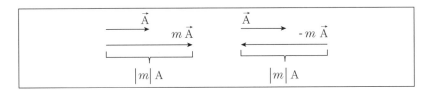

Figura 1.9

1.2.5 VETORES UNITÁRIOS E COMPONENTES DE VETORES

Um vetor unitário é aquele cujo módulo (comprimento) é igual a 1 e seu único propósito é indicar uma orientação no espaço. O vetor unitário não possui nenhuma dimensão nem unidade. Para denotá-lo, utilizamos um circunflexo na parte superior da letra que o identifica: $\hat{A}, \hat{\imath}$.

Uma maneira direta de construir um vetor unitário é tomar um vetor qualquer e dividi-lo pelo seu módulo:

$$\hat{A} = \frac{\vec{A}}{A}$$

Assim, $\hat{A}$ representa um vetor unitário com a mesma direção e sentido do vetor $\vec{A}$.

Operações com vetores ficam mais fáceis quando utilizamos as suas componentes. Contudo, é necessário definir os vetores utilizando um sistema de coordenadas. O sistema de coordenadas usual é o *sistema cartesiano* com os eixos x, y e z perpendiculares uns aos outros e com os vetores unitários $\hat{\imath}, \hat{\jmath}$ e $\hat{k}$, respectivamente orientados ao longo dos três eixos no sentido positivo (Figura 1.10).

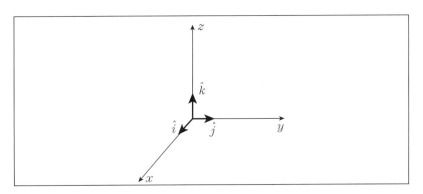

Figura 1.10

Um vetor qualquer pode ser representado como uma soma de três vetores orientados ao longo de cada um dos eixos coordenados como mostra a Figura 1.11. O vetor ao longo do eixo x tem a mesma direção que o vetor unitário $\hat{i}$ e se pode escrevê-lo como $A_x\hat{i}$. Da mesma forma, os vetores ao longo dos eixos y e z podem ser escritos como $A_y\hat{j}$ e $A_z\hat{k}$, respectivamente.

Os valores A_x, A_y e A_z são magnitudes escalares que podem ser positivas, negativas ou nulas e recebem o nome de componentes do vetor $\vec{A}$.

Figura 1.11

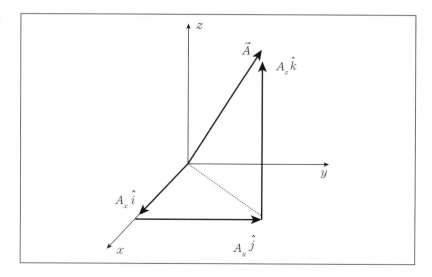

Assim, o vetor $\vec{A}$ em função de suas componentes cartesianas, pode ser escrito como:

$$\vec{A} = A_x\hat{i} + A_y\hat{j} + A_z\hat{k}$$

e seu módulo como:

$$|\vec{A}| = \sqrt{A_x^2 + A_y^2 + A_z^2}$$

Se um vetor forma ângulos α, β e γ com os eixos de coordenadas x, y e z respectivamente, podemos obter as componentes do vetor, fazendo a projeção do comprimento do vetor (módulo) sobre os eixos de coordenadas (Figura 1.12).

$A_x = A \cos\alpha$

$A_y = A \cos\beta$

$A_z = A \cos\gamma$

Figura 1.12

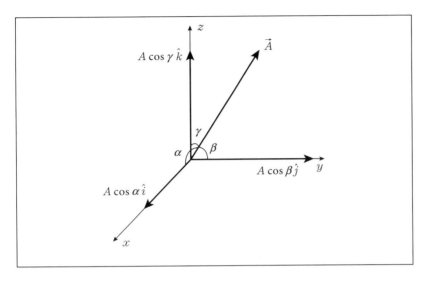

O vetor unitário de $\vec{A}$ será:

$$\hat{A} = \frac{\vec{A}}{A} = \frac{A_x\hat{i} + A_y\hat{j} + A_z\hat{k}}{A} = \frac{A\cos\alpha\hat{i} + A\cos\beta\hat{j} + A\cos\gamma\hat{k}}{A}$$

$$\hat{A} = \cos\alpha\hat{i} + \cos\beta\hat{j} + \cos\gamma\hat{k}$$

Observa-se que o vetor unitário de $\vec{A}$ tem, como componentes, os cossenos dos ângulos que o vetor faz com os eixos de coordenadas. Esses cossenos são chamados de cossenos diretores, já que fornecem a informação da orientação do vetor no espaço.

Assim, a expressão de um vetor, por meio de suas componentes, nos fornece toda a informação necessária, isto é, módulo, direção e sentido.

1.2.6 SOMA E SUBTRAÇÃO DE VETORES POR MEIO DE SUAS COMPONENTES

O resultado de uma soma de vetores é obtido mais facilmente com a utilização das componentes dos vetores. Por exemplo, dois vetores $\vec{A}$ e $\vec{B}$ ambos com suas respectivas componentes:

$$\vec{A} = A_x\hat{i} + A_y\hat{j} + A_z\hat{k}$$

$$\vec{B} = B_x\hat{i} + B_y\hat{j} + B_z\hat{k}$$

$$\vec{A} + \vec{B} = \left(A_x\hat{i} + A_y\hat{j} + A_z\hat{k}\right) + \left(B_x\hat{i} + B_y\hat{j} + B_z\hat{k}\right)$$

$$\vec{A} + \vec{B} = \left(A_x + B_x\right)\hat{i} + \left(A_y + B_y\right)\hat{j} + (A_z + B_z)\hat{k}$$

As componentes do vetor resultante são simplesmente a soma das componentes de cada um dos vetores em cada um dos eixos cartesianos. Isto também é válido para somas que envolvam mais do que dois vetores.

Uma análise similar pode ser feita na subtração de vetores, em que o vetor resultante será simplesmente a subtração das componentes dos vetores envolvidos na operação:

$$\vec{A} - \vec{B} = \left(A_x \hat{i} + A_y \hat{j} + A_z \hat{k}\right) - \left(B_x \hat{i} + B_y \hat{j} + B_z \hat{k}\right)$$

$$\vec{A} - \vec{B} = \left(A_x - B_x\right)\hat{i} + \left(A_y - B_y\right)\hat{j} + \left(A_z - B_z\right)\hat{k}$$

1.2.7 PRODUTO DE VETORES

No decorrer deste livro, encontraremos muitas situações de interesse físico nas quais os resultados de grandezas físicas dependem do produto de duas grandezas vetoriais. Por exemplo, o trabalho necessário para deslocar um objeto depende do deslocamento (grandeza vetorial) e da força aplicada (grandeza vetorial). Em alguns casos, a grandeza física resultante, na qual estamos interessados, é uma grandeza escalar como o trabalho no exemplo anterior; e, outras vezes, o resultado procurado é uma grandeza vetorial.

Para descrever esses fenômenos de forma matemática correta, é necessário definir duas novas operações entre vetores. A operação entre dois vetores, que dê como resultado um escalar, chamaremos de **produto escalar**; e a operação matemática entre dois vetores, que dê como resultado outro vetor, chamaremos de **produto vetorial**.

1.2.7.1 Produto escalar

Denomina-se produto escalar de dois vetores $\vec{A}$ e $\vec{B}$ o valor escalar obtido do produto dos módulos dos vetores e do cosseno do ângulo que ambos formam (Figura 1.13).

Figura 1.13

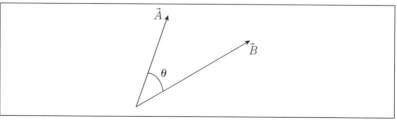

$$\vec{A} \cdot \vec{B} = AB \cos \theta$$

O resultado da operação é um escalar que pode ser positivo, negativo ou nulo, dependendo do ângulo entre os dois vetores:

$$0 \le \theta < 90° \Rightarrow \vec{A} \cdot \vec{B} > 0$$

$$90° < \theta \le 180° \Rightarrow \vec{A} \cdot \vec{B} < 0$$

$$\theta = 90° \Rightarrow \vec{A} \perp \vec{B} \Rightarrow \vec{A} \cdot \vec{B} = 0$$

Aplicando o produto escalar entre os vetores unitários $\hat{i}, \hat{j}$ e $\hat{k}$ teremos:

$$\hat{i} \cdot \hat{i} = \hat{j} \cdot \hat{j} = \hat{k} \cdot \hat{k} = 1 \quad \text{e} \quad \hat{i} \cdot \hat{j} = \hat{j} \cdot \hat{k} = \hat{k} \cdot \hat{i} = 0$$

Assim, o produto escalar de dois vetores $\vec{A}$ e $\vec{B}$, mediante suas componentes, se expressa como:

$$\vec{A} = A_x \hat{i} + A_y \hat{j} + A_z \hat{k}$$

$$\vec{B} = B_x \hat{i} + B_y \hat{j} + B_z \hat{k}$$

$$\vec{A} \cdot \vec{B} = A_x B_x + A_y B_y + A_z B_z$$

O produto escalar de um vetor por ele mesmo é o módulo do vetor ao quadrado

$$\vec{A} \cdot \vec{A} = AA\cos(0°) = A^2$$

1.2.7.2 Produto vetorial

Matematicamente, o produto vetorial de dois vetores $\vec{A}$ e $\vec{B}$, se expressa como $\vec{A} \times \vec{B}$. O resultado da operação é outro vetor no qual o módulo, direção e sentido são obtidos da seguinte maneira:

Módulo: produto dos módulos dos vetores e o seno do ângulo que ambos formam:

$$A \cdot B \operatorname{sen} \theta$$

Direção: perpendicular ao plano que contém os dois vetores;

Sentido: Indicado pela regra da mão direita mostrado na Figura 1.14. Quando se orienta os dedos da mão direita de maneira **que o primeiro vetor gire em direção ao segundo**, o dedo polegar esticado mostrará o sentido do produto vetorial.

O produto vetorial é nulo se os dois vetores têm a mesma direção ($\theta = 0°$ ou $\theta = 180°$) e não admite a propriedade comutativa. Mudar a ordem dos vetores implica a mudança do sinal do resultado $\vec{A} \times \vec{B} = -\vec{B} \times \vec{A}$ (Figura 1.15).

Figura 1.14

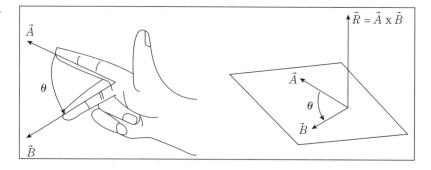

Figura 1.15

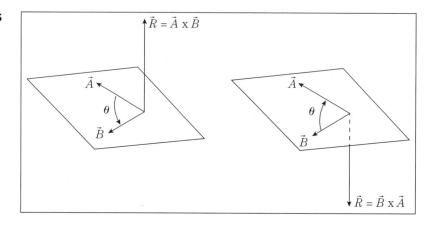

Se aplicarmos a definição do produto vetorial aos vetores unitários $\hat{i}, \hat{j}$ e $\hat{k}$

$$\hat{i} \times \hat{i} = \hat{j} \times \hat{j} = \hat{k} \times \hat{k} = 0 \qquad \hat{i} \times \hat{j} = \hat{k}, \quad \hat{j} \times \hat{k} = \hat{i}, \quad \hat{k} \times \hat{i} = \hat{j}$$

A expressão para o produto vetorial de dois vetores $\vec{A}$ e $\vec{B}$ em função de suas componentes será:

$$\vec{A} \times \vec{B} = \begin{vmatrix} \hat{i} & \hat{j} & \hat{k} \\ A_x & A_y & A_z \\ B_x & B_y & B_z \end{vmatrix}$$

$$\vec{A} \times \vec{B} = (A_y B_z - A_z B_y)\hat{i} + (A_z B_x - A_x B_z)\hat{j} + (A_x B_y - A_y B_x)\hat{k}$$

EXERCÍCIOS RESOLVIDOS

VETORES UNITÁRIOS E COMPONENTES DE VETORES

1) O vetor $\vec{A}$ da figura a seguir tem módulo igual a 60 unidades.
   a) Encontrar a expressão do vetor em função dos vetores unitários no plano cartesiano e

b) O vetor unitário de $\vec{A}$

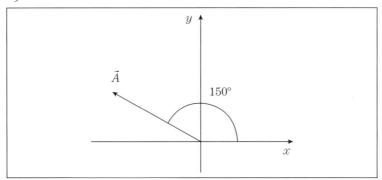

Figura 1.16

Solução:

a) Primeiramente, fazemos a projeção do vetor $\vec{A}$ nos eixos x e y

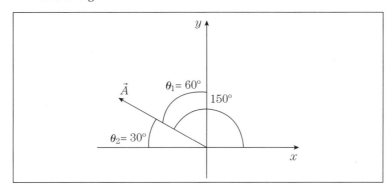

Figura 1.17

As componentes A_x e A_y podem ser obtidas usando tanto os ângulos θ_1 e θ_2, assim como o ângulo de 150°.

Usando os ângulos θ_1 e θ_2 temos:

$A_x = -A \cdot \cos\theta_2 = -60 \cdot \cos 30° = -52$

$A_y = A \cdot \cos\theta_1 = 60 \cdot \cos 60° = 30$

Usando o ângulo de 150° temos:

$A_x = A \cdot \cos 150° = 60 \cdot \cos 150° = -52$

$A_y = A \cdot sen 150° = 60 \cdot sen 150° = 30$

A expressão do vetor $\vec{A}$ em função dos vetores unitários é:

$\vec{A} = -52\hat{i} + 30\hat{j}$

b) Obtemos o vetor unitário de $\vec{A}$ dividindo o vetor pelo seu módulo. Mostramos na continuação duas maneiras de calcular o vetor unitário usando os cossenos diretores e as componentes A_x e A_y.

$$\hat{A} = \frac{\vec{A}}{A} = \frac{-60 \cdot \cos 30° \hat{i} + 60 \cdot \cos 60° \hat{j}}{60} = -\cos 30° \hat{i} + \cos 60° \hat{j}$$

$$\hat{A} = \frac{\vec{A}}{A} = \frac{-52\hat{i} + 30\hat{j}}{60} = -0{,}87\hat{i} + 0{,}5\hat{j}$$

2) Encontrar os cossenos diretores do vetor $\vec{A} = 2\hat{i} + 2\hat{j} + \hat{k}$

Solução:

As componentes do vetor $\vec{A}$ em função dos cossenos diretores são:

$$A_x = A\cos\alpha, \quad A_y = A\cos\beta, \quad A_z = A\cos\gamma$$

Então

$$\cos\alpha = \frac{A_x}{A}, \quad \cos\beta = \frac{A_y}{A}, \quad \cos\gamma = \frac{A_z}{A}$$

$$\cos\alpha = \frac{2}{\sqrt{2^2 + 2^2 + 1^2}} = \frac{2}{3} = 0{,}67$$

$$\cos\beta = \frac{2}{\sqrt{2^2 + 2^2 + 1^2}} = \frac{2}{3} = 0{,}67$$

$$\cos\gamma = \frac{1}{\sqrt{2^2 + 2^2 + 1^2}} = \frac{1}{3} = 0{,}33.$$

3) Dois vetores $\vec{A}$ e $\vec{B}$ satisfazem as equações $2\vec{A} - \vec{B} = -\hat{i} - 2\hat{j} + 2\hat{k}$, e $-\vec{A} + \vec{B} = \hat{i} + \hat{j}$. Encontrar o módulo do vetor $\vec{A}$.

Solução:

Seja $\vec{A} = A_x\hat{i} + A_y\hat{j} + A_z\hat{k}$

Da equação $-\vec{A} + \vec{B} = \hat{i} + \hat{j}$ obtemos $\vec{B} = (\hat{i} + \hat{j}) + \vec{A}$

Substituindo esta última igualdade na equação $2\vec{A} - \vec{B} = -\hat{i} - 2\hat{j} + 2\hat{k}$ temos:

$$2\vec{A} - \left[(\hat{i} + \hat{j}) + \vec{A}\right] = \left(-\hat{i} - 2\hat{j} + 2\hat{k}\right)$$

$$2\vec{A} - \vec{A} = \left(-\hat{i} - 2\hat{j} + 2\hat{k}\right) + \left(\hat{i} + \hat{j}\right)$$

$$\vec{A} = (-1+1)\hat{i} + (-2+1)\hat{j} + (2+0)\hat{k}$$

$$\vec{A} = -\hat{j} + 2\hat{k}$$

Assim, $A_x = 0$, $A_y = -1$ e $A_z = 2$. Obtemos o módulo do vetor, usando o teorema de Pitágoras.

$$A = \sqrt{A_x^2 + A_y^2 + A_z^2} = \sqrt{(0)^2 + (-1)^2 + (2)^2} = 2,23$$

4) Sabe-se que $\vec{F_1} + \vec{F_2} + \vec{F_3} = \vec{R}$ está na direção vertical y.

Dados:

$\vec{F_1} = 24\,\text{N}\,\lfloor 180°$, $\vec{F_2} = 20\,\text{N}\,\lfloor 233°$ e $\vec{F_3} = 40\,\text{N}\,\lfloor \varphi$

Determinar φ e $\vec{R}$.

Solução:

Primeiramente fazemos a representação gráfica das forças nos eixos xy,

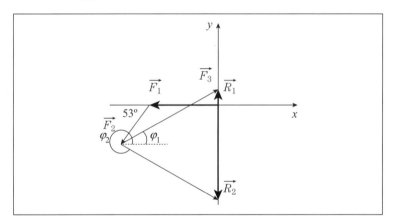

Figura 1.18

Pelo enunciado do problema, sabemos que a força resultante está no eixo y, isto é, se $\vec{R} = R_x \hat{i} + R_y \hat{j}$ então $R_x = 0$ ou $\vec{R} = R_y \hat{j}$

Decompondo as forças no eixo x temos

$R_x = F_{1x} + F_{2x} + F_{3x} = 0$

$R_x = -F_1 - F_2 \cos 53° + F_3 \cos \varphi = 0$

$-24 - 20\cos 53° - 40\cos \varphi = 0$

$-24 - 12 - 40\cos \varphi = 0$

$\cos \varphi = \dfrac{36}{40}$

Da representação gráfica das forças nos eixos de coordenadas xy, o ângulo φ pode ter valores $\varphi_1 = 25,8°$ ou $\varphi_2 = 334,2°$.

Para

$\varphi_1 = 25,8°$

$R_1 = R_y = F_{1y} + F_{2y} + F_{3y}$

$R_1 = 0 - F_2 sen 53° + F_3 sen 25,8°$

$R_1 = 0 - 20 sen 53° + 40 sen 25,8°$

$R_1 = 0 - 16 + 17,4$

$R_1 = 1,4\,N$

Para $\varphi_2 = 334,2°$

$R_2 = 0 - F_2 sen 53° + F_3 sen 334,2°$

$R_2 = 0 - 20 sen 53° + 40 sen 334,2°$

$R_2 = 0 - 16 - 17,4$

$R_2 = -33,4\,N$

---

5) O esquema abaixo apresenta um sistema de barras de massas desprezíveis, articuladas nos pontos A, B e C. No ponto C age a carga $\vec{Q}$, de intensidade Q = 100 N. Decompor $\vec{Q}$ segundo as direções CA e CB ($\vec{Q} = \vec{a} + \vec{b}$) e:

a) Calcular as intensidades das componentes, $\vec{a}$ e $\vec{b}$.

b) Dar as suas expressões cartesianas.

Figura 1.19

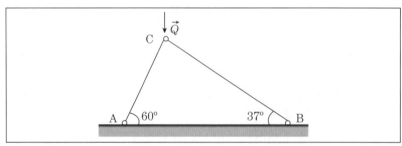

Solução:

Da figura

Figura 1.20

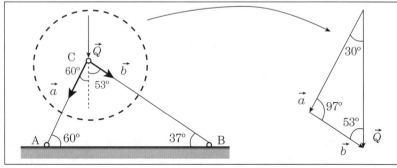

Aplicando a lei dos senos, calculamos as intensidades de a e b

$$\frac{a}{sen53°} = \frac{b}{sen30°} = \frac{Q}{sen97°}$$

$$a = \frac{100sen53°}{sen97°} = 80,5\,\text{N} \quad \text{e} \quad b = \frac{100sen30°}{sen97°} = 50,4\,\text{N}$$

Decompondo os vetores $\vec{a}$ e $\vec{b}$ nos eixos x e y obtemos

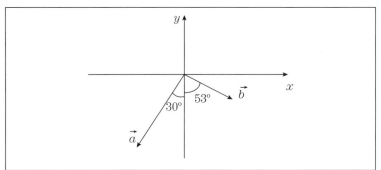

Figura 1.21

$\vec{a} = -a\,sen30°\,\hat{i} - a\cos30°\,\hat{j}$

$\vec{a} = -80,5\,sen\,30°\,\hat{i} - 80,5\cos30°\,\hat{j}$

$\vec{a} = -40,3\,\hat{i} - 69,7\,\hat{j}$

$\vec{b} = b\,sen53°\,\hat{i} - b\cos53°\,\hat{j}$

$\vec{b} = 50,4\,sen\,53°\,\hat{i} - 50,4\cos53°\,\hat{j}$

$\vec{b} = 40,3\,\hat{i} - 30,3\,\hat{j}$

O esforço a que se submete cada barra é de compressão e podemos verificar das expressões finais de $\vec{a}$ e $\vec{b}$ que

$\vec{a} + \vec{b} = \left(-40,3\,\hat{i} - 69,7\,\hat{j}\right) + \left(40,3\,\hat{i} - 30,3\,\hat{j}\right) = -100\,\hat{j}$.

PRODUTO ESCALAR

6) Encontrar o valor de r, de tal forma que os vetores $\vec{A} = 2\hat{i} + r\hat{j} + \hat{k}$ e $\vec{B} = 4\hat{i} - 2\hat{j} - 2\hat{k}$ sejam perpendiculares entre si.

Solução:

Sabemos que, se o ângulo entre dois vetores é 90°, isto é, se eles são perpendiculares, o produto escalar de ambos é zero ou $\vec{A} \cdot \vec{B} = 0$.

Então:

$$\vec{A} \cdot \vec{B} = \left(2\hat{i} + r\hat{j} + \hat{k}\right) \cdot \left(4\hat{i} - 2\hat{j} - 2\hat{k}\right) = 0$$

$$(2)(4)\hat{i} \cdot \hat{i} + (r)(-2)\hat{j} \cdot \hat{j} + (1)(-2)\hat{k} \cdot \hat{k} = 0$$

$$8 - 2r - 2 = 0$$

$$2r = 6$$

$$r = 3$$

7) Determinar a projeção de uma força de 10 N, cujos cossenos diretores são 0,29; 0,4 e –0,87, sobre uma linha reta com cossenos diretores –0,2; –0,6 e 0,8. Expressar o resultado na forma vetorial.

Solução:

Pela figura, observa-se que o vetor projeção $\overrightarrow{F_{pro}}$ tem a mesma direção de r e o módulo $F\cos\theta$.

Figura 1.22

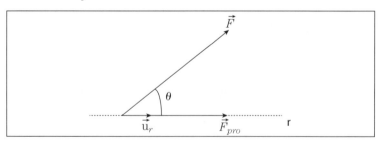

Logo

$$\left|\overrightarrow{F_{pro}}\right| = \vec{F} \cdot \overrightarrow{u_r} = |F| \cdot |1| \cos\theta$$

$$\left|\overrightarrow{F_{pro}}\right| = 10\left[(0,29)(-0,2) + (0,4)(-0,6) + (-0,87)(0,8)\right]$$

$$\left|\overrightarrow{F_{pro}}\right| = 10(-0,994) = 9,94$$

O vetor projeção na forma vetorial é:

$$\overrightarrow{F_{pro}} = 9,94\left(-0,2\hat{i} + 0,6\hat{j} + 0,8\hat{k}\right).$$

PRODUTO VETORIAL

8) Sejam os vetores $\vec{A} = 3\hat{i} - \hat{j} + \hat{k}$ e $\vec{B} = 2\hat{i} - 3\hat{j} + \hat{k}$. Encontrar o produto $\vec{A} \times \vec{B}$ e demonstrar que o vetor resultante é perpendicular a $\vec{A}$ e a $\vec{B}$.

Solução:

Da expressão

$$\vec{A} \times \vec{B} = (A_y B_z - A_z B_y)\hat{i} + (A_z B_x - A_x B_z)\hat{j} + (A_x B_y - A_y B_x)\hat{k}$$

Calculamos o vetor resultante

$A_x = 3, A_y = -1, A_z = 1 \text{ e } B_x = 2, B_y = -3, B_z = 1$

$\vec{A} \times \vec{B} = ((-1)(1)-(1)(-3))\hat{i} + ((1)(2)-(3)(1))\hat{j} + ((3)(-3) - (-1)(2))\hat{k}$

$\vec{R} = \vec{A} \times \vec{B} = 2\hat{i} - \hat{j} - 7\hat{k}$

Para comprovar se o vetor resultante é perpendicular aos vetores $\vec{A}$ e $\vec{B}$, fazemos o produto escalar; e o resultado, tem de ser igual a zero.

$\vec{A} \cdot \vec{R} = (3\hat{i} - \hat{j} + \hat{k}) \cdot (2\hat{i} - \hat{j} - 7\hat{k}) =$

$(3)(2)\hat{i}\cdot\hat{i} + (-1)(-1)\hat{j}\cdot\hat{j} + (1)(-7)\hat{k}\cdot\hat{k} = 6 + 1 - 7 = 0$

$\vec{B} \cdot \vec{R} = (2\hat{i} - 3\hat{j} + \hat{k}) \cdot (2\hat{i} - \hat{j} - 7\hat{k}) =$

$(2)(2)\hat{i}\cdot\hat{i} + (-3)(-1)\hat{j}\cdot\hat{j} + (1)(-7)\hat{k}\cdot\hat{k} = 4 + 3 - 7 = 0$

EXERCÍCIOS COM RESPOSTAS

VETORES UNITÁRIOS E COMPONENTES DE VETORES

1) São dados dois vetores, $\vec{A}$ e $\vec{B}$, onde $|\vec{A}|$ = 27 unidades orientado para leste e $|\vec{B}|$ = 15 unidades orientado a 40° a norte do leste. Determinar $\vec{R} = \vec{A} + \vec{B}$.

   Resposta:

   $|\vec{R}|$ = 39,7 unidades; direção e sentido: 14° com a horizontal 1º Quadrante.

2) A resultante de duas forças $\vec{F_1}$ e $\vec{F_2}$ é $\vec{R} = 100\text{N}$ vertical para baixo. Se $|\vec{F_1}| = 60\text{N}$, horizontal para a direita, determinar $\vec{F_2}$.

   Resposta:

   $|\vec{F_2}| = 117\text{N}$; direção e sentido: 59° com a horizontal 3º Quadrante.

3) Um bote é puxado por duas forças conforme a figura abaixo. A resultante das duas forças orienta-se segundo a reta x. Determinar:

a) o ângulo θ

Resposta:

$\theta = 25°$

b) o módulo da resultante $|\vec{R}|$

Resposta:

$|\vec{R}| = 488\,N$.

Figura 1.23

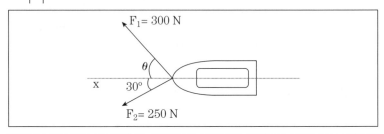

4) $\vec{F}$ é uma força com componentes $F_x = -50\,N$ e $F_y = -80\,N$. Determinar e escrever a notação polar de $\vec{F}$.

Resposta:

$|\vec{F}| = 94,3\,N$ direção e sentido: 58° com a horizontal 3° Quadrante.

5) As intensidades das forças na figura abaixo são $F_1 = 100\,N$, $F_2 = 50\,N$ e $F_3 = 60\,N$. Determinar a resultante do sistema de forças.

Resposta:

R = 76,8 N; direção e sentido: 27° com a horizontal 2° Quadrante.

Figura 1.24

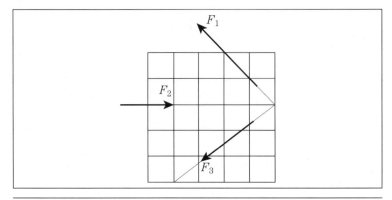

Grandezas físicas e vetores   57

6) Sejam os vetores $\vec{a}$ e $\vec{b}$ de módulos $\sqrt{3}$ e 1 respectivamente. O vetor $\vec{a}$ forma um ângulo de 30° com o eixo x e o vetor $\vec{b}$ um ângulo de 30° com o eixo y, com os ângulos fornecidos no sentido anti-horário. Calcular:

   a) as componentes de ambos os vetores

   Resposta:
   $\vec{a} = 1{,}5\hat{i} + 0{,}87\hat{j}$ e $\vec{b} = -0{,}5\hat{i} + 0{,}87\hat{j}$

   b) as componentes e o módulo do vetor $\vec{a} + \vec{b}$

   Resposta:
   $\vec{a} + \vec{b} = \hat{i} + 1{,}74\hat{j}$ e $|\vec{a} + \vec{b}| = 2$

   c) as componentes e o módulo do vetor $\vec{a} - \vec{b}$

   Resposta:
   $\vec{a} - \vec{b} = 2\hat{i}$ e $|\vec{a} - \vec{b}| = 2$

7) Considere o hexágono regular da figura. Expressar como uma combinação linear dos vetores $\overrightarrow{AB} = \vec{u}$ e $\overrightarrow{AC} = \vec{v}$ os vetores:

   a) $\overrightarrow{BC}$

   Resposta:
   $\overrightarrow{BC} = \vec{v} - \vec{u}$

   b) $\overrightarrow{AO}$

   Resposta:
   $\overrightarrow{AO} = \vec{v} - \vec{u}$

   c) $\overrightarrow{AD}$

   Resposta:
   $\overrightarrow{AD} = 2(\vec{v} - \vec{u})$

   d) $\overrightarrow{DO}$

   Resposta:
   $\overrightarrow{DO} = \vec{u} - \vec{v}$

   e) $\overrightarrow{CD}$

   Resposta:
   $\overrightarrow{CD} = \vec{v} - 2\vec{u}$

   f) $\overrightarrow{AE}$

   Resposta:
   $\overrightarrow{AE} = 2\vec{v} - 3\vec{u}$

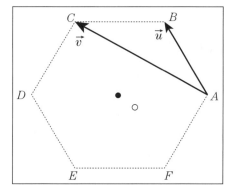

Figura 1.25

8) Expressar o vetor $\vec{a} = \hat{i} + 2\hat{j} + 3\hat{k}$ como uma combinação linear dos vetores $\vec{u} = \hat{i} + \hat{k}, \vec{v} = \hat{i} + \hat{j}$ e $\vec{w} = \hat{j} + \hat{k}$.

   Resposta:

   $\vec{a} = 1\vec{u} + 0\vec{v} + 2\vec{w}$

9) Sejam os vetores $\overrightarrow{AC}, \overrightarrow{AE}$ e $\overrightarrow{AB}$, onde ABCD é um quadrado e E o ponto médio do lado BC (sendo AD = 1). Determinar:

   a) o vetor resultante $\vec{R}$ e

   Resposta:

   $\vec{R} = 3\hat{i} + 1,5\hat{j}$

   b) o módulo e o ângulo que o vetor resultante faz com o eixo x positivo.

   Resposta:

   $|\vec{R}| = 3,35$ e $\theta = 26,6°$

Figura 1.26

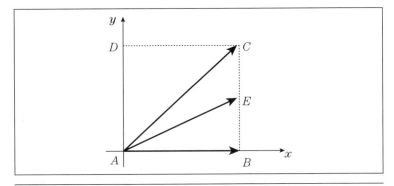

PRODUTO ESCALAR

10) Demonstrar que os vetores $\vec{a} = A\cos\theta\hat{i} + A\sen\theta\hat{j}$ e $\vec{b} = S\sen\theta\hat{i} - S\cos\theta\hat{j}$ são perpendiculares.

11) Sejam os vetores $\vec{a} = 7\hat{i} + 4\hat{j} - 5\hat{k}$ e $\vec{b} = -3\hat{i} + \hat{k}$. Calcular:

    a) o ângulo que ambos os vetores fazem

    Resposta:

    $\theta = 148,8°$

    b) os cossenos diretores dos vetores.

    Resposta:

    para o vetor $\vec{a}$

    $\left(\cos\alpha = \dfrac{a_x}{a} = 0,74, \cos\beta = \dfrac{a_y}{a} = 0,42, \cos\gamma = \dfrac{a_z}{a} = -0,53\right)$

para o vetor $\vec{b}$ $\left(\cos\alpha = \dfrac{b_x}{b} = -0{,}94, \text{ e } \cos\gamma = \dfrac{b_z}{b} = 0{,}31\right)$

12) O vetor posição de uma partícula é $\vec{r} = (A\cos\omega t)\hat{i} + (A\operatorname{sen}\omega t)\hat{j}$, onde A e ω são constantes e t a variável tempo. Calcular:

   a) o módulo e a derivada do módulo em relação a t

   Resposta:

   $|\vec{r}| = A$ e $\dfrac{d|\vec{r}|}{dt} = 0$

   b) $\dfrac{d\vec{r}}{dt}$ e $\left|\dfrac{d\vec{r}}{dt}\right|$

   Resposta:

   $\dfrac{d\vec{r}}{dt} = -A\omega\operatorname{sen}\omega t\,\hat{i} + A\omega\cos\omega t\,\hat{j}$ e $\left|\dfrac{d\vec{r}}{dt}\right| = A\omega$

   c) mostrar que os vetores $\vec{r}$ e $\dfrac{d\vec{r}}{dt}$ são perpendiculares.

13) Sejam os vetores $\vec{a} = 2\hat{i} - 2\hat{j} + \hat{k}$ e $\vec{b} = \hat{i} - 2\hat{j}$. Calcular as componentes do vetor unitário $\vec{u}$ o qual está no plano determinado pelos vetores $\vec{a}$ e $\vec{b}$ e é perpendicular ao vetor $\vec{v} = \vec{a} - \vec{b}$

   Resposta:

   $\vec{u} = \dfrac{-\hat{i} + 4\hat{j} + \hat{k}}{\sqrt{18}}$ ou $\vec{u} = \dfrac{\hat{i} - 4\hat{j} - \hat{k}}{\sqrt{18}}$

PRODUTO VETORIAL

14) Encontrar as componentes do vetor perpendicular aos vetores $\vec{A} = \hat{j} + 5\hat{k}$ e $\vec{B} = -3\hat{i} + 2\hat{k}$

   Resposta:

   $\vec{A} \times \vec{B} = 2\hat{i} - 15\hat{j} + 3\hat{k}$

15) Sejam os vetores $\vec{a} = \hat{i} + \hat{j} - 4\hat{k}$ e $\vec{b} = 2\hat{i} + 3\hat{j} + 4\hat{k}$ Determinar:

   a) os módulos de $\vec{a}$ e $\vec{b}$

   Resposta:

   $|\vec{a}| = 4{,}2$ e $|\vec{b}| = 5{,}4$

b) o produto vetorial $\vec{a} \times \vec{b}$

Resposta:

$\vec{a} \times \vec{b} = 16\hat{i} - 12\hat{j} + \hat{k}$

c) o vetor unitário perpendicular aos vetores $\vec{a}$ e $\vec{b}$

Resposta:

vetor unitário = $0,8\hat{i} - 0,6\hat{j} + 0,05\hat{k}$.

16) Sejam os vetores $\vec{a} = 3\hat{i} + \hat{j} + \hat{k}$ e $\vec{b} = 2\hat{i} + 3\hat{j} + \hat{k}$

a) Determinar os produtos vetoriais $(\vec{a} \times \vec{b})$ e $(\vec{b} \times \vec{a})$

Resposta:

$\vec{a} \times \vec{b} = -2\hat{i} - \hat{j} + 7\hat{k}$ e $\vec{b} \times \vec{a} = 2\hat{i} + \hat{j} - 7\hat{k}$

b) mostrar que os vetores resultantes são perpendiculares a $\vec{a}$ e $\vec{b}$.

17) O produto vetorial de dois vetores é $\vec{a} \times \vec{b} = 3\hat{i} - 6\hat{j} + 2\hat{k}$ sendo que $|\vec{a}| = 4$ e $|\vec{b}| = 7$ Calcular o produto escalar $\vec{a} \cdot \vec{b}$.

Resposta:

$\vec{a} \cdot \vec{b} = 27,1$

18) Achar o vetor de módulo 3 o qual é paralelo ao vetor resultante do produto vetorial $\vec{a} \times \vec{b}$, onde $\vec{a} = 2\hat{i} - 3\hat{j} + \hat{k}$ e $\vec{b} = 2\hat{i} - 3\hat{k}$

Resposta:

$2\hat{i} + 1,8\hat{j} + 1,3\hat{k}$

2 MOVIMENTO EM UMA DIMENSÃO

Gilberto Marcon Ferraz

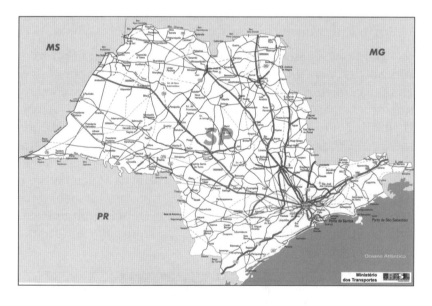

Figura 2.1

O estudo dos movimentos se inicia com a *cinemática*, ramo da *mecânica* que descreve os movimentos dos corpos sem se preocupar com as causas que os produzem e os modificam. Neste capítulo, os objetos estão restritos a um caminho retilíneo. Em nosso dia a dia, nem sempre essa condição é encontrada, mas, em uma viagem, a estrada pode ser considerada como uma reta, ou composta por algumas retas. Isto pode ser facilmente verificado na figura acima, onde as principais estradas do Estado de São Paulo são destacadas no mapa.

2.1 TRAJETÓRIA, POSIÇÃO E DESLOCAMENTO

Primeiramente, deve-se compreender o conceito de *ponto material*. Um objeto cujas dimensões podem ser desprezadas em comparação com as demais dimensões envolvidas em um dado acontecimento é chamado de *ponto material* ou *partícula*. Até mesmo um veículo grande, como um ônibus ou caminhão, pode ser considerado um ponto material quando se desloca em uma viagem de São Paulo a Santos, por exemplo. Muitas vezes, um ponto qualquer de um objeto é escolhido como ponto material para descrever o movimento do objeto inteiro.

Não se pode falar de movimento sem se falar em relação a quem se movimenta. A determinação da *posição* de um ponto material ou de uma partícula é feita em relação a determinado corpo ou, até mesmo, um ponto que recebe o nome de *referencial* ou *observador*.

Considere a Figura 2.2, para as pessoas que estão no ponto de ônibus, o ônibus se movimenta, enquanto para o motorista do ônibus (outro observador) o ônibus está em repouso. Portanto, todo movimento é relativo ao referencial escolhido.

Um ponto material, que se move em relação a certo referencial, descreve um caminho que recebe o nome de *trajetória*. Em uma trajetória escolhe-se arbitrariamente um marco zero, que se chama *origem* e onde se coloca o referencial. A partir desse ponto são realizadas as medições das distâncias que indicam a posição do ponto material. Lembrando novamente das estradas, quando elas saem da cidade de São Paulo, a quilometragem das estradas é contada a partir da Praça da Sé, o marco zero da cidade. O sentido do movimento também deve ser informado; para isso, a trajetória é orientada com um sentido positivo de percurso. A Figura 2.3 apresenta um trecho

Figura 2.2
O movimento é relativo ao referencial escolhido.

da rodovia BR 116 como uma trajetória orientada, cuja origem encontra-se na cidade de São Paulo. É importante esclarecer a diferença entre *deslocamento* e *distância percorrida*. Considere um veículo que se desloca de Taubaté para São Paulo, o seu deslocamento é definido por:

$$\Delta s = s_f - s_i = (0) - (123) = -123 \text{ km}$$

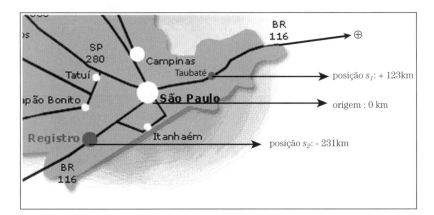

Figura 2.3
Representação da rodovia BR 116 como trajetória de um veículo, admitindo a cidade de São Paulo como origem e sentido positivo ao deslocar-se em direção ao Rio de Janeiro.

Perceba que o deslocamento é a variação de posição do veículo, sendo positivo quando este se desloca no sentido positivo da trajetória (ida) e negativo quando se desloca no sentido contrário (volta). Portanto, o deslocamento indica tanto a distância percorrida pelo veículo (123 km) como o sentido do percurso. Assim, o deslocamento pode ser representado por um *vetor* e a distância percorrida sempre é representada por um *escalar positivo*.

2.2 VELOCIDADE

O uso extensivo dos veículos motorizados no dia a dia da sociedade faz com que o termo *velocidade* seja bem difundido, mas a noção intuitiva de velocidade é aqui definida como *velocidade escalar* v_e, em alguns textos, também chamada de *rapidez*.

$$v_e = \frac{\text{distância percorrida}}{\text{intervalo de tempo}} = \frac{d}{\Delta t} \qquad (2.1)$$

Porém, a velocidade escalar não é suficiente para representar uma grandeza física vetorial, como é o caso da velocidade.

Por esse motivo, há a necessidade de outra definição, a *velocidade média* v_m. Considere agora o movimento de uma partícula sobre uma trajetória horizontal orientada positivamente para direita, conforme a Figura 2.4.

Figura 2.4
Movimento retilíneo de um veículo.

A *velocidade média* deste veículo é definida por:

$$v_m = \frac{\Delta x}{\Delta t} = \frac{x_f - x_0}{t - 0} = \frac{deslocamento}{intervalo\ de\ tempo} \quad (2.2)$$

A unidade de velocidade no SI é o *metro por segundo* (m/s), porém, no Brasil utiliza-se muito o *quilômetro por hora* (km/h). Lembre-se que:

$$1{,}0\frac{km}{h} = \frac{1000\,m}{3600\,s} = \frac{1{,}0}{3{,}6}\frac{m}{s} \text{ ou alternativamente}$$

$$1{,}0\frac{m}{s} = 3{,}6\frac{km}{h}$$

Exemplo I

Considerar o movimento do veículo descrito na Figura 2.5. (a) Calcular a velocidade média para os trechos entre São Paulo–Ribeirão Preto e Ribeirão Preto–Campinas. (b) Calcular a velocidade escalar para a viagem toda.

Figura 2.5

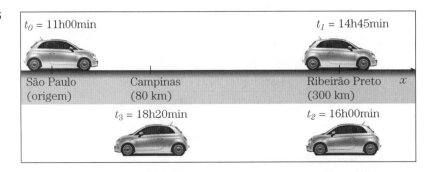

Solução:

a) S. Paulo–Ribeirão Preto:

$$v_m = \frac{\Delta x}{\Delta t} = \frac{300 - 0}{3\text{h}45\text{min}} = \frac{300\,\text{km}}{3{,}75\,\text{h}} = 80{,}0\text{ km/h}$$

Ribeirão Preto-Campinas:

$$v_m = \frac{\Delta x}{\Delta t} = \frac{80 - 300}{2\text{h}20\text{min}} = \frac{-220\,\text{km}}{2{,}33\,\text{h}} = -94{,}3\text{ km/h}$$

Perceba que o sinal da velocidade média transmite o sentido de percurso do deslocamento, isto é, se o veículo está indo no sentido positivo ou voltando em sentido contrário.

b) A velocidade escalar leva em consideração apenas o total de quilômetros percorridos, independentemente do sentido do percurso, então:

$$v_e = \frac{d}{\Delta t} = \frac{300 + 220}{7\text{h}20\text{min}} = \frac{520\,\text{km}}{7{,}33\,\text{h}} = 70{,}9\text{ km/h}$$

As velocidades médias são bem aplicadas para intervalos de tempo grandes; como algumas horas, consequentemente, deslocamentos grandes também são encontrados. Mas se cada vez mais o intervalo de tempo for diminuindo, a ponto de se dizer que ele tende a zero (alguns milissegundos), o cálculo da velocidade média fornece o que é definido como *velocidade instantânea v*. Assim, pode-se escrever:

$$v = \lim_{\Delta t \to 0}(v_m) = \lim_{\Delta t \to 0}\left(\frac{\Delta x}{\Delta t}\right) \qquad (2.3)$$

Na vida real, a velocidade instantânea é obtida por meio dos velocímetros dos veículos, mas ela também pode ser calculada por meio da equação 2.3 quando a posição x de um corpo for conhecida em função do tempo t. A equação 2.3 define a chamada *derivada da posição x em relação ao tempo t*:

$$v = \lim_{\Delta t \to 0}\left(\frac{\Delta x}{\Delta t}\right) = \frac{dx}{dt} \qquad (2.4)$$

Não se preocupe com essa nova definição de velocidade como uma derivada, este assunto é apresentado separadamente no final do capítulo. No momento, é interessante investigar alguns casos especiais, o movimento uniforme e o movimento uniformemente variado.

2.3 MOVIMENTO UNIFORME

Uma partícula está em movimento uniforme (MU) quando ela se move o tempo todo com a mesma velocidade e em linha reta; perceba que essas duas condições tornam o vetor velocidade *constante*, isto é, tem sempre a mesma direção, o mesmo sentido e o mesmo módulo. Portanto, quando uma partícula está em MU a velocidade média (v_m) para qualquer trecho do deslocamento sempre será igual à velocidade instantânea (v). Considere o movimento descrito na Figura 2.4 como MU, então segue que:

$$v_m = v = \frac{\Delta x}{\Delta t} = \frac{x - x_0}{t - 0} \Rightarrow v \cdot t = x - x_0 \qquad (2.5)$$

$$x = x_0 + v \cdot t$$

Por meio da equação 2.5 pode-se prever a posição x da partícula para qualquer tempo t após o início do movimento, ela é chamada de *função horária* do movimento uniforme.

Exemplo II

Na década de 80, em virtude do alto preço do petróleo, a velocidade máxima permitida nas estradas era de 80 km/h. Hoje em dia, pode-se andar a 120 km/h. De quanto foi diminuído o tempo de uma viagem de 850 km? Essa distância é percorrida por quem viaja, por exemplo, do Rio de Janeiro-RJ até Curitiba-PR.

Solução:

$$v = \frac{\Delta x}{\Delta t} \Rightarrow \Delta t = \frac{\Delta x}{v}$$

Para a década de 80, $\Delta t = \frac{850}{80} \rightarrow \Delta t = 10,625 \, h$

Hoje em dia, $\Delta t' = \frac{850}{120} \rightarrow \Delta t' = 7,083 \, h$

Portanto, o tempo da viagem foi diminuído em:
10,625 - 7,083 = 3,54 h = 3h e 32 min.

2.4 ACELERAÇÃO

Para estudar situações mais abrangentes, deve-se imaginar que a velocidade dos corpos possa variar no tempo, por exemplo, quando um motorista *acelera* seu veículo após a abertura de um semáforo vermelho em uma avenida, até que a velocidade limite seja atingida. Portanto, há a necessidade de definir mais uma grandeza física, a *aceleração média (a_m)*. Considere agora o movimento de uma partícula, sobre uma trajetória horizontal orientada positivamente para direita, cuja velocidade muda com o passar do tempo, conforme a Figura 2.6.

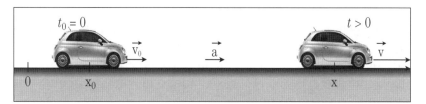

Figura 2.6
Movimento retilíneo de uma partícula cuja velocidade muda com o tempo.

$$a_m = \frac{\Delta v}{\Delta t} = \frac{v - v_0}{t - 0} \quad (2.6)$$

Decorre da definição acima que a aceleração média também é uma grandeza vetorial. Consequentemente, para que o módulo da velocidade seja aumentado, é necessário que a aceleração tenha a mesma direção e o mesmo sentido da velocidade, caso contrário (sentidos diferentes), ocorrerá uma *desaceleração*. A unidade de aceleração no Sistema Internacional é $m.s^{-2}$ ou m/s^2. Por exemplo, se uma partícula possuir uma velocidade positiva e uma aceleração média de +5,0 m/s^2, isso significa que a cada segundo sua velocidade aumentará em 5,0 m/s.

Exemplo III

(a) Um carro com um motor 1.0 pode variar sua velocidade de 0 a 100 km/h em 20 s. Calcular a aceleração média desse carro.

Solução:

Lembre-se, não se pode misturar km/h com segundos, então

v = 100 km/h = 27,78 m/s

$$a_m = \frac{v - v_0}{t - 0} = \frac{27,78 - 0}{20} \to a_m = 1,4 \frac{m}{s^2}$$

(b) O mesmo carro do item (a) pode frear de 100 km/h até o repouso em apenas 3,4 s. Calcule a aceleração média durante a freagem.

$$a_m = \frac{v - v_0}{t - 0} = \frac{0 - 27,78}{3,4} \to a_m = -8,2 \frac{m}{s^2}.$$

Da mesma forma que acontece com a velocidade, também se define a *aceleração instantânea (a)* quando se calcula o limite da aceleração média para um intervalo de tempo infinitesimal, isto é, que tende a zero.

$$a = \lim_{\Delta t \to 0}(a_m) = \lim_{\Delta t \to 0}\left(\frac{\Delta v}{\Delta t}\right) = \frac{dv}{dt} \qquad (2.7)$$

A aceleração instantânea é definida como a *derivada da velocidade v em relação ao tempo t*. Este assunto será discutido em maiores detalhes no final deste capítulo. No momento mais um caso especial é apresentado, o movimento regido por uma aceleração constante.

2.5 MOVIMENTO RETILÍNEO UNIFORMEMENTE VARIADO

Uma partícula está em movimento retilíneo uniformemente variado (MRUV) quando ela se move em linha reta e submetida a uma mesma aceleração por todo tempo do percurso. Neste caso, o vetor aceleração é *constante*, isto é, tem sempre a mesma direção, o mesmo sentido e o mesmo módulo. Portanto, quando uma partícula está em MRUV a aceleração média (a_m) para qualquer trecho do deslocamento sempre será igual à aceleração instantânea (a). Considere o movimento descrito na Figura 2.6 como MRUV, então segue que:

$$a_m = a = \frac{\Delta v}{\Delta t} = \frac{v - v_0}{t - 0} \Rightarrow a \cdot t = v - v_0 \qquad (2.8)$$

$$v = v_0 + a \cdot t$$

A expressão acima é chamada de *função horária da velocidade* para o MRUV. Por meio dela, pode-se prever a velocidade v da partícula para qualquer tempo t após o início do movimento. Note que a velocidade v é uma função linear do tempo t, assim o gráfico de v versus t sempre será uma reta, cujo coeficiente angular é igual à aceleração da partícula. A área delimitada entre a reta e o eixo do tempo, destacada na Figura 2.7, fornece outra informação importante que é o deslocamento Δx da partícula durante o intervalo de tempo $(t - 0)$. Portanto, segue da Figura 2.7 que:

$$\Delta x = \text{área do trapézio} = \frac{(v + v_0) \cdot t}{2} \qquad (2.9)$$

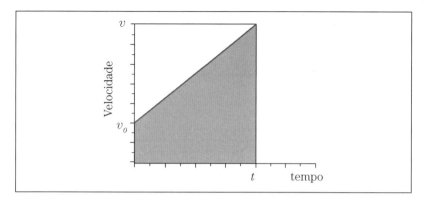

Figura 2.7
Gráfico da velocidade de uma partícula em função do tempo para o caso de velocidade e aceleração positivas.

substituindo a equação 2.8 em 2.9, vem que:

$$\Delta x = \frac{(v_0 + a \cdot t + v_0) \cdot t}{2} = \frac{2v_0 t + at^2}{2} = v_0 \cdot t + \frac{a}{2} \cdot t^2 \Rightarrow$$

$$\Rightarrow x - x_0 = v_0 \cdot t + \frac{a}{2} \cdot t^2$$

$$x = x_0 + v_0 \cdot t + \frac{a}{2} \cdot t^2 \qquad (2.10)$$

A posição de uma partícula que se desloca em MRUV é calculada pela equação 2.10 para qualquer instante t. Esta é a *função horária da posição* para o MRUV. A Figura 2.8 mostra o gráfico da posição em função do tempo para duas acelerações de sinais diferentes.

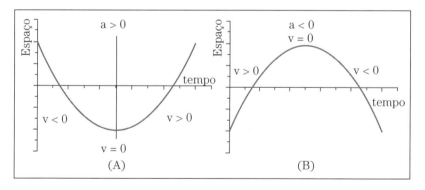

Figura 2.8
Gráfico da posição x de uma partícula em função do tempo para os casos de aceleração positiva (A) e aceleração negativa (B).

Até agora, todas as expressões deduzidas dependem do tempo, mas nem sempre esta informação é conhecida. Para estes casos, utiliza-se a *equação de Torricelli*. Considere o tempo obtido por meio da equação 2.8 e utilize-o na equação 2.9. Segue que:

$$v = v_0 + a \cdot t \Rightarrow t = \frac{v - v_0}{a}$$

$$\Delta x = \frac{(v+v_0)}{2} \cdot \frac{v-v_0}{a} = \frac{v^2 - v_0^2}{2a}$$

$$v^2 = v_0^2 + 2 \cdot a \cdot \Delta x \tag{2.11}$$

Exemplo IV

Durante uma corrida de 300 m, um corredor inicia a prova a partir do repouso, acelera uniformemente por 20,0 s e percorre 70 % da prova, daí em diante ele mantém uma velocidade limite. Calcule a aceleração do corredor e o tempo total de realização da prova.

Solução:

Admitindo a origem da trajetória no início do percurso da prova e que o corredor se desloque no sentido positivo da mesma, montam-se as seguintes equações horárias:

$x = 0 + 0 \cdot t + \frac{a}{2} \cdot t^2$ e $v = 0 + a \cdot t$

Após 20 s ele percorre 210 m, então:

$210 = \frac{a}{2} 20^2 \rightarrow a = 1{,}05 \text{ m/s}^2$

A velocidade limite é obtida a partir da equação v = +1,05 · t utilizando t = 20 s, assim: v_{limite} = 1,05 · 20 = 21 m/s.

Os 90 m restantes são percorridos em t' = 90/21 = 4,29 s.

Então o tempo total de realização da prova é:

Δt = 20,0 + 4,29 = 24,3 s.

2.6 QUEDA LIVRE E LANÇAMENTOS VERTICAIS

Quando a resistência do ar é desprezada, todos os corpos abandonados ou lançados verticalmente estão sujeitos a uma mesma aceleração, independentemente de sua massa e forma, que é a *aceleração da gravidade g*. Lembre-se que a aceleração da gravidade é um vetor de direção vertical sempre apontando para o centro da Terra (para baixo), cuja magnitude é g = 9,8 m/s².

Não há a necessidade de equações novas, a queda livre é apenas uma aplicação do MRUV. Considere um corpo lançado verticalmente para cima, a partir de uma altura qualquer em

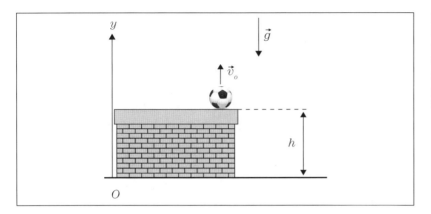

Figura 2.9
Diagrama simplificado para um corpo lançado verticalmente para cima. Os valores de y são positivos para as posições acima do chão.

relação ao chão, conforme diagrama da Figura 2.9. As funções horárias do movimento são:

$$y = h + v_0 \cdot t - \frac{g}{2} \cdot t^2 \quad \text{e} \quad v_y = v_0 - g \cdot t \qquad (2.12)$$

Note que o sinal da aceleração da gravidade nas equações acima depende apenas da escolha do referencial (y positivo para cima ou para baixo), isto é, *o sinal da aceleração da gravidade não depende se o corpo está subindo ou descendo*. O corpo que é lançado verticalmente para cima sobe enquanto sua velocidade é positiva, a altura máxima é atingida quando $v_y = 0$. Assim, aplicando Torricelli, vem:

$$0^2 = v_0^2 - 2 \cdot g \cdot h_{máx} \Rightarrow h_{máx} = \frac{v_0^2}{2 \cdot g} \qquad (2.13)$$

Exemplo V:

Uma bola de futebol é lançada verticalmente para cima, a partir do chão, com uma velocidade de 15,0 m/s. (a) Até que altura a bola sobe? (b) Quanto tempo demora a bola para atingir a altura máxima? (c) Qual a velocidade da bola após 2,00 s de seu lançamento?

Solução:

Admitindo o mesmo diagrama mostrado na Figura 2.9, vem que:

a) $h_{máx} = \dfrac{v_0^2}{2 \cdot g} = \dfrac{15^2}{2 \cdot 9,8} \rightarrow h_{máx} = 11,5\,\text{m}$

b) $v = 15 - 9,8 \cdot t$ para $v = 0 \rightarrow t = \dfrac{15}{9,8} \rightarrow t = 1,53\,\text{s}$

c) Para $t = 2,0\,\text{s}$, $v = 15 - 9,8 \cdot 2 \rightarrow v = -4,6\,\text{m/s}$.

2.7 VELOCIDADE E ACELERAÇÃO INSTANTÂNEAS E DERIVAÇÃO

Após o estudo dos casos especiais do movimento uniforme e do movimento uniformemente variado, chegou a hora de investigar melhor a definição de velocidade e aceleração instantâneas e suas relações com o Cálculo Diferencial e Integral.

Considere o movimento de um veículo cuja posição é mostrada em função do tempo no gráfico da Figura 2.10. A velocidade instantânea do veículo pode ser obtida a partir do cálculo de velocidades médias sucessivas. Por exemplo, para calcular a velocidade instantânea no instante $t = 2,0$ s, tem-se:

Figura 2.10
Posição de um automóvel em função do tempo.

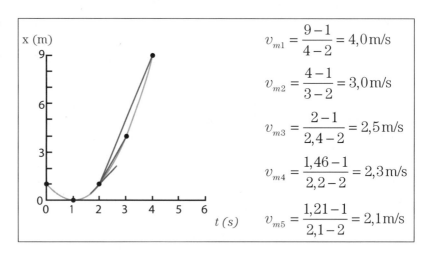

$$v_{m1} = \frac{9-1}{4-2} = 4,0\,\text{m/s}$$

$$v_{m2} = \frac{4-1}{3-2} = 3,0\,\text{m/s}$$

$$v_{m3} = \frac{2-1}{2,4-2} = 2,5\,\text{m/s}$$

$$v_{m4} = \frac{1,46-1}{2,2-2} = 2,3\,\text{m/s}$$

$$v_{m5} = \frac{1,21-1}{2,1-2} = 2,1\,\text{m/s}$$

Perceba que a velocidade média irá tender ao valor 2,0 m/s à medida que Δt tende a zero. Neste momento, mais importante que o valor da velocidade instantânea é compreender sua interpretação geométrica. Geometricamente, a velocidade média (v_m) é igual ao coeficiente angular das retas secantes que cortam os pontos final e inicial em cada intervalo de tempo, veja a Figura 2.10. Quando o intervalo de tempo tende a zero os pontos final e inicial estão tão perto um do outro, que a reta que os une, será tangente a curva. Assim, a velocidade instantânea é obtida por meio do coeficiente angular da reta tangente a curva $x(t)$ quando $t = 2,0$ s. Esta também é a interpretação geométrica da derivada de uma função em um ponto qualquer. Portanto, a velocidade instantânea é dada pela definição já apresentada na equação 2.3:

$$v = \lim_{\Delta t \to 0}(v_m) = \lim_{\Delta t \to 0}\left(\frac{\Delta x}{\Delta t}\right) = \frac{dx}{dt}$$

Uma discussão análoga pode ser feita em relação à aceleração instantânea, então novamente a equação 2.7 é apresentada:

$$a = \lim_{\Delta t \to 0}(a_m) = \lim_{\Delta t \to 0}\left(\frac{\Delta v}{\Delta t}\right) = \frac{dv}{dt}$$

Não se tem a pretensão de expor um curso de cálculo neste livro, esta gloriosa tarefa é feita pelos professores de Cálculo Diferencial e Integral de sua faculdade, porém, há a necessidade de apresentar algumas regras de diferenciação. As funções de espaço utilizadas neste capítulo serão sempre funções polinomiais. Então, seguem alguns resultados demonstrados pelo cálculo diferencial:

Se $g(x) = k = constante$, sua derivada é

$$g'(x) = \frac{dg}{dt} = 0 \qquad (2.14)$$

Se $f(t) = k \cdot t^n$, sendo k e n constantes, sua derivada é

$$f'(x) = \frac{df}{dt} = k \cdot n \cdot t^{n-1} \qquad (2.15)$$

A derivada de uma soma (ou subtração) é a soma (ou subtração) das derivadas:

$$\frac{d}{dt}(f \pm g) = \frac{df}{dt} \pm \frac{dg}{dt} \qquad (2.16)$$

Exemplo VI:

A função horária da partícula cujo gráfico é apresentado na Figura 2.10 é dada por $x(t) = 1 - 2 \cdot t + t^2$, onde x é dado em metros e t em segundos. Calcular a velocidade da partícula no instante $t = 2,0$ s.

Solução:

$$v(t) = \frac{dx}{dt} = 0 - 2 + 2 \cdot t = -2 + 2 \cdot t$$

Para $t = 2,0$ s $\Rightarrow v(2) = -2 + 2 \cdot 2 \Rightarrow v(2) = 2,0$ m/s como foi citado no parágrafo acima.

2.8 INTEGRAÇÃO

Na seção anterior, foi apresentado que a função horária da velocidade é obtida por meio da derivada, em relação ao tempo, da função horária da posição. Será que existe o caminho oposto? É possível determinar a função da posição a partir da função da velocidade?

A resposta é sim, e a operação inversa da derivação é chamada *integração*. O processo de integração de uma função $f(t)$ está relacionado com a determinação da área sob a curva de $f(t)$ de seu gráfico. A Figura 2.11 mostra o gráfico de uma função $f(t)$. A área de um retângulo qualquer hachurado é $f(t_i)\Delta t_i$, e este recebe o nome de elemento de área. Então, a área total sob um trecho da curva é obtida calculando-se o limite da soma dos elementos de área, quando Δt_i tender a zero. Esse limite é denominado *integral de* $f(t)$ em relação a t:

$$\text{área sob a curva de } f(t) = \lim_{\Delta t \to 0} \sum f(t_i)\Delta t_i = \int f(t)dt \qquad (2.17)$$

Portanto, a área sob a curva do gráfico de $v(t)$ de uma partícula representa o espaço percorrido por essa partícula. Lembre-se que este conceito já foi utilizado na dedução da função horária da posição do MRUV. Analogamente, a área sob a curva do gráfico $a(t)$ de uma partícula representa a variação de velocidade sofrida por ela.

Matematicamente, conclui-se que:

$$\text{Se } v = \frac{dx}{dt}, \text{então: } \int dx = \Delta x = \int v(t)dt \qquad (2.18)$$

e

$$\text{Se } a = \frac{dv}{dt}, \text{então: } \int dv = \Delta v = \int a(t)dt \qquad (2.19)$$

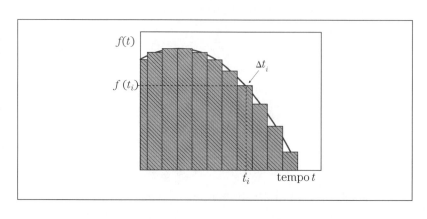

Figura 2.11
Gráfico de uma função genérica f(t). A área sob a curva no gráfico pode ser estimada pela soma das áreas dos pequenos retângulos f(t_i)Δt_i. Se Δt tender a zero, esta soma tende ao valor verdadeiro da área sob a curva.

Novamente, seguem alguns resultados demonstrados pelo cálculo diferencial e integral:

Se $f(t) = k \cdot t^n$, sendo *k* e *n* constantes, vem que:

$$\int k \cdot t^n dt = k \frac{t^{n+1}}{n+1}, (n \neq -1) \qquad (2.20)$$

A integral de uma soma (ou subtração) é a soma (ou subtração) das integrais:

$$\int \left[f(t) \pm g(t) \right] dt = \int f(t) dt \pm \int g(t) dt \qquad (2.21)$$

Exemplo VII:

Um veículo se desloca em uma avenida pouco movimentada. Sua velocidade é dada por $v(t) = \left(1{,}0 \frac{m}{s^3} \right) t^2 - \left(2{,}5 \frac{m}{s} \right)$. Se o veículo em $t = 0$ está na posição $x = -5{,}0$ m, qual será sua posição após 10 segundos?

Solução

Para encontrar a função horária da posição, a função da velocidade deve ser integrada. Então:

$$\Delta x = \int v(t) dt = \int (1{,}0 t^2 - 2{,}5) dt = \int t^2 dt - \int 2{,}5 dt$$

$$x - x_0 = \frac{t^3}{3} - 2{,}5 t$$

Agora, utiliza-se a condição inicial que para $t = 0$, $x = -5$ m $\Rightarrow$

$\Rightarrow -5 - x_0 = \dfrac{0}{3} - 2{,}5 \cdot 0$, então $x_0 = -5{,}0$ m.

Portanto, $x(t) = -5 + \dfrac{t^3}{3} - 2{,}5 t$ e para

$t = 10$ s $\Rightarrow x(10) = -5 + \dfrac{10^3}{3} - 2{,}5 \cdot 10$.

$x(10) = 303$ m

Observações:
Note que para calcular x_0 é necessário conhecer a posição do veículo em qualquer tempo t, não necessariamente em $t = 0$.

A constante x_0 é chamada de constante de integração.

EXERCÍCIOS RESOLVIDOS

VELOCIDADE MÉDIA E MOVIMENTO UNIFORME

1) Um ciclista, em uma corrida de 10 km, faz 36 km/h durante os primeiros 3,0 km. Qual deve ser sua velocidade escalar durante os 7,0 km finais para que sua velocidade escalar total seja de 15 m/s?

Solução: $v_1 = 36$ km/h $= 10$ m/s

Lembrando que $v_e = \dfrac{d}{\Delta t} \rightarrow \Delta t = \dfrac{d}{v_e}$ e que o intervalo de tempo total é a soma $\Delta t = \Delta t_1 + \Delta t_2$, vem que:

$$\Delta t = \Delta t_1 + \Delta t_2 = \dfrac{3000\,\text{m}}{10\dfrac{\text{m}}{\text{s}}} + \dfrac{7000\,\text{m}}{v_2} = \dfrac{10000\,\text{m}}{15\dfrac{\text{m}}{\text{s}}} = 666,66\,\text{s} \Rightarrow$$

$$\Rightarrow \dfrac{7000\,\text{m}}{v_2} = 666,66\,\text{s} - 300\,\text{s}$$

Portanto, $v_2 = \dfrac{7000\,\text{m}}{366,66\,s} = 19,1\,\text{m/s}$.

---

2) Dois carros estão se movendo em uma estrada retilínea no mesmo sentido. O carro A mantém uma velocidade constante de 70 km/h e o carro B mantém uma velocidade constante de 100 km/h. Em $t = 0$, o carro B está 60 km atrás do carro A. Qual a distância percorrida pelos carros, até que o carro B ultrapasse o carro A?

Solução:
Situação em $t = 0$:

Figura 2.12

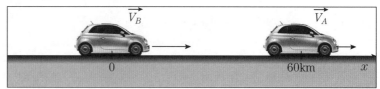

$$x_A = 60 + 70 \cdot t \text{ e } x_B = 0 + 100 \cdot t$$

Para que o carro B ultrapasse o carro A é necessário que eles estejam na *mesma posição*, então as equações horárias de cada carro devem ser igualadas.

$x_B = x_A \Rightarrow 100 \cdot t = 60 + 70 \cdot t \Rightarrow 100 \cdot t - 70 \cdot t = 60 \Rightarrow$
$\Rightarrow 30 \cdot t = 60 \Rightarrow t = 2,0$ h

Situação em $t = 2{,}0$ h:

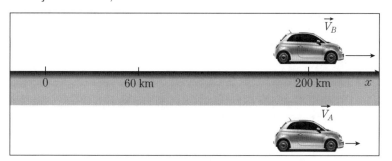

Figura 2.13

A ultrapassagem acontece na posição $x_A = x_B = 200$ km, porém cada carro percorreu uma distância diferente, o carro B percorreu 200 km e o carro A percorreu 140 km.

MOVIMENTO RETILÍNEO UNIFORMEMENTE VARIADO

3) Em um teste automobilístico, um carro é freado em estradas secas de modo que, estando a 80,0 km/h, ele para após percorrer 23,9 m. (a) Qual é a aceleração causada pelos freios em unidades SI? (b) Em quanto tempo ele para? (c) Se o tempo de reação do motorista for de 400 ms, qual a nova distância de parada?

Solução:

a) Situação em $t = 0$:

Figura 2.14

Lembre-se: $80\,\text{km/h} = 22{,}22\,\text{m/s}$ e $v^2 = v_0^2 + 2 \cdot a \cdot \Delta x \Rightarrow$

$$\Rightarrow a = \frac{v^2 - v_0^2}{2 \cdot \Delta x} = \frac{0 - (22{,}22)^2}{2 \cdot 23{,}9} = -10{,}3\,\text{m/s}^2$$

b) A função horária da velocidade é dada por $v = 22{,}22 - 10{,}3 \cdot t$, então, para que $v = 0$, vem que: $t = \dfrac{0 - 22{,}22}{-10{,}3} = 2{,}16$ s

c) Tempo de reação é o intervalo de tempo necessário para que o cérebro envie uma ordem a um membro qualquer e este comece a executá-la. Neste exemplo, significa que o automóvel permanece a 80 km/h durante os 400 ms e só depois começa a freagem. Portanto, a nova distância é dada por $d = 22{,}22 \cdot 0{,}400 + 23{,}9 = 32{,}8$ m (37% maior que 23,9 m).

O tempo de reação é muito dependente do estado do motorista; se ele estiver com sono ou embriagado, o tempo de reação pode ser superior a 1,0 s, o que traz consequências desastrosas e, infelizmente, fatais no trânsito das cidades e estradas.

4) Um policial com motocicleta observa um carro que ignora um semáforo vermelho, cruza a pista transversal e continua a uma velocidade constante. O policial persegue o carro após 2,0 s de sua observação e acelera sua motocicleta a 3,0 m/s², até que sua velocidade atinja 108 km/h e, em seguida, permanece com essa velocidade até alcançar o carro infrator. Nesse instante, o carro está a 1350 m do entroncamento. Com que velocidade o carro estava se movendo?

Solução:
$t = 0$:

Figura 2.15

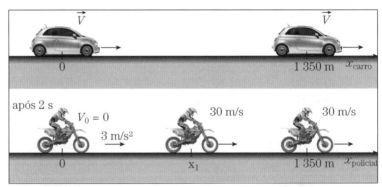

Lembre-se 108 km/h = 30,0 m/s

Utilizando a equação de Torricelli para o policial, encontra-se a posição $x_1 : v^2 = v_0^2 + 2 \cdot a \cdot (x_1 - 0) \Rightarrow x_1 = \dfrac{30^2 - 0}{2 \cdot 3} = 150\,\text{m}$

O policial percorre os 150 m em intervalo de tempo $t_1' = (30,0 - 0)/3,0 \Rightarrow t_1' = 10,0$ s e percorre o restante do percurso em velocidade constante em um intervalo de tempo $t_2' = (1350 - 150)/30 \Rightarrow t_2' = 40,0$ s. Portanto, o policial demorou 50,0 s para alcançar o carro. Então, o carro permaneceu deslocando-se com velocidade constante por 52,0 s e percorreu os mesmos 1350 m, assim, $1350 = v \cdot 52$ e $v = 26,0$ m/s = 93,5 km/h.

5) Em uma estrada de mão dupla, um carro começa uma ultrapassagem a 54 km/h e com aceleração constante $a = 2,0$ m/s² quando avista outro veículo, em sentido oposto, na mesma pista a 500 m de distância. Se este veículo está se movendo

com uma velocidade constante de 90 km/h, qual é o tempo máximo que a ultrapassagem pode demorar?

Solução:
O tempo limite é o intervalo de tempo necessário para que a colisão ocorra, então:

$t = 0$:

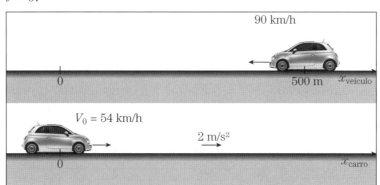

Figura 2.16

Lembre-se 54 km/h = 15,0 m/s e 90 km/h = 25,0 m/s

A função horária da posição para o veículo é:
$x_{\text{veículo}} = 500 - 25 \cdot t$.

A função horária da posição para o carro é:
$x_{\text{carro}} = 0 + 15 \cdot t + 1 \cdot t^2$.

Se houver colisão a posição dos dois móveis deve ser a mesma, então: $x_{\text{veículo}} = x_{\text{carro}} \Rightarrow 15t + t^2 = 500 - 25t$.

que resulta na seguinte equação de 2º grau: $t^2 + 40t - 500 = 0$

$\Delta = 40^2 - 4 \cdot 1 \cdot (-500) = 3600$ e $t = \dfrac{-40 \pm \sqrt{3600}}{2}$. Então $t_1 = 10$ s e $t_2 = -50$ s (sem sentido físico).

Portanto, a ultrapassagem deve ocorrer em um intervalo de tempo menor que 10 s.

---

6) Ao lado, é fornecido o gráfico *velocidade* versus *tempo* para um corpo que se move em uma trajetória retilínea. Sabe-se que em $t = 0$ sua posição era $x_0 = 2,0$ m. Esboçar os gráficos *aceleração* versus *tempo* e *posição* versus *tempo* correspondentes.

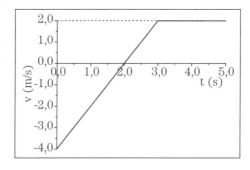

Figura 2.17

Figura 2.18

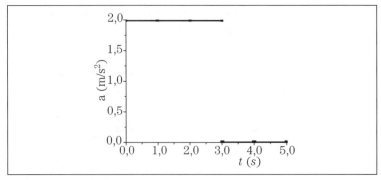

Solução:

No intervalo de $t = 0$ até $t = 3$ s, a aceleração do corpo é $a = \dfrac{\Delta v}{\Delta t} = 2,0 \text{ m/s}^2$. Após $t = 3$ s sua velocidade permanece constante até $t = 5$ s, portanto $a = 0$.

Figura 2.19

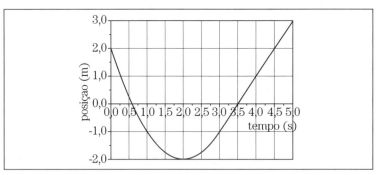

Entre $t = 0$ e $t = 3$ s, o movimento é descrito pela equação horária

$x = 2 - 4t + t^2$. Para $t = 3$ s a posição do corpo é $x = -1$ m.

A partir do instante $t = 3$ s, o movimento é uniforme e sua equação horária é dada por $x = -1 + 2(t - 3)$.

QUEDA LIVRE

7) Em $t = 0$, uma pedra é abandonada do galho de uma árvore. Outra pedra é lançada para baixo do mesmo ponto, 1,0 s mais tarde, com uma velocidade inicial de 20 m/s. As duas pedras atingem o chão juntas. Determinar a altura deste galho da árvore.

Solução:

Admitindo a origem dos espaços no galho da árvore e os deslocamentos positivos para baixo, vem que:

Pedra 1: $y_1 = 0 + 0 \cdot t + 4,9 \cdot t^2$

Pedra 2: $y_2 = 0 + 20 \cdot (t-1) + 4,9 \cdot (t-1)^2$

As pedras atingem o chão juntas, então $y_1 = y_2 = h$. Então,

$$4{,}9 \cdot t^2 = 20 \cdot t - 20 + 4{,}9 \cdot (t^2 - 2t + 1)$$
$$4{,}9 \cdot t^2 = 20 \cdot t - 20 + 4{,}9 \cdot t^2 - 9{,}8 \cdot t + 4{,}9$$
$$15{,}1 = 10{,}2 \cdot t$$
$$t = 1{,}48 \text{ s}$$

Portanto, $h = 4{,}9 \cdot (1{,}48)^2 = 10{,}7$ m.

---

8) Um alpinista está escalando um penhasco quando, de repente, é surpreendido por um nevoeiro intenso. Para saber a que altura se encontra, ele joga uma pedra lá do alto e 15,0 s depois ouve o som dela atingindo o solo, ao pé do penhasco. Desprezando-se a resistência do ar, a que altura está o alpinista, considerando que a velocidade do som seja 340 m/s?

Solução:
Admitindo a origem dos espaços no alto do penhasco e os deslocamentos positivos para baixo, vem que:

A pedra cai e percorre a altura h em um intervalo de tempo t_1 e o som sobe a mesma distância em um tempo t_2, portanto o intervalo de tempo de 15 s é igual a $t_1 + t_2$

Para a pedra: $y = 0 + 0 \cdot t + 4{,}9 \cdot t^2 \Rightarrow h = 4{,}9 \cdot (t_1)^2$ \hfill (a)

Para o som: $y = h - 340 \cdot t_2 \Rightarrow$ para $y = 0 \Rightarrow h = 340 \cdot t_2$ \hfill (b)

Então, $340 \cdot t_2 = 4{,}9 \cdot (t_1)^2$ e $t_2 = \dfrac{4{,}9}{340}(t_1)^2$

Segue que:

$$\dfrac{4{,}9}{340}(t_1)^2 + t_1 - 15 = 0 \Rightarrow \Delta = 1^2 - 4 \cdot \dfrac{4{,}9}{340}(-15) = 1{,}865 \quad \text{e}$$

$$t = \dfrac{-1 \pm \sqrt{1{,}865}}{2 \cdot \dfrac{4{,}9}{340}} = \begin{cases} t_1 = 12{,}7 \\ t_2 = -82{,}1 \end{cases}$$

Obviamente, apenas a resposta positiva possui sentido físico. Então, $t_1 = 12{,}7$ s e $t_2 = 2{,}32$ s.

Substituindo as respostas acima nas equações (a) e (b), respectivamente, vem que $h = 788$ m.

VELOCIDADE E ACELERAÇÃO INSTANTÂNEAS

9) Uma partícula parte do repouso e desloca-se em uma trajetória retilínea conforme a função horária

$x(t) = (0{,}5 \text{ m/s}^3)t^3 - (2{,}0 \text{ m/s}^2)t^2$. (a) Calcular a função horária de sua velocidade e de sua aceleração. (b) Calcular a velocidade e a aceleração em $t = 5{,}0$ s. (c) Quanto tempo demora para que a partícula retorne ao repouso?

Solução:

a) $v(t) = \dfrac{dx}{dt} = 0{,}5 \cdot 3t^2 - 2 \cdot 2t \rightarrow v(t) = \left(1{,}5 \dfrac{\text{m}}{\text{s}^3}\right)t^2 - \left(4{,}0 \dfrac{\text{m}}{\text{s}^2}\right)t$

$a(t) = \dfrac{dv}{dt} = 1{,}5 \cdot 2t^1 - 4 \rightarrow a(t) = \left(3{,}0 \dfrac{\text{m}}{\text{s}^3}\right)t - \left(4{,}0 \dfrac{\text{m}}{\text{s}^2}\right)$

b) Para $t = 5$ s $\Rightarrow v(5) = 1{,}5 \cdot 5^2 - 4 \cdot 5 = 17{,}5$ m/s

$\Rightarrow a(5) = 3 \cdot 5 - 4 = 11{,}0$ m/s^2

c) $1{,}5 \cdot t^2 - 4 \cdot t = 0 \Rightarrow t \cdot (1{,}5t - 4) = 0$, então a partícula está em repouso em $t = 0$ e em $t = \dfrac{4}{1{,}5}$ s $= 2{,}67$ s.

---

10) No intervalo de tempo de 0,0 s a 20,0 s, a aceleração de uma partícula que se desloca em uma trajetória retilínea é fornecida por $a(t) = \left(0{,}50 \dfrac{\text{m}}{\text{s}^3}\right)t$. Sabe-se que a partícula em $t = 2{,}0$ s possui velocidade de + 10 m/s (para a direita) e está situada 4,0 m à esquerda da origem. Determinar a posição e a velocidade como funções do tempo para o intervalo considerado.

$$\Delta v = \int a(t)dt = \int 0{,}50t\, dt = 0{,}50 \cdot \dfrac{t^2}{2} = 0{,}25t^2$$

Para $t = 2{,}0$ s, $v = 10$ m/s, então:

$$10 - v_0 = 0{,}25 \cdot (2)^2 \Rightarrow v_0 = 9{,}0 \dfrac{\text{m}}{\text{s}}$$

Portanto, $v(t) = \left(0{,}25 \dfrac{\text{m}}{\text{s}^3}\right)t^2 + \left(9{,}0 \dfrac{\text{m}}{\text{s}}\right)$

$$\Delta x = \int v(t)dt = \int (0{,}25t^2 + 9)dt = \int \dfrac{1}{4}t^2\, dt +$$

$$+ \int 9\, dt = \dfrac{1}{4}\dfrac{t^3}{3} + 9t = \dfrac{1}{12}t^3 + 9t$$

Para $t = 2{,}0$ s, $x = -4{,}0$ m, então:

$$-4 - x_0 = \frac{1}{12}2^3 + 9\cdot 2 \Rightarrow x_0 = 22{,}67\,\text{m}$$

Portanto, $x(t) = \left(\dfrac{1}{12}\dfrac{\text{m}}{\text{s}^3}\right)t^3 + \left(9\dfrac{\text{m}}{\text{s}}\right)t + (22{,}67\,\text{m})$

EXERCÍCIOS COM RESPOSTAS

Quando for necessário, utilize $g = 9{,}8$ m/s^2.

VELOCIDADE MÉDIA E VELOCIDADE ESCALAR MÉDIA

1) No pico do Jaraguá, em São Paulo (SP), existe um elevador particular para se chegar às torres de transmissão de TV e rádio que se encontram no topo. Esse elevador opera em uma rampa com uma inclinação de 50° com a horizontal e se eleva na vertical de 45 m em 1,0 minuto. Qual é a velocidade média do elevador ao subir a rampa?

   Resposta:

   0,98 m/s.

---

2) Um veículo sobe uma serra com uma velocidade constante de 50,0 km/h e retorna ao ponto de partida descendo a mesma serra com uma velocidade constante de 70,0 km/h. Calcular a velocidade média e a velocidade escalar média do veículo.

   Resposta:

   $v_{\text{média}} = 0$ e $v_{\text{escalar}} = 58{,}3$ km/h.

---

3) Um motorista de caminhão faz uma viagem de São Paulo ao Rio de Janeiro metade da distância a 60 km/h e a outra metade a 100 km/h. Na volta, ele viaja metade do tempo a 60 km/h e a outra metade a 100 km/h. Admita que a trajetória seja positiva no sentido São Paulo–Rio. (a) Qual é a velocidade média na viagem de ida? (b) Qual é a velocidade média na viagem de volta? (c) Quais são a velocidade média e a velocidade escalar média da viagem toda?

   Respostas:

   (a) 75 km/h; (b) – 80 km/h; (c) 0 e 77,4 km/h.

4) Você precisa dirigir em uma estrada para chegar em tempo a um compromisso em outra cidade, distante da sua de 300 km. O seu compromisso foi marcado para as 12 horas da manhã. Precavido, você sai as 8 horas da manhã e pretende viajar a 100 km/h para chegar antes do horário. Nos primeiros 100 km tudo ocorre como planejado, porém um acidente na estrada causa uma redução de velocidade para 30 km/h por um intervalo de tempo de uma hora e meia. Qual a menor velocidade que você deve manter no resto da viagem para chegar a tempo em seu compromisso?

Resposta:

Um pouco acima de 103 km/h.

---

5) Um veículo percorre uma distância d com velocidade escalar média de 40 m/s e consecutivamente percorre outra distância $2d$ a 70 m/s. Calcular a velocidade escalar média de todo o percurso.

Resposta:

56 m/s.

MOVIMENTO UNIFORME

6) Em uma competição de tiro ao alvo, um competidor ouve o impacto do projétil no alvo em um intervalo de tempo de 3,0 s após o seu disparo. O projétil possui velocidade constante de 500 m/s e a velocidade do som também é constante e igual a 340 m/s. Determinar a distância d percorrida pelo projétil.

Resposta:

607 m.

---

7) Em um trecho reto de uma estrada, um caminhão afasta-se uniformemente de um radar, que consiste de um emissor-receptor de ondas sonoras acoplado a um osciloscópio. Em um dado instante, o aparelho emite um pulso que é refletido no para-choque P e na cabine C do caminhão. Sabe-se que a distância PC do caminhão é de 10,0 m. A figura a seguir mostra os sinais obtidos na tela do osciloscópio, o sinal mais intenso representa o pulso emitido e os dois sinais à direita representam os pulsos refletidos. Considere a velocidade do som igual a 330 m/s e que o eixo horizontal

da tela do osciloscópio esteja calibrado de tal forma que 30 mm corresponda a 1,00 s. Qual é a velocidade do caminhão?

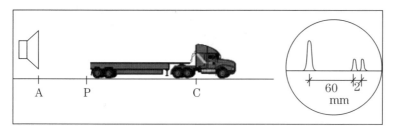

Figura 2.20

Resposta:

30 m/s.

---

8) Um trem de transporte de cargas possui 14 vagões e uma locomotiva. O trem se movimenta com velocidade constante de 15 m/s e cada componente da composição tem um comprimento de 10 m. (a) Quanto tempo o trem leva para passar por um sinaleiro? (b) E por uma ponte de 250 m de comprimento?

Respostas:

(a) 10 s; (b) aproximadamente 27 s.

MOVIMENTO RETILÍNEO UNIFORMEMENTE VARIADO

9) A pista principal do aeroporto de Congonhas, em São Paulo (SP), possui 1640 m. (a) Se um avião a jato comercial precisa atingir a velocidade de 360 km/h para decolar, qual é a aceleração constante mínima necessária para que o avião decole? (b) Repetir o cálculo para a pista secundária do Aeroporto de Cumbica que possui 3000 m de extensão.

Respostas:

(a) 3,05 m/s^2; (b) 1,67 m/s^2.

---

10) Um trem A a 20 m/s e um trem B a 30 m/s estão na mesma linha, retilínea e plana, movendo-se em sentidos opostos. Quando a distância entre eles é de 1,0 km os dois maquinistas percebem o perigo e acionam os freios, fazendo com que os dois trens sofram uma desaceleração de 1,0 m/s^2. Os trens conseguem frear a tempo?

Resposta:

Sim, eles ficam 350 m um do outro.

11) Um veículo de teste parte do repouso e acelera em linha reta a uma taxa constante de 2,00 m/s² até atingir a velocidade de 30,0 m/s. Em seguida, o veículo desacelera a uma taxa constante de 1,00 m/s² até parar. (a) Qual o intervalo de tempo transcorrido entre a partida e a parada? (b) Qual é a distância total percorrida pelo veículo nessa manobra?

Respostas:

(a) 45 s; (b) 675 m.

12) Um carro de corrida vermelho possui a velocidade constante de 180 km/h. Ao passar pelo box de seu concorrente azul, este parte do repouso com aceleração constante de 4,0 m/s² até atingir sua velocidade limite de 216 km/h, que ele mantém. Determinar o intervalo de tempo e a distância percorrida pelo carro azul até que este possa ultrapassar o carro vermelho.

Respostas:

45 s e 2 250 m.

13) Em um teste automobilístico reportado por uma revista especializada, determinado veículo percorreu 57,5 m para poder parar completamente quando sua velocidade inicial era de 120 km/h. Entretanto, a distância percorrida era de 26,5 m se a velocidade inicial do mesmo veículo era 80 km/h. Supondo que a desaceleração imposta pelo sistema de freios do veículo permanece constante depois de acionados, determinar (a) desaceleração do veículo e (b) o tempo de reação do piloto de provas.

Respostas:

(a) – 10,4 m/s²; (b) 0,128 s.

14) Dois trens se movem no mesmo trilho quando os condutores notam que eles estão indo um de encontro ao outro, conforme o gráfico a seguir. Imediatamente, eles começam o processo de desaceleração e a distância entre os trens é de 150 m. Os trens irão colidir? Se não, calcular a distância entre os trens depois que eles param. Se sim, calcular a velocidade de cada trem no instante do impacto.

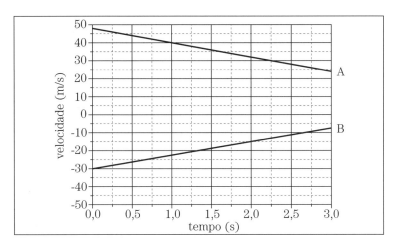

Figura 2.21

Resposta:

Eles colidem após 2,5 s quando $v_A = 30$ m/s e $v_B = -10$ m/s.

15) Uma partícula se desloca em uma trajetória retilínea e sua velocidade em função do tempo é mostrada na figura a seguir. (a) Calcular a aceleração da partícula nos instantes 2 s, 6 s, 9 s, e 16 s. (b) Determinar o deslocamento da partícula de 0 a 20s. (c) Se em $t = 0$ a partícula estava em $x_0 = -10$ m, calcule sua posição final em $t = 20$ s.

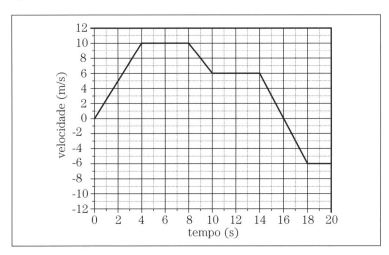

Figura 2.22

Respostas:

(a) 2,5 m/s², 0, – 2,0 m/s² e – 3,0 m/s²; (b) 88 m; (c) 78 m.

16) O gráfico a seguir mostra a aceleração de uma partícula em função do tempo. Sabe-se que em $t = 0$ esta partícula está em repouso e na origem da trajetória retilínea. (a) Construir o

gráfico *velocidade* versus *tempo* para o intervalo $0\ s \leq t \leq 10\ s$.
(b) Encontrar a posição da partícula em $t = 10$ s.

Figura 2.23

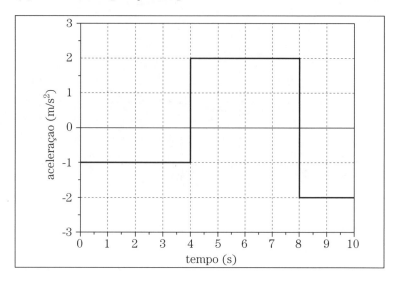

Resposta:

(b) – 4m.

---

17) A distância entre as estações do metrô Anhangabaú e Praça da Sé é de 688 m. Se um trem acelera a + 1,10 m/s² a partir do repouso durante o primeira metade do percurso e depois desacelera a – 1,10 m/s² na segunda metade, (a) qual é o tempo de percurso entre as estações? (b) Qual é a velocidade máxima atingida pelo trem?

Respostas:

(a) 50,0 s; (b) 27,5 m/s.

LANÇAMENTO VERTICAL

(Considere que a resistência do ar seja desprezível)

18) Durante uma brincadeira de praia, uma bola de futebol é chutada verticalmente para cima, a partir do chão, com uma velocidade inicial de 10,0 m/s. (a) Que distância ela percorrerá no ar antes de bater no chão? (b) Se durante o retorno da bola ao chão, alguém preferir cabecear a bola a uma altura de 2,0 m, qual será a velocidade da bola nesse instante?

Respostas:

(a) 10,2 m; (b) – 7,84 m/s.

19) A Base da Aeronáutica Brasileira chamada *Barreira do Inferno* foi o primeiro centro de lançamento de foguetes espaciais da América do Sul. Ela foi inaugurada em 1965 e se encontra nos arredores de Natal – RN. Suponha que um foguete tenha sido lançado e, ao final do primeiro estágio, uma parte do foguete tenha sido descartada.

A figura a seguir mostra o gráfico da velocidade da parte descartada em função do tempo, desde alguns instantes antes de se desprender até o momento em que atinge o solo. (a) A que altura acima do solo o descarte foi realizado? (b) A peça descartada continua a subir após se desprender do foguete? Se sim, até que altura? (em relação ao ponto de descarte).

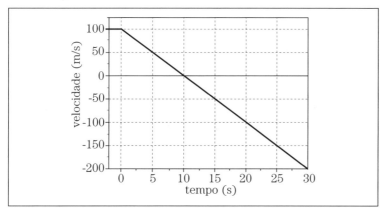

Figura 2.24

Respostas:

(a) 1410 m; (b) sim, 510 m.

20) Um paraquedista salta de um helicóptero parado e percorre 100 m em queda livre. Em seguida, abre o paraquedas e sofre uma desaceleração constante de 2,00 m/s², chegando ao solo com uma velocidade de 5,00 m/s. (a) Por quanto tempo o paraquedista ficou no ar? (b) A que altura do solo o salto foi realizado?

Respostas:

(a) 24,2 s; (b) 584 m.

21) Uma bola é lançada verticalmente para cima em $t = 0$ a partir do solo do planeta Marte. O gráfico da altura y alcançada pela bola em função do tempo é apresentado na Figura 2.25. Encontrar (a) a aceleração da gravidade em Marte e (b) a velocidade inicial do lançamento. (c) Qual seria a altura máxima atingida pela bola se o lançamento

fosse realizado na Lua, cuja aceleração da gravidade é de apenas 1,6 m/s².

Figura 2.25

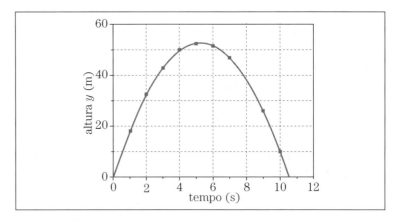

Respostas:

(a) 3,8 m/s²; (b) 20 m/s; (c) 125 m.

22) Uma pedra, abandonada a partir do repouso de uma janela bem alta, percorre um terço da distância total ao solo no último segundo de queda. Qual é a altura da janela?

Resposta:

146 m.

23) Uma pedra é atirada verticalmente para cima, a partir do solo, com uma velocidade inicial de 20,0 m/s. Após 1,0 s e a partir de uma altura $h = 20,0$ m em relação ao solo, uma segunda pedra é abandonada diretamente acima da primeira. (a) A que altura do solo as pedras colidem? (b) Qual é o valor máximo de h para o qual ocorre uma colisão com a primeira pedra? (c) Mantidas a altura $h = 20,0$ m e $v_0 = 20$ m/s, qual será o maior atraso possível para o abandono da segunda pedra, de tal forma que a colisão ainda seja possível?

Respostas:

(a) 18,9 m; (b) 25,7 m; (c) 1,75 s.

VELOCIDADE E ACELERAÇÃO INSTANTÂNEAS – DERIVAÇÃO E INTEGRAÇÃO

24) Uma partícula percorre uma trajetória retilínea com aceleração dada pela função $a(t) = -(5 \text{ m/s}^3)t + (20 \text{ m/s}^2)$. Sua velocidade máxima ocorre a 200 m da origem e vale 40 m/s. Calcular as funções horárias da posição e velocidade da partícula.

Respostas:

$$v(t) = \left(-\frac{5}{2}\frac{m}{s^3}\right)t^2 + \left(20\frac{m}{s^2}\right)t \;;$$

$$x(t) = \left(-\frac{5}{6}\frac{m}{s^3}\right)t^3 + \left(10\frac{m}{s^2}\right)t^2 + \left(\frac{560}{6}m\right).$$

25) A posição de um automóvel como função do tempo é dada por $x(t) = 2At^3 + 5Bt^2 - 2Ct$, no S.I., sendo A, B e C constantes. (a) Determinar a unidade das constantes A, B e C. (b) Encontrar as funções horárias da velocidade e da aceleração do automóvel.

Respostas:

(a) $[A] = m/s^3$; $[B] = m/s^2$; $[C] = m/s$;

(b) $v(t) = 6At^2 + 10Bt - 2C$ e $a(t) = 12At + 10B$.

26) Um trem parte do repouso de uma estação A com aceleração que, em função do tempo, diminui linearmente a partir de $2{,}00\ m/s^2$ e se anula após 30 s. Em seguida, o trem mantém sua velocidade de cruzeiro atingida por um intervalo de tempo de 2,0 minutos. Depois, ele freia com uma desaceleração constante de $1{,}0\ m/s^2$ até que o repouso seja novamente alcançado na estação B. (a) Encontrar a velocidade de cruzeiro do trem. (b) Qual é a distância entre as estações A e B?

Respostas:

(a) 30 m/s; (b) 4650 m = 4,65 km.

27) Considere o gráfico da velocidade de uma partícula em função do tempo mostrado na Figura 2.26. Se em $t = 0$ ela se encontra em $x = -10$ m de uma trajetória retilínea, escrever as funções horárias da posição, velocidade e aceleração da partícula. Utilizar unidades do SI para as constantes das equações.

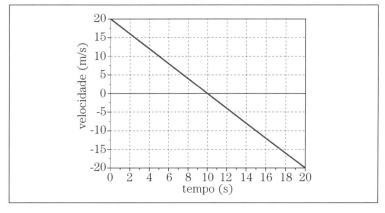

Figura 2.26

Respostas:

$$x(t) = (-10\,\text{m}) + \left(20\,\frac{\text{m}}{\text{s}}\right)t - \left(1{,}0\,\frac{\text{m}}{\text{s}^2}\right)t^2$$

$$v(t) = \left(20\,\frac{\text{m}}{\text{s}}\right) - \left(2{,}0\,\frac{\text{m}}{\text{s}^2}\right)t \text{ e } a(t) = -\left(2{,}0\,\frac{\text{m}}{\text{s}^2}\right).$$

28) A velocidade de um foguete é dada pela função horária $v(t) = \left(10\,\frac{\text{m}}{\text{s}^5}\right)t^4 - \left(5\,\frac{\text{m}}{\text{s}^3}\right)t^2 + \left(100\,\frac{\text{m}}{\text{s}}\right)$. Se em $t = 0$, o foguete está na origem, escrever as funções horárias da posição e da aceleração do foguete.

Respostas:

$$x(t) = \left(2{,}0\,\frac{\text{m}}{\text{s}^5}\right)t^5 - \left(\frac{5}{3}\,\frac{\text{m}}{\text{s}^3}\right)t^3 + \left(100\,\frac{\text{m}}{\text{s}}\right)t$$

$$\text{e } a(t) = \left(40\,\frac{\text{m}}{\text{s}^5}\right)t^3 - \left(10\,\frac{\text{m}}{\text{s}^3}\right)t.$$

29) A aceleração de uma partícula ao longo de uma trajetória retilínea é dada por $a(t) = -(8{,}00\ \text{m/s}^3)t$. Em $t = 1{,}00$ s a partícula se encontra na posição x = −10,0 m com uma velocidade de + 20 m/s. Quais são a velocidade e a posição da partícula em $t = 10{,}0$ s?

Respostas:

− 376 m/s e − 1 126 m.

30) Um carro esportivo possui uma velocidade dada pela função horária $v(t) = \sqrt{\left(60\,\frac{\text{m}^2}{\text{s}^3}\right)t}$. (a) Calcular sua aceleração em $t = 10$ s. (b) Em quanto tempo esse carro percorre uma distância de 500 m?

Respostas:

(a) 1,22 m/s²; (b) 21,1 s.

3 MOVIMENTO EM DUAS E TRÊS DIMENSÕES

João Mongelli Netto

O pouso de um grande avião no aeroporto de uma metrópole exige treinamento e atenção da tripulação, uma vez que esse movimento se dá em três dimensões.

3.1 DESCRIÇÃO VETORIAL DOS MOVIMENTOS

Considere os eixos cartesianos x, y e z e os vetores de base $\hat{i}, \hat{j}$ e $\hat{k}$ segundo os respectivos eixos:

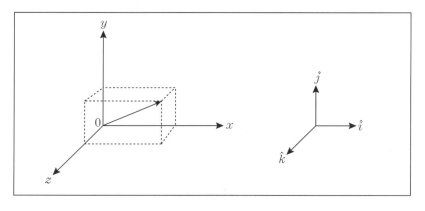

Figura 3.1

Algumas definições importantes:

Vetor posição: $\vec{r} = x\hat{i} + y\hat{j} + z\hat{k}$

Vetor deslocamento: $\Delta \vec{r} = (x_2 - x_1)\hat{i} + (y_2 - y_1)\hat{j} + (z_2 - z_1)\hat{k}$

Nota:
Haverá deslocamento se, pelo menos, uma das coordenadas sofrer variação, à medida que o tempo passa.

Velocidade média: $\vec{v}_m = \dfrac{\Delta \vec{r}}{\Delta t} = \dfrac{\vec{r_2} - \vec{r_1}}{t_2 - t_1}$

Velocidade instantânea: $\vec{v} = \lim\limits_{\Delta t \to 0} \dfrac{\Delta \vec{r}}{\Delta t} = \dfrac{d\vec{r}}{dt}$

$$\vec{v} = \dfrac{dx}{dt}\hat{i} + \dfrac{dy}{dt}\hat{j} + \dfrac{dz}{dt}\hat{k}$$

Note que se $\Delta t \to 0$, o deslocamento e a velocidade tendem a ficar na direção tangente à trajetória no ponto $\vec{r}$.

Aceleração média: $\vec{a} = \dfrac{\Delta \vec{v}}{\Delta t} = \dfrac{\vec{v_2} - \vec{v_1}}{t_2 - t_1}$

Aceleração instantânea: $\vec{a} = \lim\limits_{\Delta t \to 0} \dfrac{\Delta \vec{v}}{\Delta t} = \dfrac{d\vec{v}}{dt}$

$$\vec{a} = \dfrac{dv_x}{dt}\hat{i} + \dfrac{dv_y}{dt}\hat{j} + \dfrac{dv_z}{dt}\hat{k}$$

$$\vec{a} = a_x\hat{i} + a_y\hat{j} + a_z\hat{k}$$

Obs.: $\vec{a} = \dfrac{d\vec{v}}{dt} = \dfrac{d}{dt}\left(\dfrac{d\vec{r}}{dt}\right) = \dfrac{d^2\vec{r}}{dt^2}$

$$\vec{a} = \dfrac{d^2x}{dt^2}\hat{i} + \dfrac{d^2y}{dt^2}\hat{j} + \dfrac{d^2z}{dt^2}\hat{k}$$

Exemplo I

De acordo com a Figura 3.1, suponha que uma abelha, num intervalo de tempo de 1,0 minuto, tenha se deslocado do cantinho de uma sala (origem das coordenadas) para o canto diagonalmente oposto. Considere as dimensões da sala:

Comprimento x = 6,0 m; altura y = 4,0 m; largura z = 5,0 m

Solução:

a) Qual o vetor deslocamento da abelha, em coordenadas cartesianas?

$$\Delta \vec{r} = 6{,}0\,\hat{i}\,\text{m} + 4{,}0\,\hat{j}\,\text{m} + 5{,}0\,\hat{k}\,\text{m}$$

b) Qual o módulo do deslocamento?

$$\Delta r = \sqrt{6{,}0^2 + 4{,}0^2 + 5{,}0^2}\ \text{m} = 8{,}8\ \text{m}$$

c) Quais os ângulos $\Delta \vec{r}$ que faz com os eixos x, y e z?

$$\cos \alpha = \dfrac{x}{\Delta r} = \dfrac{6{,}0}{8{,}8} \Rightarrow \alpha = 47°$$

$$\cos \beta = \frac{y}{\Delta r} = \frac{4,0}{8,8} \Rightarrow \beta = 63°$$

$$\cos \gamma = \frac{z}{\Delta r} = \frac{5,0}{8,8} \Rightarrow \gamma = 55°$$

Verificação:
$$\cos^2 \alpha + \cos^2 \beta + \cos^2 \gamma = 1$$

d) Qual a velocidade média da abelha?

$$\vec{v}_m = \frac{6,0\hat{i}\,\text{m} + 4,0\hat{j}\,\text{m} + 5,0\hat{k}\,\text{m}}{60\,\text{s}} =$$

$$= 0,10\hat{i}\,\text{m/s} + 0,067\hat{j}\,\text{m/s} + 0,083\hat{k}\,\text{m/s}$$

e) Qual o módulo de $\vec{v}_m$?
$$v_m = \sqrt{0,10^2 + 0,067^2 + 0,083^2}\,\text{m/s} = 0,147\,\text{m/s}$$

ou
$$v_m = \frac{\Delta r}{\Delta t} = \frac{8,8\,\text{m}}{60\,\text{s}} = 0,147\,\text{m/s}.$$

Exemplo II

No instante em que um móvel A passa pelo eixo y de um sistema de coordenadas cartesiano, à altura de 20 metros e com velocidade constante $\vec{v}_A = 2,0$ m/s $\hat{i}$, outro móvel B parte do repouso da origem do referencial, mantendo aceleração constante $\vec{a}_B = 0,50$ m/s² $\angle \theta$.

Determinar:

a) o ângulo θ para que os corpos colidam;
b) as coordenadas do ponto de colisão;
c) a velocidade de B no instante do choque.

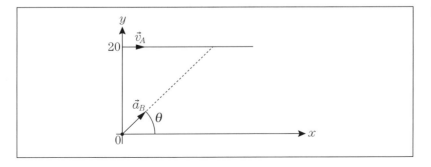

Figura 3.2

Solução:

a) Para o encontro, devemos ter

$$x_A = x_B \Rightarrow 2 \cdot t = 0{,}25 \cdot \cos\theta \cdot t^2$$

$$y_A = y_B \Rightarrow 20 = 0{,}25 \cdot \text{sen}\theta \cdot t^2$$

$$\text{daí} \Rightarrow \begin{cases} t \cdot \cos\theta = 8 \\ t^2 \cdot \text{sen}\theta = 80 \end{cases}$$

como

$$\text{sen}^2\theta + \cos^2\theta = 1$$

$$\left(\frac{80}{t^2}\right)^2 + \left(\frac{8}{t}\right)^2 = 1$$

Logo,

$$\frac{6\,400}{t^4} + \frac{64}{t^2} = 1$$

Fazendo $t^2 = u$, vem

$$u^2 - 64 \cdot u - 6\,400 = 0 \Rightarrow u = 118$$

Portanto, $t = 10{,}9$ s

Substituindo em:

$$t \cdot \cos\theta = 8, \text{ vem } \cos\theta = 0{,}734 \Rightarrow \theta = 42{,}8°$$

Para $\theta > 42{,}8°$, B cruza a trajetória de A antes de sua passagem.

Para $\theta < 42{,}8°$, quando B cruza a trajetória de A, este já terá passado.

b) As coordenadas do ponto de encontro são:

$$x = 2 \cdot 10{,}9 \text{ m} \Rightarrow x = 21{,}8 \text{ m e } y = 20 \text{ m}$$

c) A velocidade de B no instante do choque é:

$$v_B = 0{,}50 \cdot 10{,}9 = 5{,}45 \Rightarrow v_B = 5{,}45 \text{ m/s} \angle 42{,}8°$$

Em coordenadas cartesianas a velocidade é:

$$\vec{v}_B = 4{,}0 \text{ m/s } \hat{i} + 3{,}7 \text{ m/s } \hat{j}$$

3.2 MOVIMENTO BALÍSTICO

Um movimento que ocorre no plano vertical é o lançamento oblíquo de um projétil, lançado com velocidade inicial $\vec{v}_0$, ficando submetido exclusivamente à aceleração da gravidade $\vec{g}$, a qual aponta verticalmente para baixo e tem intensidade constante.

Neste modelo, $\vec{a} = -\vec{g}\hat{j}$ e despreza-se a resistência do ar.

Consideremos a origem de um referencial cartesiano $0xy$ como o ponto de lançamento, com os eixos $0x$ horizontal e $0y$ vertical, positivo para cima.

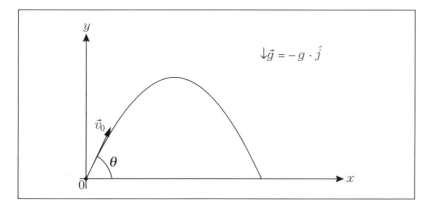

Figura 3.3

Segundo o eixo $0x$ o movimento é uniforme e na direção $0y$ o movimento é uniformemente variado.

A aceleração gravitacional $\vec{g}$ não tem componente na direção x e, portanto, $v_x = v_0 \cdot \cos\theta$ é constante. Sujeita à aceleração da gravidade, a velocidade na direção y é, então,

$$v_y = v_0 \cdot \text{sen}\,\theta - g \cdot t.$$

As componentes v_x e v_y da velocidade são independentes: v_x é responsável pelo afastamento horizontal do projétil, enquanto v_y se associa ao movimento de subida e descida.

Analisemos, a seguir, o lançamento de um corpo com velocidade inicial de módulo v_0, formando ângulo θ com a horizontal e sujeito à aceleração $\vec{g}$, constante.

a) Qual o tempo de subida, t_s?

Ao atingir a altura máxima, $v_y = 0$.

$$v_y = v_{0y} + a_y \cdot t$$

Então,
$$0 = v_0 \cdot \text{sen}\,\theta - g \cdot t_s$$
Daí,
$$t_s = \frac{v_0 \cdot \text{sen}\,\theta}{g}$$

b) Qual a altura máxima atingida, $y_{\text{máx}}$?

A posição y, no movimento uniformemente variado, é:
$$y = y_0 + v_{0y} \cdot t + \frac{1}{2} a_y \cdot t^2$$

$$y_{\text{máx}} = v_0 \cdot \text{sen}\,\theta \cdot t_s - \frac{1}{2} \cdot g \cdot t_s^2$$

$$y_{\text{máx}} = v_0 \cdot \text{sen}\,\theta \, \frac{v_0 \cdot \text{sen}\,\theta}{g} - \frac{1}{2} \cdot g \cdot \left(\frac{v_0 \cdot \text{sen}\,\theta}{g}\right)^2$$

Logo,
$$y_{\text{máx}} = \frac{v_0^2 \cdot \text{sen}^2\,\theta}{2 \cdot g}$$

c) Qual o tempo de voo até o solo, t_t?

Quando o projétil retorna ao mesmo nível do lançamento, $y = 0$.

Então,
$$0 = v_0 \cdot \text{sen}\,\theta \cdot t_t - \frac{1}{2} \cdot g \cdot t_t^2$$

Daí,
$$t_t = \frac{2 \cdot v_0 \cdot \text{sen}\,\theta}{g}$$

Percebe-se que o tempo para a chegada ao solo é o dobro do tempo de subida.

d) Qual a distância x percorrida até a chegada ao solo, denominada alcance A?

$$A = v_0 \cdot \cos\theta \cdot t_t$$

$$A = v_0 \cdot \cos\theta \cdot \frac{2 \cdot v_0 \cdot \text{sen}\,\theta}{g}$$

$$A = \frac{2 \cdot v_0^2 \cdot \text{sen}\,\theta \cdot \cos\theta}{g}$$

Vemos, a partir desta expressão, que ângulos complementares levam a um mesmo alcance.

Assim, dois lançamentos feitos sob ângulos de 20° e 70° têm determinado alcance A e outros dois, efetuados com ângulos de 35° e 55° apresentam outro alcance A, neste caso, maior que o alcance anterior.

e) Para qual ângulo o alcance é máximo, $A_{máx}$?

A expressão do alcance pode ser escrita:

$$A = \frac{v_0^2 \cdot \text{sen} 2\theta}{g}$$

O alcance será máximo quando

$$\text{sen}\, 2\theta = 1 \Rightarrow A_{máx} = \frac{v_0^2}{g}.$$

Portanto, $2\theta = 90°$.

Então, o ângulo que fornece o alcance máximo é de 45°.

f) Durante todo o movimento qual é a velocidade mínima?

Vimos que o vetor velocidade do projétil tem as componentes v_x e v_y. O valor mínimo de velocidade ocorre no ponto mais alto, quando o projétil tem apenas a componente x da velocidade.

Assim, $v_{mín} = v_0 \cdot \cos\theta$.

g) Qual a velocidade ao chegar ao solo, $\vec{v}$?

$$v_x = v_0 \cdot \cos\theta$$

$$v_y = v_0 \cdot \text{sen}\,\theta - g \cdot t_t$$

$$v_y = v_0 \cdot \text{sen}\,\theta - g \cdot \frac{2v_0 \cdot \text{sen}\,\theta}{g}$$

$$v_y = -v_0 \cdot \text{sen}\,\theta$$

O módulo da velocidade v é:

$$v = \sqrt{(v_0 \cdot \cos\theta)^2 + (-v_0 \cdot \text{sen}\,\theta)^2}$$

$$v = v_0$$

O projétil chega ao solo com velocidade de mesmo módulo que a velocidade inicial $\vec{v}_0$.

O ângulo que esta velocidade forma com a horizontal, θ', é dado por

$$\text{tg}\,\theta' = \frac{-v_0 \cdot \text{sen}\,\theta}{v_0 \cdot \cos\theta} = -\text{tg}\,\theta$$

Então, temos $\theta' = -\theta$.

h) Qual a equação da trajetória, $y = f(x)$?

Para se chegar a esta função, devemos eliminar o tempo nas equações das posições x e y.

De $x = v_0 \cdot \text{sen}\,\theta \cdot t$, temos

$$t = \frac{x}{v_0 \cdot \cos\theta}$$

Substituindo em

$$y = v_0 \cdot \text{sen}\,\theta \cdot t - \frac{1}{2} \cdot g \cdot t^2$$

$$y = \text{tg}\,\theta \cdot x - \frac{g}{2 \cdot v_0^2 \cdot \cos^2\theta} \cdot x^2$$

O coeficiente de x^2 é uma constante,

$$a = -\frac{g}{2 \cdot v_0^2 \cdot \cos^2\theta}$$

e o coeficiente de x é outra constante, $b = \text{tg}\,\theta$.

Portanto, $y = a \cdot x^2 + b \cdot x$ é função quadrática e a trajetória é, então, parabólica.

Exemplo III

Numa pista de motocross, o piloto e sua moto deixam uma rampa no ponto A e, após voar por alguns segundos, retornam à pista no ponto B. Considere os dados da figura e $g = 10$ m/s². Com que velocidade eles devem abandonar a rampa?

Figura 3.4

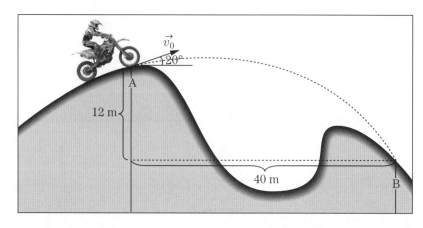

Solução:

Fazendo a origem dos eixos cartesianos coincidir com o ponto em que a moto deixa a pista e orientando o eixo y positivo para cima, quando a moto retorna à pista, valem:

Segundo o eixo x:
$$x = v_0 \cdot \cos 20° \cdot t$$

Segundo o eixo y:
$$y = v_0 \cdot \text{sen} 20° \cdot t - \frac{1}{2} \cdot g \cdot t^2$$

Da 1ª expressão,
$$40 = v_0 \cdot 0,94 \cdot t \Rightarrow v_0 \cdot t = 42,6$$

A 2ª expressão fica,
$$-12 = v_0 \cdot 0,34 \cdot t - \frac{1}{2} \cdot 10 \cdot t^2$$

Substituindo $v_0 \cdot t$, vem
$$-12 = 0,34 \cdot 42,6 - 5 \cdot t^2 \Rightarrow t = 2,3 \text{ s}$$

A velocidade v_0 tem, portanto, módulo de 18,5 m/s ou, aproximadamente, 67 km/h.

Com que velocidade eles tocam a pista, na retomada?

Temos;
$$v_x = 18,5 \cdot 0,94$$
$$v_x = 17,4 \text{m/s}$$
$$v_y = 18,5 \cdot 0,34 - 10 \cdot 2,3$$
$$v_y = -16,7 \text{m/s}$$
$$v = \sqrt{v_x^2 + v_y^2} \Rightarrow v = 24 \text{m/s}$$
$$\text{tg}\,\theta = \frac{v_y}{v_x} \Rightarrow \theta = -44°$$
$$\vec{v} = 24 \text{m/s} \angle 316° \text{ ou } \vec{v} = 17,4\hat{i} - 16,7\hat{j} \text{ m/s}.$$

3.3 MOVIMENTO EM TRAJETÓRIA CURVA

Quando uma partícula descreve um movimento curvilíneo, sua velocidade, em geral, varia em módulo, além de variar em direção. O módulo da velocidade varia quando a partícula acelera ou freia o seu movimento. A direção da velocidade varia nos movimentos curvos, pois a velocidade é tangente à trajetória e esta curva-se continuamente.

Figura 3.5

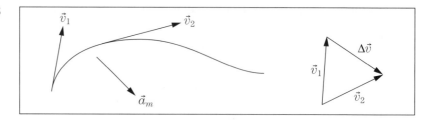

Mostram-se, na Figura 3.5, as velocidades $\vec{v}_1$ e $\vec{v}_2$ em dois pontos quaisquer da trajetória e o vetor $\Delta\vec{v} = \vec{v}_2 - \vec{v}_1$. É responsável por essa variação de velocidade o vetor aceleração média, definido por

$$\vec{a}_m = \frac{\Delta\vec{v}}{\Delta t},$$

que apresenta a direção e o sentido de $\Delta\vec{v}$, ou seja, a aceleração está voltada para a parte côncava da curva.

Um movimento curvo particularmente interessante é o movimento circular uniforme.

Uma partícula se encontra em movimento circular uniforme quando sua trajetória é uma circunferência e o módulo de sua velocidade permanece constante. Nesse movimento, como vimos, há aceleração, uma vez que o vetor velocidade muda continuamente de direção.

Vejamos como se pode determinar essa aceleração.

Figura 3.6

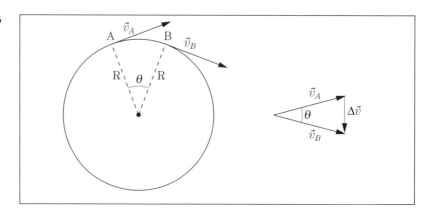

$$|\vec{v}_A| = |\vec{v}_B| = v \quad \text{e} \quad \vec{v}_B \neq \vec{v}_A$$

Para ângulo θ suficientemente pequeno, o deslocamento entre os pontos A e B coincide com o arco AB, o espaço percorrido, que é dado por $v \cdot \Delta t$.

Uma vez que a velocidade é sempre tangente à curva em cada ponto, o ângulo entre $\vec{v}_A$ e $\vec{v}_B$ é θ. Temos, então, dois triângulos semelhantes, valendo, portanto,

$$\frac{\Delta v}{v} = \frac{v \cdot \Delta t}{R} \text{ ou } \frac{\Delta v}{\Delta t} = \frac{v^2}{R}$$

Vê-se, daí, que a aceleração, que tem a direção de $\Delta \vec{v}$, é um vetor de módulo $\frac{v^2}{R}$, perpendicular à velocidade em cada instante.

Ela aponta para o centro da trajetória curva, recebendo por isso a denominação de aceleração centrípeta ou aceleração radial, porque, em cada instante, ela está na direção do raio de curvatura da trajetória. Para a curva de raio R, se v dobrar, a_c quadruplica.

Se o módulo de $\vec{v}$ e também o raio dobrarem, verifique que o módulo da aceleração centrípeta também dobra.

Exemplo IV

Uma roda gigante executa movimento circular uniforme, dando uma volta em 30 segundos. Qual a aceleração centrípeta de um ponto na cadeira, a 10 m do centro?

Solução:

Temos:

$$v = \frac{2 \cdot \pi \cdot R}{T}$$

$$v = \frac{2 \cdot \pi \cdot 10}{30} \Rightarrow v = 2{,}1 \text{m/s}$$

A aceleração centrípeta em módulo:

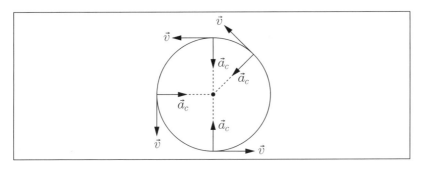

Figura 3.7

$$a_c = \frac{v^2}{R} \Rightarrow a_c = 0{,}44 \text{m/s}^2.$$

3.3.1 COMPONENTES INTRÍNSECAS DA ACELERAÇÃO

Vimos que a aceleração pode ser decomposta em componentes extrínsecas ou externas, associadas aos eixos de um escolhido referencial cartesiano.

$$\vec{a} = a_x\hat{i} + a_y\hat{j} + a_z\hat{k}$$

Às vezes, para facilitar a compreensão torna-se vantajosa a decomposição de $\vec{a}$ em suas componentes intrínsecas ou internas, uma na direção da velocidade, a aceleração tangencial, e outra na direção do centro de curvatura da trajetória naquele instante, a aceleração centrípeta. Cada uma dessas componentes tem a função de modificar o vetor velocidade: a componente tangencial altera o módulo de $\vec{v}$, enquanto a aceleração radial ou centrípeta muda a direção da velocidade.

$$a_t = \frac{dv}{dt} \quad a_c = \frac{v^2}{R}$$

Figura 3.8

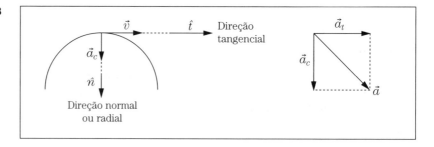

$$\vec{a} = \vec{a}_t + \vec{a}_c \Rightarrow a = \sqrt{a_t^2 + a_c^2}$$

Exemplo V

Kepler, notável astrônomo alemão, contemporâneo de Galileu, estabeleceu as leis do movimento planetário, sem contar com telescópios e computadores, porém com grande persistência:

1ª lei: Um planeta descreve órbita elíptica em torno do Sol, que ocupa um dos focos da elipse.

2ª lei: Em intervalos de tempos iguais, a posição do planeta em relação ao Sol varre áreas iguais.

3ª lei: Para cada planeta, o quadrado do período de revolução em torno do Sol é proporcional ao cubo do raio médio da órbita, ou seja, $T^2 = k \cdot r_m^3$.

A figura a seguir ilustra as primeiras leis de Kepler.

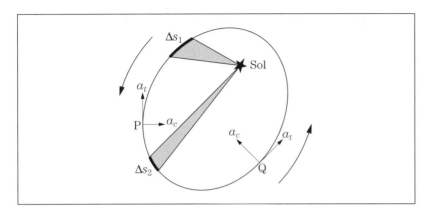

Figura 3.9

Solução:

Como os intervalos de tempo para percorrer Δs₁ e Δs₂ são iguais, decorre que Δs₁ > Δs₂ e que o módulo da velocidade do planeta diminui neste trecho de trajetória. Veja a representação das componentes da aceleração do planeta no ponto P: $\vec{a}_t$, contrária à velocidade $\vec{v}$ e aceleração $\vec{a}_c$, que é centrípeta. No ponto Q, a componente $\vec{a}_t$ da aceleração está no sentido da velocidade $\vec{v}$ e $\vec{a}_c$ aponta para o centro da curva.

Ao se afastar do Sol, o planeta tem diminuída a sua velocidade e, ao se aproximar dele, sua velocidade aumenta.

Em cada instante, vale $\vec{a} = \vec{a}_t + \vec{a}_c$, com $\vec{a}_t$ na direção da velocidade e módulo

$$|\vec{a}_t| = \frac{d|\vec{v}|}{dt}$$

e $\vec{a}_c$ na direção do centro de curvatura e módulo

$$|\vec{a}_c| = \frac{v^2}{R}.$$

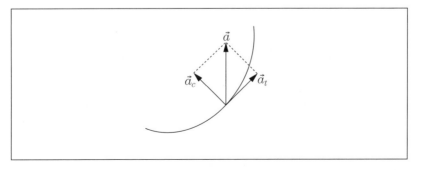

Figura 3.10

3.4 MOVIMENTO RELATIVO[1]

Vimos a descrição do movimento de um corpo em relação a um sistema de coordenadas. Como seria a descrição do movimento do corpo em relação a outro sistema de coordenadas, que se move em relação àquele?

Figura 3.11

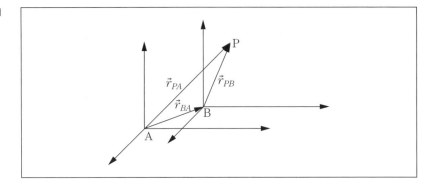

[1] A mecânica clássica de *Newton* descreve muito bem os movimentos de corpos que se movem com velocidades de, no máximo, um décimo da velocidade da luz e perfeitamente os movimentos que observamos diariamente, os quais, via de regra, ocorrem a baixas velocidades. A lei da composição das velocidades, aqui proposta, adotada também por *Newton*, se confirma, por exemplo, na ultrapassagem ou no cruzamento de dois carros que se movem em nossas estradas. Tais situações decorrem de se assumir a propagação instantânea da luz e os conceitos de espaço e tempo absolutos. *Einstein* propôs em 1905 a teoria especial da relatividade, na qual a velocidade da luz (hoje considerada exatamente $c = 299.792.458$ m/s) é a máxima velocidade possível, medida por observadores que podem se mover com velocidade constante uns em relação aos outros. Para velocidades comparáveis à da luz, não há concordância entre os resultados obtidos pela teoria clássica (que, nestes casos, falham) e os resultados que advêm da teoria da relatividade de *Einstein*.

Consideremos dois sistemas de referência, A e B, que se movem com velocidade constante um em relação ao outro.

Vemos, da Figura 3.11, que a posição de um ponto P em relação ao referencial A é dada por

$$\vec{r}_{PA} = \vec{r}_{PB} + \vec{r}_{BA}$$

Derivando em relação ao tempo, tem-se a relação entre as velocidades do ponto P nos dois referenciais:

$$\vec{v}_{PA} = \vec{v}_{PB} + \vec{v}_{BA}$$

Esta é a lei de Galileu, da composição das velocidades.

Como $\vec{v}_{BA}$ é constante, sua derivada temporal é nula e, portanto,

$$\vec{a}_{PA} = \vec{a}_{PB}$$

A aceleração do ponto P é a mesma nos dois sistemas de referência.

A um sistema de referência não acelerado dá-se a denominação de referencial inercial.

Neste referencial valem as leis de *Newton*, notável físico inglês que as publicou em 1687, objeto de estudo do próximo capítulo.

Quando se submete um corpo a duas velocidades independentes, ele se move numa direção tal que sua velocidade, em cada instante, é a soma vetorial das duas velocidades.

Exemplo VI

Consideremos um navio navegando num lago com velocidade de 2,0 m/s. Se um passageiro se desloca no convés a 1,5 m/s, perpendicular à direção em que o navio se move,

a) qual a velocidade do passageiro em relação às margens do lago?

$$\vec{v}_{PN} + \vec{v}_{NT} = \vec{v}_{PT}$$

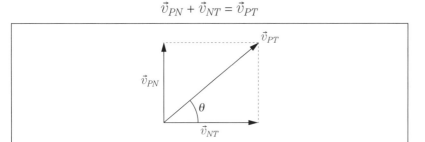

Figura 3.12

Solução:

A velocidade do passageiro em relação ao navio, somada vetorialmente à velocidade do navio em relação à terra, é igual à velocidade do passageiro em relação à terra.

$$v_{PT} = \sqrt{v_{PN}^2 + v_{NT}^2} \Rightarrow v_{PT} = 2,5 \text{m/s}$$

$$\text{tg}\theta = \frac{v_{PT}}{v_{NT}} \Rightarrow \theta = \text{arctg}\frac{1,5}{2,0} \rightarrow \theta = 37°$$

b) Se o passageiro se deslocasse na mesma direção e no mesmo sentido do navio, sua velocidade seria de 3,5 m/s, quando visto da margem.

c) Se ele se deslocasse na mesma direção e no sentido oposto, sua velocidade seria de 0,5 m/s, no sentido do movimento do navio.

Exemplo VII

A chuva, que cai verticalmente em relação ao solo, deixa marcas inclinadas de 30° em relação à vertical nas janelas laterais de um ônibus que está se movendo a 18 km/h. Qual a velocidade da chuva em relação ao solo?

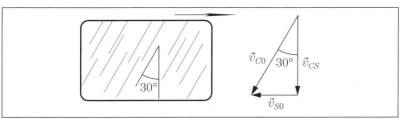

Figura 3.13

Solução:

Se o ônibus se desloca para a direita em relação ao solo, o solo se desloca para a esquerda em relação ao ônibus:

$$\vec{v}_{CS} + \vec{v}_{S0} = \vec{v}_{C0}$$

$\vec{v}_{S0}$ tem módulo $v_{S0} = 18$ km/h = 5 m/s

Da figura, tem-se

$$\text{tg}30° = \frac{v_{S0}}{v_{CS}} \Rightarrow v_{CS} = \frac{5 \text{ m/s}}{tg30°} \Rightarrow v_{CS} = 8{,}7 \text{ m/s}.$$

Para a maior parte das descrições de movimento podemos considerar a Terra um referencial inercial, se bem que ela apresenta rotação em torno de seu eixo e, também, translação ao redor do Sol.

Um ponto da linha equatorial na superfície da Terra apresenta velocidade de rotação

$$v_{\text{rot}} = \frac{2 \cdot \pi \cdot R_T}{T} = \frac{2 \cdot \pi \cdot 6{,}37 \cdot 10^6 \text{ m}}{8{,}64 \cdot 10^4 \text{ s}}$$

sendo $R_T = 6{,}37 \cdot 10^3$ km e $T = 1$ dia = $8{,}64 \cdot 10^4$ s

$$v_{\text{rot}} = 463 \text{ m/s}$$

A aceleração centrípeta desse ponto é

$$a_{cr} = \frac{v_{\text{rot}}^2}{R_T} = \frac{463^2}{6{,}37 \cdot 10^6} \text{ m/s}^2$$

$$a_{c_r} = 3{,}4 \cdot 10^{-2} \text{ m/s ou } 3{,}4 \text{ cm/s}^2$$

Em torno do Sol, a Terra tem velocidade de translação

$$v_{\text{transl}} = \frac{2 \cdot \pi \cdot 1{,}49 \cdot 10^{11} \text{ m}}{365 \cdot 8{,}64 \cdot 10^4 \text{ s}}$$

sendo o raio da órbita $1{,}49 \cdot 10^8$ km e o período do movimento igual a 1 ano.

$$v_{\text{transl}} = 3{,}0 \cdot 10^4 \text{ m/s} \quad \text{ou} \quad 30 \text{ km/s}$$

Sua aceleração centrípeta é

$$a_{ct} = \frac{9{,}0 \cdot 10^8}{1{,}49 \cdot 10^{11}} \text{ m/s}^2$$

$$a_{ct} = 6{,}0 \cdot 10^{-3} \text{ m/s}^2 \quad \text{ou} \quad 6{,}0 \text{ mm/s}^2$$

Se a $\vec{a}_{c_r}$ do planeta em rotação, se somar à $\vec{a}_{c_t}$ do planeta em sua órbita, poderemos ter, no máximo,

$$|\vec{a}_C| = 4{,}0 \cdot 10^{-2} \text{ m/s}^2$$

Observação:

Nesta análise, não levamos em conta uma ligeira excentricidade da órbita (elíptica) da Terra em torno do Sol.

EXERCÍCIOS RESOLVIDOS

CINEMÁTICA VETORIAL

1. Uma partícula tem posição definida por $\vec{r} = 10 \cdot t\hat{i} + (20 \cdot t - 5 \cdot t^2)\hat{j}$, metros, em sua trajetória parabólica. Entre os instantes $y_1 = 1,0$ s e $t_2 = 3,0$ s, qual é o deslocamento?

   Solução: $\vec{r}_1 = 10\hat{i} + 15\hat{j}$

   $\vec{r}_2 = 30\hat{i} + 15\hat{j}$

   $\Delta\vec{r} = \vec{r}_2 - \vec{r}_1 = 20\hat{i}$ m

   O deslocamento é paralelo ao eixo x, na ordenada $y = 15$ m.

2. Dado $\vec{r} = 5 \cdot t\hat{i} + t^2\hat{j}$, m, determinar o vetor velocidade. Dar o módulo e o ângulo no instante $t = 3,0$ s.

   Solução: $\vec{v} = \dfrac{d\vec{r}}{dt} = 5\hat{i} + 2 \cdot t\hat{j}$

   Para $t = 3,0$ s, $\vec{v} = 5\hat{i}$ m/s $+ 6\hat{j}$ m/s

   $|\vec{v}| = \sqrt{5^2 + 6^2} \Rightarrow |\vec{v}| = 7,8$ m/s

   $\operatorname{tg}\varphi = \dfrac{6}{5} \Rightarrow \varphi = 50°$.

3. Uma partícula passa pela origem do referencial no instante $t = 0$, com velocidade $\vec{v}_0 = 4\hat{i}$ m/s. Sua aceleração é $\vec{a} = -3\hat{j}$ m/s², constante.

   Determinar:

   Solução:

   a) a velocidade da partícula

   $\vec{v}_0 = 4\hat{i}$ m/s $\Rightarrow v_{0x} = 4$ m/s; $\quad v_{0y} = 0; \quad v_{0z} = 0$

   $v_x = v_{0x} = 4$ m/s

   $v_y = v_{0y} + a_y \cdot t \Rightarrow v_y = -3 \cdot t$

   $v_z = 0$

   $\vec{v} = v_x\hat{i} + v_y\hat{j} = 4\hat{i} - 3 \cdot t\hat{j}$

   A partícula se move no plano xy.

b) a posição da partícula

Solução:
$$x_0 = 0 \text{ e } y_0 = 0$$
$$x = x_0 + v_x \cdot t \Rightarrow x = 4 \cdot t$$
$$y = y_0 + v_{0y} \cdot t + \frac{1}{2} \cdot a_y \cdot t^2 \Rightarrow y = -\frac{3}{2} \cdot t^2$$
$$\vec{r} = 4 \cdot t \hat{i} - \frac{3}{2} \cdot t^2 \hat{j}$$

c) a trajetória

Solução:

De $x = 5 \cdot t \Rightarrow t = \dfrac{x}{5}$

substituindo em
$$y = -\frac{3}{2} \cdot t^2$$
$$y = -\frac{3}{2} \left(\frac{x}{5}\right)^2 \Rightarrow y = -\frac{3}{50} \cdot x^2 \text{ (equação de uma parábola)}.$$

---

4. Um corpo que está se movendo no sentido positivo do eixo x com velocidade de 4,0 m/s, fica sujeito à aceleração constante

$$\vec{a} = -1{,}0\,\hat{i}\,\text{m/s}^2 + 1{,}0\,\hat{j}\,\text{m/s}^2.$$

Determinar a velocidade e a posição no instante em que a coordenada x assume o valor máximo.

Representar a trajetória no plano cartesiano.

Solução:

As componentes cartesianas da velocidade são:
$$v_x = 4{,}0 - 1{,}0 \cdot t$$
$$v_y = 1{,}0 \cdot t$$

As componentes da posição são:
$$x = 4{,}0 \cdot t - \frac{1}{2} \cdot 1{,}0 \cdot t^2$$
$$y = \frac{1}{2} \cdot 1{,}0 \cdot t^2$$

A coordenada x será máxima para $v_x = 0$.
$$4{,}0 - 1{,}0 \cdot t = 0 \Rightarrow t = 4{,}0\,\text{s}$$

Daí, $v_x = 0$; $\vec{v} = \vec{v}_y = 4{,}0\,\hat{j}$ m/s, neste instante.

No instante $t = 4{,}0$ s:

$x = 8{,}0$ m e $y = 8{,}0$ m (ponto P na representação cartesiana).

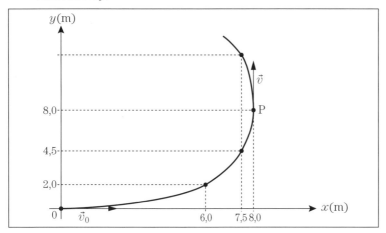

Figura 3.14

MOVIMENTO DE PROJÉTIL

5. Um avião de carga voa a uma altitude de 405 m, com velocidade de 80 m/s. Ele deixa cair uma caixa, a qual deve atingir um bote se deslocando à velocidade constante de 10 m/s, na mesma orientação (direção e sentido) do avião. Adote $g = 10$ m/s².

   A que distância atrás do bote o avião deverá abandonar a caixa?

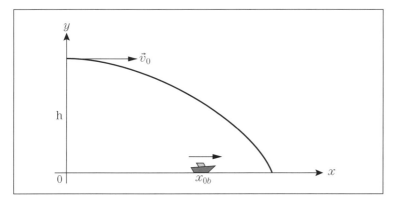

Figura 3.15

Solução:

Para o movimento da caixa, valem:

$$y = y_0 + v_{0y} \cdot t + \frac{1}{2} \cdot a \cdot t^2$$

$0 = 405 - 5 \cdot t^2 \Rightarrow t = 9{,}0$s (tempo de queda)

$x = v_0 \cdot t \Rightarrow x = 720$ m (ponto em que a caixa atinge o bote, no nível da água).

Para o bote, tem-se

$x = x_{0b} + v_{bote} \cdot t$

$720 = x_{0b} + 10 \cdot 9{,}0 \Rightarrow x_{0b} = 630$ m.

---

6. Uma bola é chutada com velocidade 30 m/s em direção a um paredão vertical a 42 m de distância. O ângulo de tiro é θ e a gravidade vale 10 m/s².

   a) Para $\theta = 45°$, determinar a altura h do ponto atingido na parede.

Solução:

Temos:

$x = v_0 \cdot \cos\theta \cdot t \Rightarrow 42 = 30 \cdot 0{,}707 \cdot t \Rightarrow t = 1{,}98$ s

$y = v_0 \cdot \mathrm{sen}\theta \cdot t - \frac{1}{2} \cdot g \cdot t^2$

$h = 30 \cdot 0{,}707 \cdot 1{,}98 - \frac{1}{2} \cdot 10 \cdot (1{,}98)^2 \Rightarrow h = 22{,}4$ m.

b) Determinar θ para que o ponto de impacto no paredão seja o vértice da trajetória; determinar a altura desse ponto.

Solução:

No vértice, $v_y = 0$

$v_0 \cdot \mathrm{sen}\,\theta - g \cdot t = 0 \Rightarrow t = 3 \cdot \mathrm{sen}\,\theta$

Substituindo em $x = v_0 \cdot \cos\theta \cdot t$

$42 = 30 \cdot \cos\theta \cdot 3 \cdot \mathrm{sen}\,\theta$

$42 = 45 \cdot (2 \cdot \mathrm{sen}\,\theta \cdot \cos\theta)$,

mas $2 \cdot \mathrm{sen}\,\theta \cdot \cos\theta = \mathrm{sen}\,2\theta$

$\mathrm{sen}\,2\theta = 0{,}933 \Rightarrow \theta_1 = 34{,}5°$ e $t = 1{,}70$ s

$y_1 = v_0 \cdot \mathrm{sen}\,\theta \cdot t - \frac{1}{2} \cdot g \cdot t^2 \Rightarrow y_1 = 14{,}4$ m

Também vale:

$\mathrm{sen}\,2\theta = 0{,}933 \Rightarrow \theta_2 = 55{,}5°$

$v_0 \cdot \mathrm{sen}\,\theta_2 - g \cdot t = 0 \Rightarrow t = 2{,}47$ s

$y_2 = v_0 \cdot \mathrm{sen}\,\theta \cdot t - \frac{1}{2} \cdot g \cdot t^2 \Rightarrow y_2 = 30{,}6$ m.

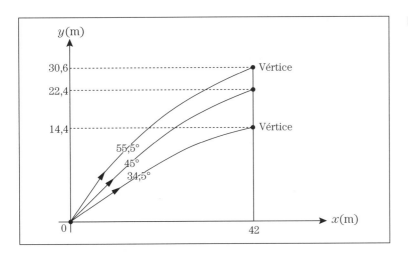

Figura 3.16

7. Minério de ferro se move a 5,0 m/s, sem escorregar, sobre uma esteira rolante inclinada para baixo da horizontal num ângulo de 16°. O minério cai, então, num vagão ferroviário que passa a uma distância horizontal $x = 2,8$ m do final da esteira. Calcular a distância vertical entre o final da esteira e o vagão. Adote $g = 10$ m/s².

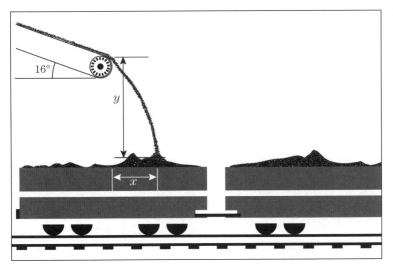

Figura 3.17

Solução:

Para o minério lançado valem:

$x = v_0 \cdot \cos\theta \cdot t$

$2,8 = 5,0 \cdot \cos 16° \cdot t \Rightarrow t = 0,58\text{s}$

$y = v_0 \cdot \text{sen}\,\theta \cdot t + \dfrac{1}{2} \cdot g \cdot t^2$

$y = 5,0 \cdot \text{sen}\,16° \cdot 0,58 + \dfrac{1}{2} \cdot 10 \cdot (0,58)^2 \Rightarrow y = 2,5$ m

8. Uma bola de tênis cai livremente da altura $h = 1,8$ m sobre um plano inclinado de 45°, sofre reflexão sem perda de velocidade e atinge novamente aquele plano.

Adote $g = 10$ m/s².

Determinar a distância entre os dois pontos de impacto.

Figura 3.18

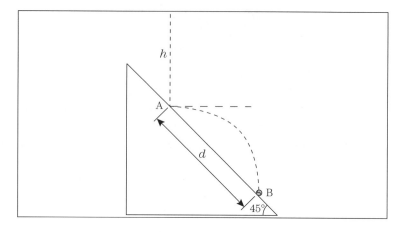

Solução:

Na queda vertical da bola:

$$v^2 = v_o^2 + 2 \cdot g \cdot h \Rightarrow v = \sqrt{2 \cdot g \cdot h} \Rightarrow v = 6,0 \text{ m/s}.$$

Após sofrer reflexão no plano, de acordo com o enunciado, a bola parte de A com velocidade horizontal de 6,0 m/s. Em seu movimento parabólico, valem:

$$x = d \cdot \cos 45° = 6,0 \cdot t$$
$$y = d \cdot \text{sen} 45° - \frac{1}{2} \cdot 10 \cdot t^2$$

Daí, $6,0 \cdot t = 5 \cdot t^2 \Rightarrow t = 1,2$ s

Substituindo:

$$d \cdot \frac{\sqrt{2}}{2} = 7,2 \Rightarrow d = 7,2 \cdot \sqrt{2} \text{ m ou } d = 10,2 \text{ m}.$$

---

9. Uma bola é atirada com velocidade inicial de 4,0 m/s de um dos cantos de uma rampa, plana e lisa, inclinada de 30° com a horizontal, passando a mover-se nessa rampa. Qual o ângulo θ que $\vec{v}_0$ deve formar com a linha horizontal x para que a bola tenha alcance $x = 3,0$ m?

Adote $g = 10$ m/s².

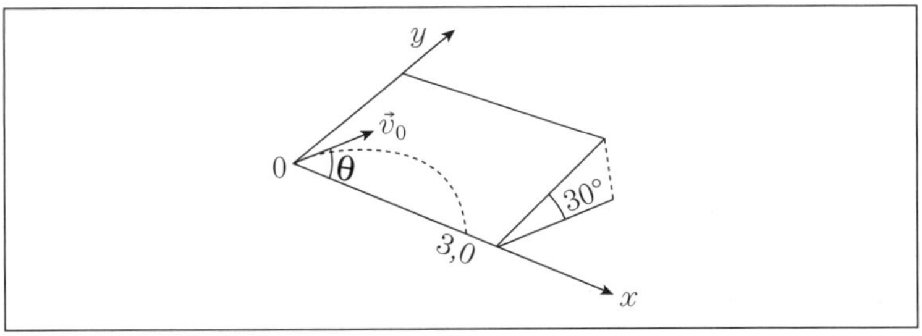

Movimento em duas e três dimensões

Figura 3.19

Solução:

A componente da aceleração gravitacional na direção y é $g \cdot \text{sen}\, 30° = -5{,}0\ \text{m/s}^2$, enquanto na direção x o movimento é uniforme. Vale, então,

$$x = v_0 + v_x \cdot t$$
$$3{,}0 = 4{,}0 \cdot \cos\theta \cdot t \qquad\qquad \text{(I)}$$

$$y = y_0 + v_{0y} \cdot t + \frac{1}{2} \cdot a \cdot t^2$$
$$0 = 4{,}0 \cdot \text{sen}\,\theta \cdot t - \frac{1}{2} \cdot 5{,}0 \cdot t^2 \qquad\qquad \text{(II)}$$

Da equação I,

$$t = \frac{3{,}0}{4{,}0 \cdot \cos\theta}$$

Substituindo em II:

$$0 = 4{,}0 \cdot \text{sen}\,\theta \cdot \frac{3{,}0}{4{,}0 \cdot \cos\theta} - 2{,}5 \cdot \left(\frac{3{,}0}{4{,}0 \cdot \cos\theta}\right)^2$$

Simplificando:

$$\frac{\text{sen}\,\theta}{\cos\theta} = \frac{0{,}469}{\cos^2\theta}$$

Como: $\text{sen}^2\theta = 1 - \cos^2\theta$, segue que

$$\frac{\sqrt{1-\cos^2\theta}}{\cos\theta} = \frac{0{,}469}{\cos^2\theta}$$

Elevando ao quadrado:

$$\frac{1-\cos^2\theta}{\cos^2\theta} = \frac{(0{,}469)^2}{\cos^4\theta}$$

Fazendo $\cos^2\theta = u$:

$$\frac{1-u}{u} = \frac{0{,}220}{u^2}$$

$$u^2 - u + 0{,}220 = 0 \Rightarrow \begin{array}{l} u_1 = 0{,}327 \\ u_2 = 0{,}673 \end{array}$$

Para $\cos^2\theta = 0{,}327$, temos $\cos\theta = 0{,}572$ e $\theta_1 = 55{,}1°$
Para $\cos^2\theta = 0{,}673$, temos $\cos\theta = 0{,}820$ e $\theta_2 = 34{,}9°$.

MOVIMENTO CURVO

10. Um rapaz gira uma pedra, presa a um fio de 1,2 m de comprimento, numa circunferência situada num plano horizontal a 1,8 m acima do solo. Aumentando a velocidade da pedra, o fio arrebenta e, então, a pedra atinge o solo a 9,0 m de distância. Qual era a aceleração centrípeta da pedra no instante que antecede a ruptura do fio?

    Adote $g = 10$ m/s².

    Solução:

    Para a pedra, lançada horizontalmente, valem:

    $x = v_0 \cdot t$

    $y = \dfrac{1}{2} \cdot g \cdot t^2 \Rightarrow 1{,}8 = \dfrac{1}{2} \cdot 10 \cdot t^2 \Rightarrow t = 0{,}60$ s

    Logo: $9{,}0 = v_0 \cdot 0{,}60 \Rightarrow v_0 = 15$ m/s

    Ao girar com 15 m/s, a pedra tem aceleração centrípeta

    $a_c = \dfrac{v^2}{R} \Rightarrow a_c = 270$ m/s².

11. Um carro percorre uma circunferência de raio $R = 200$ m. Em percurso de 150 m, a velocidade aumenta de 36 km/h para 72 km/h, em movimento uniformemente variado.

    a) Qual o módulo da aceleração total do carro no instante em que o percurso é de 100 m?

    Solução:

    Apliquemos a equação de *Torricelli*, com $v_0 = 10$ m/s e $v = 20$ m/s

    $20^2 = 10^2 + 2 \cdot a_t \cdot 150 \Rightarrow a_t = 1{,}0$ m/s²

    Essa aceleração tangencial tem o sentido da velocidade, em cada instante. Novamente, apliquemos *Torricelli* para o percurso de 100 m:

    $v^2 = 10^2 + 2 \cdot 1{,}0 \cdot 100 \Rightarrow v^2 = 300$

A aceleração centrípeta, neste ponto, é

$$a_c = \frac{v^2}{R} = 1,5 \text{ m/s}^2.$$

A aceleração total é, então,

$$a^2 = a_t^2 + a_c^2 \Rightarrow a = 1,8 \text{ m/s}^2.$$

Analise a figura:

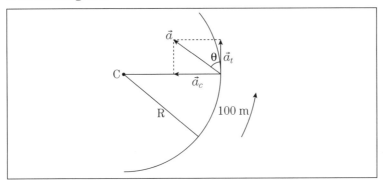

Figura 3.20

b) Qual é o ângulo entre a aceleração total e a velocidade do carro, neste instante?

$$\text{tg}\theta = \frac{1,5}{1,0} \Rightarrow \theta = 56,3°.$$

12. Um carro de autorama percorre uma pista que contém um "*loop*", como no esquema.

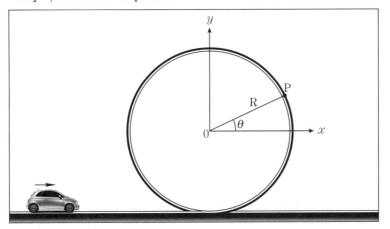

Figura 3.21

No ponto P são fornecidos:

$\vec{v} = -1,0\hat{i} \text{ m/s} + 1,73\hat{j} \text{ m/s}$

$\vec{a}_t = 2,50\hat{i} \text{ m/s}^2 \ -4,33\hat{j} \text{ m/s}^2$

$R = 50$ cm

$\theta = 30°$

Determinar:

a) a aceleração centrípeta em P e

b) a expressão cartesiana da aceleração do carro no ponto P.

Solução:

A velocidade do carro no ponto P tem módulo

$$v=\sqrt{1,0^2 + 1,73^2} \Rightarrow v = 2,0 \text{ m/s}.$$

A aceleração centrípeta é, portanto:

$\vec{a}_c = 8,0$ m/s² $\underline{|210°}$

$\vec{a}_c = -6,93\hat{i}$ m/s² $- 4,0\hat{j}$ m/s².

$\vec{a} = \vec{a}_c + \vec{a}_t$

$\vec{a} = (-6,93 + 2,50)\hat{i}$ m/s² $+ (-4,0 - 4,33)\hat{j}$ m/s²

$\vec{a} = -4,43\hat{i}$ m/s² $- 8,33\hat{j}$ m/s².

MOVIMENTO RELATIVO

13. Uma pessoa sobe em 45 s uma escada rolante parada, de 15 m de comprimento. A escada, em movimento, transporta a pessoa na mesma distância, em 30 s. Quanto tempo a pessoa gastaria subindo pela escada em movimento?

Solução:

Velocidade da pessoa em relação à escada:

$$v_{PE} = \frac{15\text{m}}{45\text{s}} = \frac{1}{3} \text{ m/s}$$

Velocidade da escada em relação ao solo:

$$v_{ES} = \frac{15\text{m}}{30\text{s}} = \frac{1}{2} \text{ m/s}$$

Velocidade da pessoa em relação ao solo:

$\vec{v}_{PS} = \vec{v}_{PE} + \vec{v}_{ES}$
$v_{PS} = \frac{5}{6}$ m/s $= \frac{15\text{ m}}{\Delta t}$
$\Delta t = 18$ s.

14. Um atleta pode remar o seu barco a 8,0 km/h num lago de águas tranquilas.

a) O atleta deseja cruzar um rio, cuja correnteza é de 4,0 km/h, para chegar à outra margem num ponto diretamente oposto ao ponto de partida. Em que direção ele deve dirigir o barco?

Solução:

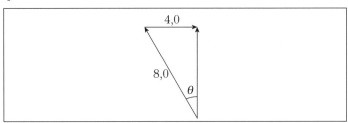

Figura 3.22

$$\text{sen}\,\theta = \frac{4,0}{8,0} \Rightarrow \theta = 30°$$

O remador deve apontar o barco a 30° com a direção da travessia ou 120° com a correnteza.

b) Se o rio tem largura de 1,73 km, qual o tempo de travessia?

A velocidade do barco em relação à margem é

$8,0 \cdot \cos 30° \Rightarrow v = 6,93$ km/h

$1,73 = 6,93 \cdot \Delta t \Rightarrow \Delta t = 0,25$ h ou 15 min.

c) Qual o tempo mínimo de travessia e em que direção o atleta deve colocar o barco?

A velocidade de travessia é máxima quando o barco se orienta perpendicularmente às margens.

Nesse caso,

$1,73 = 8,0 \cdot t_{\text{mín}}$

$t_{\text{mín}} = 0,216$ h ou 13 minutos

Note que o barco chegará à outra margem 0,864 km rio abaixo.

d) Quanto tempo o atleta gastará para remar 1,2 km rio abaixo e voltar ao ponto de partida?

Ao descer o rio,

$v = 8,0$ km/h $+ 4,0$ km/h $= 12$ km/h

$1,2 = 12 \cdot t_1 \Rightarrow t_1 = 0,1$ h

Ao navegar rio acima,

$v = 8{,}0$ km/h $- 4{,}0$ km/h $= 4{,}0$ km/h

$1{,}2 = 4{,}0 \cdot t_2 \Rightarrow t_2 = 0{,}3$ h

$t_1 + t_2 = 0{,}4$ h   ou   24 minutos.

---

15. Um avião deve voar para leste, onde se localiza o aeroporto. Sua velocidade em relação ao ar tem módulo 100 m/s. Sopra um vento constante de intensidade 36 m/s, formando 40° com o leste, para o norte.

    Em que direção deve o piloto orientar a aeronave e qual a velocidade do avião em relação ao solo?

    Solução:

Figura 3.23

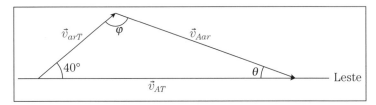

Da figura, aplicando a lei dos senos:

$$\frac{\operatorname{sen}\theta}{36} = \frac{\operatorname{sen} 40°}{100} \Rightarrow \theta = 13{,}4°$$

com o leste, para o sul.

$40° + 13{,}4° + \varphi = 180° \Rightarrow \varphi = 126{,}6°$

Aplicando a lei dos cossenos:

$v_{AT}^2 = 40^2 + 100^2 - 2 \cdot 40 \cdot 100 \cdot \cos 126{,}6°$

$v_{AT} = 125$ m/s, de oeste para leste.

Solução alternativa:

Por decomposição cartesiana, considerando o eixo oeste-leste como o eixo dos x e sul-norte como o eiro dos y.

$v_x = 36 \cdot \cos 40° + 100 \cdot \cos\theta$

$v_y = 0 = 36 \cdot \operatorname{sen} 40° + 100 \cdot \operatorname{sen}\theta \Rightarrow \theta = -13{,}4°$

Daí, $v_x = 125$ m/s.

EXERCÍCIOS COM RESPOSTAS

CINEMÁTICA VETORIAL

1. Um carro, que se move com velocidade escalar constante de 60 km/h, dirige-se na direção sul por 20 minutos; depois,

por 40 minutos, numa direção que faz um ângulo de 37° com o leste, para o sul e, finalmente, dirige-se para leste durante uma hora. Determinar o módulo e o ângulo da velocidade média do carro nesta viagem.

Resposta:

$v_m = 51$ km/h, fazendo ângulo de 25,6° ao sul do leste.

2. Um balão está sobre o centro de uma cidade e, em 2 horas desloca-se 12 km para leste, 5 km para norte e 4 km descendo até o aeroporto da cidade. Determinar o módulo de sua velocidade média e o ângulo θ que a velocidade média faz com a horizontal.

Respostas:

$$v_m = \frac{13{,}6 \text{ km}}{2 \text{ h}} = 6{,}8 \text{ km/h}$$

$\theta = 17{,}1°$, para baixo.

3. Dado o vetor posição de uma partícula:
$\vec{r} = 3 \cdot t\hat{i} + t^2 \hat{j}$ (S.I. de unidades)

   a) representar a trajetória num gráfico cartesiano;
   b) dar a equação cartesiana da trajetória;
   c) exprimir o vetor deslocamento entre $t_1 = 1$ s e $t_2 = 3$ s;
   d) determinar a velocidade $\vec{v}$ da partícula;
   e) determinar o módulo da velocidade e o ângulo que forma com o eixo x no instante $t = 2$ s e
   f) determinar a aceleração da partícula.

Respostas:

a)
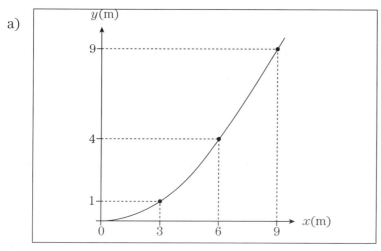

Figura 3.24

b) $y = \dfrac{x^2}{9}$

c) $t_1 = 1\,s \Rightarrow \vec{r}_1 = 3\hat{i} + 1\hat{j}$
$t_2 = 3\,s \Rightarrow \vec{r}_2 = 9\hat{i} + 9\hat{j}$
$\Delta \vec{r} = 6\hat{i} + 8\hat{j}$

d) $\vec{v} = 3\hat{i} + 2 \cdot t\hat{j}$

e) $t = 2\,s \Rightarrow |\vec{v}| = 5$ m/s; $\varphi = 53°$

f) $\vec{a} = \dfrac{d\vec{v}}{dt} = 2\hat{j}$ m/s^2.

4. Um corpo se move com aceleração constante contida no plano (x, y). No instante $t = 0$, o corpo encontra-se na origem do referencial. Suas posições e velocidades estão representadas na figura. Qual é a aceleração do corpo?

Figura 3.25

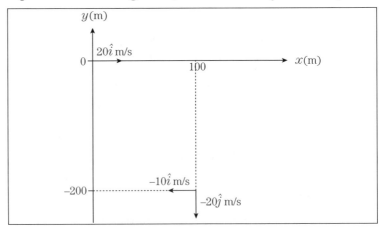

Resposta:

$\vec{a} = -1{,}5\hat{i}$ m/s$^2 - 1{,}0\hat{j}$ m/s^2.

MOVIMENTO DE PROJÉTIL

5. Uma bola atirada horizontalmente com velocidade $v_0 = 20$ m/s atinge o solo após $t = 3{,}0$ s.

   Determinar:

   a) a ordenada inicial, y_0 e

   b) a abscissa do ponto de impacto, x.

   Respostas:

   a) $y_0 = 45$ m

   b) $x = 60$ m.

6. A partir do solo, uma bola é atirada com $v_0 = 35$ m/s, dirigida num ângulo de 53° com a horizontal, e cai num telhado de altura h, 5,0 s após o lançamento.

Determinar:

a) a altura h;

b) a altura máxima atingida pela bola e

c) a velocidade imediatamente antes do impacto.

Respostas:

a) $h = 15$ m

b) $y_{máx} = 39$ m

c) $\vec{v} = 21\hat{i}$ m/s $- 22\hat{j}$ m/s $= 30,4$ m/s $\angle{-46°}$.

---

7. Uma correia transportadora com velocidade de 3,0 m/s e inclinação de 20° com a horizontal lança minério num vagão no nível $y = -3,0$ m, como na figura.

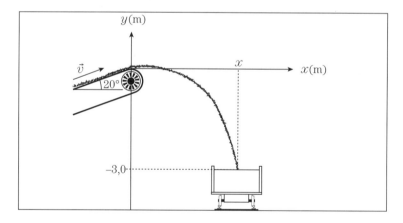

Figura 3.26

Determinar a distância x.

Resposta:

$x = 2,5$ m.

---

8. Dá-se um tiro de sinalização com velocidade $v_0 = 80$ m/s e ângulo de tiro $\theta = 53°$. O projétil deve explodir no vértice da trajetória. Qual o "tempo de ignição"?

Adote $g = 10$ m/s².

Resposta:

$t = 6,4$ s.

9. Um carrinho desloca-se em movimento uniforme sobre uma superfície horizontal a 1,25 m de altura do solo, cai e atinge o solo a 4,0 m de distância horizontal do ponto em que deixa a superfície. Adote $g = 10$ m/s². Qual a velocidade de seu movimento uniforme?

   Resposta:

   $v = 8{,}0$ m/s.

10. Um irrigador junto ao solo gira em torno de um eixo vertical, projetando água com velocidade de 20 m/s, sob ângulo de 37° com a horizontal. Devido à resistência do ar, o alcance é reduzido para 70% do valor calculado. Adote $g = 10$ m/s². Determinar a área irrigada, S, nestas condições.

    Resposta:

    $S = 2{,}3 \cdot 10^3$ m².

11. Um projétil é lançado com velocidade de 20 m/s, formando 30° com a horizontal. Adote $g = 10$ m/s².

    Determinar:

    a) o alcance e sua relação com o alcance máximo atingido sob ângulo de 45° e

    b) o ângulo de lançamento que provoca alcance de 27 m.

    Respostas:

    a) $A = 34{,}6$ m; $\dfrac{A}{A_{máx}} = 0{,}865$

    b) $\theta_1 = 21{,}2°$; $\theta_2 = 68{,}8°$.

12. Do alto de uma torre, uma pedra é atirada horizontalmente com velocidade inicial de 15 m/s. A pedra atinge o solo, plano e horizontal, em um ponto situado a 60 m do pé da torre. Adote $g = 10$ m/s² e despreze efeitos do ar. Qual é a altura da torre?

    Resposta:

    80 m.

13. Do alto de um morro de 320 m de altura, um canhão pode disparar uma bala com velocidade inicial 80 m/s, formando 20° com a horizontal, para cima.

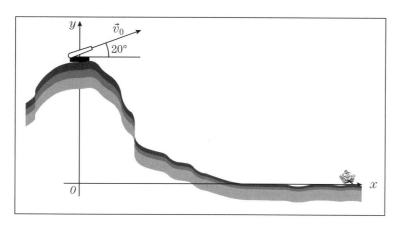

Figura 3.27

No solo plano, um tanque inimigo é avistado a uma distância horizontal $x = 480$ m. No instante em que o tanque é avistado, ele inicia fuga com velocidade constante na direção x. Calcular a velocidade média mínima que permite ao tanque fugir do alcance do canhão. Adote $g = 10$ m/s².

Resposta:

32 m/s.

---

14. Um avião caça, em mergulho num ângulo de 37° com a horizontal, e na altura de 560 m, dispara um projétil que toca o solo 4,0 s após ser disparado. Desprezar a resistência do ar e considerar $g = 10$ m/s². Determinar:

   a) a velocidade inicial v_0 e

   b) a distância x percorrida pelo projétil até o choque com o solo.

Respostas:

   a) $v_0 = 200$ m/s

   b) $x = 640$ m.

MOVIMENTO CURVO

15. Qual é a velocidade e a aceleração de uma pessoa em um local de latitude 45°, em decorrência do movimento de rotação da Terra?

$$R_{Terra} = 6{,}37 \cdot 10^6 \text{ m}$$

Respostas:

$v = 328$ m/s

$a_c = 0{,}017$ m/s².

16. A hélice de um ventilador completa 720 rotações em cada minuto. Um ponto da hélice dista 0,20 m do centro.

   a) Qual a distância percorrida por esse ponto em uma volta?

   b) Qual a sua velocidade?

   c) Qual a sua aceleração?

   Resposta:

   a) $\Delta s = 1{,}26$ m

   b) $v = 15$ m/s

   c) $a_c = 1{,}1 \cdot 10^3$ m/s²

---

17. Atira-se um projétil obliquamente para cima. A gravidade local é g. Desprezar a resistência do ar.

   a) Fazer um diagrama vetorial, representando as acelerações tangencial e normal (ou centrípeta) num ponto do ramo ascendente da trajetória e em outro ponto do ramo descendente.

   b) Em que ponto da trajetória a aceleração normal é máxima? Qual o seu módulo nesse ponto?

   Respostas:

   b) No vértice da trajetória,

   $\vec{a}_c = -g\hat{j}$.

---

18. Para resistirem a acelerações de $8 \cdot g$ nas saídas de manobras de mergulho, os pilotos de caça treinam em centrífugas, de raio 10 m. Qual é a velocidade do piloto quando sente aceleração de $8 \cdot g$?

   Respostas:

   $v = 28$ m/s.

---

19. Um carro parte do repouso em uma curva com raio de 100 m e acelera à razão constante de 2,0 m/s². Qual terá sido o percurso no instante em que a sua aceleração total tem módulo 3,0 m/s²?

   Resposta:

   $t = 7{,}5$ s e $\Delta s = 56$ m.

---

20. Uma roda de 30 cm de raio tem período de revolução 0,20 s.

   a) Qual é a aceleração centrípeta de um ponto da periferia da roda?

b) E de outro ponto do aro, a 10 cm do eixo de rotação?

Respostas:

a) 355 m/s²

b) 118 m/s².

21. Um satélite artificial circunda a Terra à altitude de $8{,}0 \cdot 10^5$ m, com período de 100 minutos. O raio da Terra é de $6{,}37 \cdot 10^6$ m. Determinar a velocidade linear do satélite e sua aceleração radial, considerando seu movimento circular e uniforme.

    Respostas:

    $v = 7{,}5 \cdot 10^3$ m/s;

    $a_c = 7{,}9$ m/s² (esta é a aceleração da gravidade na altura da órbita do satélite).

MOVIMENTO RELATIVO

22. Um avião segue uma trajetória retilínea com velocidade de 340 km/h em relação ao ar, enquanto sopra um forte vento de 70 km/h a 53° relativamente ao curso do avião. Qual é o módulo da velocidade do avião em relação à terra?

    Resposta:

    $v_{AT} = 386$ km/h.

23. O vento está soprando com velocidade de 4 m/s para o norte. Um menino, numa bicicleta, move-se para o leste com velocidade de 7 m/s. Com que velocidade e de que direção o vento sopra sobre o menino?

    Resposta:

    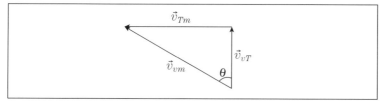

    Figura 3.28

    $v_{vm} = \sqrt{65}$

    $v_{vm} = 8$ m/s, para noroeste, formando 60° com o norte.

24. Dois carros se aproximam de um cruzamento: o carro A se desloca para leste a 60 km/h e B se desloca para norte a 80 km/h.

    a) Qual a velocidade de A em relação a B?

b) Qual a velocidade de B em relação a A?

Respostas:

a) 100 km/h, 37° a oeste do norte.

b) 100 km/h, 53° ao sul do leste.

25. Um vagão de madeira move-se ao longo de uma via férrea retilínea com velocidade de 72 km/h. Uma bala é atirada contra o vagão, passando pelas duas paredes laterais e deixando dois orifícios dispostos na mesma perpendicular às paredes. Admita que a bala percorreu o espaço no interior do vagão com velocidade de 400 m/s em relação ao solo. Qual a direção do tiro, em relação à velocidade do vagão?

Resposta:

92,9°.

4 LEIS DE NEWTON

Manuel Venceslau Canté

4.1 INTRODUÇÃO

Neste capítulo, analisaremos as três leis de Newton. Embora essas leis tenham sido enunciadas por Isaac Newton (1642–1727) elas sempre existiram e os movimentos são regidos por elas. Assim, podemos considerá-las como leis da natureza. Seus enunciados são o resultado dos estudos de Newton sobre o movimento dos corpos. Os corpos ou objetos cujos movimentos são regidos por essas leis são conhecidos como corpos newtonianos. Em certas situações, consideramos um objeto como ponto material ou partícula.

Em adição às definições de termos fundamentais da mecânica – comprimento, massa e tempo – neste capítulo, será definido o termo força.

Um comprimento, pelo menos aqui na Terra, pode ser medido por meio da comparação do valor dessa grandeza com um padrão. Esse padrão no sistema internacional (SI) é o metro. O tempo pode ser medido como uma fração do tempo necessário para a Terra completar um giro em torno do seu eixo de rotação. O padrão de comparação do tempo no SI é o segundo.

A definição de massa é um pouco mais complexa, pois na mecânica newtoniana massa não é quantidade de matéria e sim uma grandeza relacionada com a propriedade de um corpo resistir à alteração do seu estado de movimento quando submetido à ação de uma força, a massa inercial. Dessa maneira, estamos frente a um argumento circular na definição dessa grandeza, se definimos massa podemos definir força e vice-versa. Usualmente definimos massa e, por meio da mudança no estado de movimento da massa, definimos força. Dessa forma, se escolhermos um objeto arbitrário e o consideramos como padrão (1 kg), seremos capazes, pela aplicação de uma das leis de Newton, de determinar a massa de outro corpo.

4.2 LEIS DE NEWTON

4.2.1 PRIMEIRA LEI DE NEWTON

Todo corpo se mantém em repouso ou em movimento em linha reta com velocidade constante, a menos que uma força aplicada ao corpo altere seu estado de movimento.

A primeira lei de Newton, ou lei de inércia, implica a definição de referencial inercial, ou seja, um objeto cujo movimento é analisado por um observador em repouso apresenta os mesmos resultados da análise feita por outro observador que se movimenta em linha reta e com velocidade constante em relação ao observador considerado em repouso.

4.2.1.1 Descrição matemática da primeira lei

$$\sum \vec{F}_{ext} = \vec{0} \Leftrightarrow \text{Repouso ou Movimento Retilíneo Uniforme}$$

4.2.2 SEGUNDA LEI DE NEWTON

Um conjunto de forças em desequilíbrio, atuando sobre um corpo, provoca nele uma alteração no estado de movimento. A intensidade da força é proporcional à razão entre a variação da velocidade e o intervalo de tempo no qual ocorre a aplicação da força.

4.2.2.1 Descrição matemática da segunda lei

Como mencionado anteriormente, a força aplicada e a razão temporal da variação da velocidade são diretamente proporcionais $\vec{F} \propto \Delta \vec{v} / \Delta t$. A constante de proporcionalidade é uma grandeza bastante conhecida: a massa m.

$$\vec{F} = m \cdot \frac{\Delta \vec{v}}{\Delta t}; \; e \; \frac{\Delta \vec{v}}{\Delta t} = \vec{a} \, (aceleração) \Rightarrow \vec{F} = m \cdot \vec{a} \qquad (4.1)$$

Duas ou mais forças atuando sobre um corpo dão origem a uma força resultante cujo efeito sobre o corpo é o mesmo das várias forças aplicadas simultaneamente (Figura 4.1).

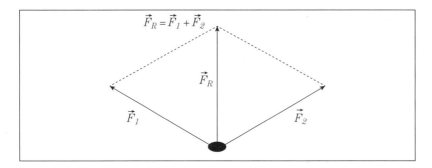

Figura 4.1
$\vec{F}_R$ – vetor força resultante.

Expressão vetorial:

$$\vec{F} = \sum_i \vec{F}_i = m \cdot \vec{a} \qquad (4.2)$$

Expressão algébrica:

$$\sum F_x = m \cdot a_i; \ \sum F_y = m \cdot a_y; \ \sum F_z = m \cdot a_z \qquad (4.3)$$

4.2.3 TERCEIRA LEI DE NEWTON

As forças, resultantes da interação entre dois corpos, formam um par, de mesma intensidade, de mesma direção, de sentidos opostos e cada uma atuando em cada um dos corpos.

A terceira lei de Newton, conhecida como ação e reação, estabelece a inexistência de forças isoladas. Quando uma força atua sobre um corpo, esse objeto também aplica sobre a fonte dessa força outra de mesma intensidade. Por exemplo, quando um jogador de futebol bate um pênalti, no instante em que seu pé atinge a bola, exerce uma força que provoca a alteração de movimento da bola, e esta, nesse momento, também exerce sobre o pé do atleta uma força de mesma intensidade e no sentido oposto ao daquela aplicada sobre ela, reduzindo a velocidade do seu movimento.

4.2.3.1 Expressão matemática da terceira lei de Newton

$$\vec{F}_{AB} = -\vec{F}_{BA} \qquad (4.4)$$

A segunda lei de Newton, ou lei fundamental da dinâmica, pode ser compreendida a partir das outras duas. Uma vez que não há forças isoladas a terceira lei explica a origem das forças, ou seja, a interação entre os corpos dá origem às forças, sempre em pares de ação e reação. A primeira lei define os referenciais nos quais se comprovam a validade dessas leis: As três leis de Newton estão vinculadas a referenciais inerciais. Os movimentos do ponto de vista de referenciais não inerciais não são regidos pelas leis de Newton.

4.3 MASSA E PESO

4.3.1 A MASSA

Vamos analisar nosso dilema de definição de força e de massa. Neste ponto já sabemos como medir a aceleração, e entramos em acordo de usar um bloco como padrão de massa. No sistema internacional (SI) esse padrão é 1 kg. Suponha que ainda não sabemos como medir uma força, porém, somos capazes de desenvolver um aparato para reproduzir uma determinada força como, por exemplo, usando uma mola calibrada. Se aplicarmos essa força sobre uma massa padrão, no nosso caso o quilograma, m_0, sem influência de qualquer outra força, por exemplo, atrito e gravidade, podemos medir a aceleração a_0. Aplicando-se essa mesma força em outra massa m_1 diferente de m_0, mede-se uma aceleração a_1 diferente de a_0. De acordo com a equação 4.1 temos as seguintes equações para cada um dos experimentos:

$$F = m_0 \cdot a_0$$
$$F = m_1 \cdot a_1$$

Uma vez que a força é a mesma em ambas as situações, o que nos permite igualar as equações, obtemos a seguinte relação entre as massas m_0 e m_1.

$$\frac{m_1}{m_0} = \frac{a_0}{a_1} \qquad (4.5)$$

Dessa forma podemos determinar o valor da massa m_1 em função da massa padrão m_0.

4.3.1.1 A gravidade

O movimento dos planetas e a queda dos corpos em direção à Terra são alguns dos fenômenos físicos envolvendo a atração gravitacional, que intrigavam os estudiosos da antiguidade. O filósofo grego Aristóteles (384 a.C. – 322 a.C.) na tentativa de explicar por que os objetos caem em direção à Terra, concluiu que os objetos "pesados" (com mais massa) caem mais rápido do que os "leves" (com menos massa). Embora as conclusões de Aristóteles tenham sofrido oposição de alguns pensadores da época, foram aceitas até o século XVII, quando Galileu (1564 – 1642) descobriu que, na ausência da resistência do ar ou de outra força resistiva, todos os objetos caem com a mesma aceleração.

No início do século XVII, apoiado nos estudos realizados por Tycho Brahe (1546 – 1601) e Johannes Kepler (1571 – 1630) acerca dos movimentos planetários, e também por Galileu, na investigação da queda dos corpos, Newton elaborou a teoria da gravitação: Todos os corpos que possuem massa sofrem atração entre si, com força proporcional às massas dos corpos e inversamente proporcional ao quadrado da distância entre eles.

Em reconhecimento ao trabalho de seus antecessores, Newton disse que somente chegou a essas conclusões porque estava apoiado em ombros de gigantes.

A expressão matemática da lei da gravitação universal formulada por Newton é:

$$F = G\frac{M \cdot m}{R^2}$$

onde M e m são as massas dos corpos envolvidos, R a distância entre os corpos e G a constante de proporcionalidade. Embora Newton tenha formulado a lei da gravitação universal, em 1685, a constante $G = 6,67 \cdot 10^{-11} N \cdot m^2/kg^2$ somente foi determinada pouco mais de um século após a sua formulação, por meio de experimentos realizados durante os anos de 1797 e 1798, por Cavendish (1731 – 1810).

De acordo com a formulação de Newton e após a determinação da constante universal G, pode-se concluir que a aceleração da gravidade em pontos da superfície da Terra é:

$$g = \frac{GM_T}{R^2} \approx 9,8 m/s^2, \text{ sendo } M_T = massa\ da\ Terra$$

4.3.1.2 O peso

Uma maneira simples de determinar a massa de um corpo é por meio de uma balança com dois pratos, Figura 4.2. Os dois pratos da balança são ligados por uma barra, apoiada no seu centro

Figura 4.2

sobre um suporte. A massa desconhecida é colocada em um dos pratos e múltiplos ou frações da massa padrão, no nosso caso, o quilograma, são colocados no outro prato até que o equilíbrio da balança seja atingido. Dessa maneira a massa desconhecida pode ser determinada, pois ambas as massas estão submetidas à mesma força, a da gravidade.

A força da gravidade pode ser escrita em termos da equação 4.1, na qual substituímos a pela aceleração da gravidade g, pois a taxa de aumento da velocidade de um corpo em queda livre pode ser considerada a mesma em qualquer ponto nas proximidades da superfície terrestre. A aceleração da gravidade no nível do mar é de aproximadamente 9,8 m/s². Assim sendo, a força exercida sobre um objeto em virtude da atração gravitacional terrestre, a qual denominamos peso, é dada por:

$$peso = \vec{P} = m \cdot \vec{g} \qquad (4.6)$$

A unidade da grandeza força pode ser definida em termos das unidades das grandezas massa, comprimento e tempo.

$$\vec{F} = m \cdot \vec{a} \qquad (4.7)$$

$$[F] = [M]\left[\frac{L}{T^2}\right] \qquad (4.8)$$

Nos colchetes estão representadas as dimensões das grandezas envolvidas na definição da força, massa [M], comprimento [L] e tempo [T]. Como a equação deve ser dimensionalmente balanceada a unidade da força é unidade de massa x unidade de comprimento/(unidade de tempo)². No sistema SI, quilograma · metro por segundo². No sistema SI essa combinação de unidades é chamada de newton (N). Assim:

$$1N = 1 kg \cdot m / s^2 \qquad (4.9)$$

Dessa forma podemos dizer que 1 N é a força que causa uma aceleração de 1m/s² quando aplicada em um corpo de 1 kg de massa, de 2m/s² se a massa for 0,5 kg , e assim por diante.

4.4 APLICAÇÕES DAS LEIS DE NEWTON

4.4.1 ACELERAÇÃO NULA

De acordo com a equação (4.3) quando $a = 0$ em uma determinada direção a soma das forças, ou a força resultante, nessa direção é nula. Esse fato pode ser utilizado para obter-se informações sobre o conjunto de forças que atuam sobre um objeto com aceleração nula. Quando várias forças agem sobre um objeto, mas os efeitos se cancelam a ponto de a aceleração ser nula, dizemos que o objeto está em equilíbrio de translação.

Exemplo I

Um bloco se encontra em repouso sobre uma mesa. Quais são as forças que atuam no bloco (Figura 4.3)?

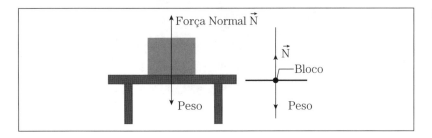

Figura 4.3

Solução

Considere o sentido para cima (+y) como positivo. Sabemos que existe uma força para baixo, o peso do bloco $\vec{p} = m \cdot \vec{g}$; como o bloco não está acelerado, deve haver uma força para cima, tal que a soma das forças na direção y seja nula. Chamamos essa força de normal, significando ser perpendicular ao plano de apoio. De acordo com as leis de Newton temos:

$$\sum F_y = 0$$
$$-mg + N = 0$$
$$N = mg$$

Então, pela terceira lei de Newton, a mesa aplica ao bloco uma força, $\vec{N}$, igual e em sentido oposto ao peso do bloco. A ação da força normal requer presença de uma superfície, pois ela faz parte do par ação–reação decorrente da interação entre o objeto e superfície do plano sobre o qual se encontra apoiado. Portanto, pela terceira lei de Newton, o bloco exerce na superfície da mesa uma força vertical para baixo, com a mesma intensidade de $\vec{N}$.

Exemplo II

Um paraquedista pesa, junto com seu equipamento, por volta de 120 kgf. Certo tempo após a abertura do paraquedas o conjunto se movimenta verticalmente para baixo com velocidade constante. Nessa condição, qual é a força de resistência exercida pelo ar sobre o conjunto (Figura 4.4)?

Figura 4.4

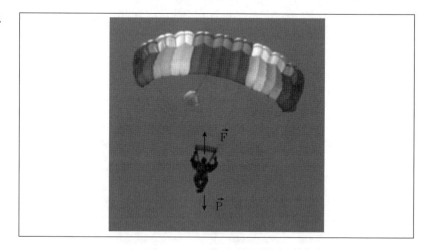

Solução:

A unidade quilograma-força (kgf) é definida como sendo a força gravitacional exercida sobre uma massa de 1 kg, ou seja, o peso de um corpo expresso em kgf é numericamente igual à massa do corpo. Dessa forma a massa total do paraquedista é de 120 kg.

$$P = m \cdot g = 120\,\text{kg} \cdot 9{,}8\,\text{m/s}^2 = 1176\,\text{N}$$

$$\sum F_y = 0$$
$$F - P = 0$$
$$F = P = 1{,}2 \cdot 10^3\,\text{N}$$

Exemplo III

Duas cordas atadas ao teto segundo ângulos de 60° e 30°, como mostra a Figura 4.5, suportam um bloco de peso 45 N. Quais são as forças de tração T_1 e T_2 nas cordas?

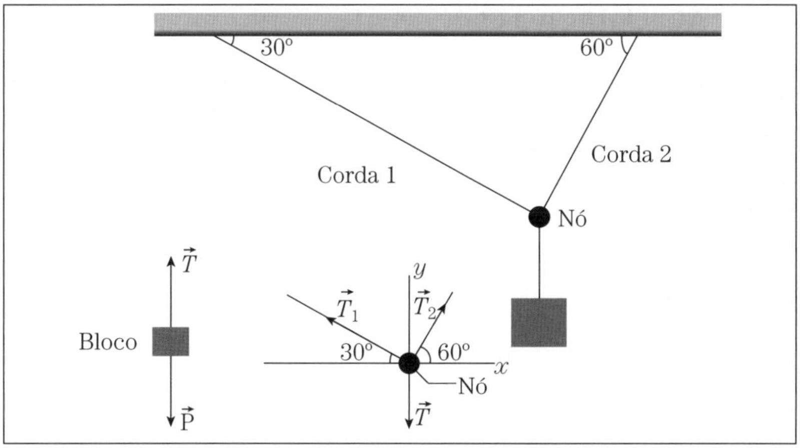

Leis de Newton 137

Figura 4.5

Solução:

Observe que ambas as cordas exercem forças no teto. O corpo ou objeto newtoniano de nosso interesse é o ponto de concorrência das forças. Para calcular as trações, inicialmente, utilizaremos um diagrama de forças como mostra Figura 4.5. Uma breve análise do bloco nos leva a concluir que sua aceleração é nula tanto na direção x como na direção y, assim:

$$\sum F_x = 0, \sum F_y = 0$$

Pelo método da decomposição vetorial podemos encontrar as componentes das forças nas direções especificadas:

$$\sum F_x = T_1 \cos 30° - T_2 \cos 60° = 0$$
$$0,87 T_1 - 0,50 T_2 = 0$$
$$\sum F_y = T_1 \sen 30° + T_2 \sen 60° - 45\text{N} = 0$$
$$0,5 T_1 + 0,87 T_2 - 45\text{N} = 0$$

Resolvendo o sistema de equação substituindo T_1 ou T_2 obtido a partir de uma das equações em outra, por exemplo, de $\sum F_x = 0$ obtemos:

$$T_1 = \frac{0,5 T_2}{0,87}$$

Substituindo T_1 na segunda equação temos:

$$0,5 \cdot \left(\frac{0,5 T_2}{0,87} \right) + 0,87 T_2 - 45\text{N} = 0$$
$$1,16 T_2 = 45\text{N}$$
$$T_2 = 38,8\text{N e } T_1 = 22,5\text{N}$$

4.4.2 ACELERAÇÃO CONSTANTE

Em uma situação de movimento com aceleração constante deve-se analisar o movimento em todas as direções. Ele pode estar acelerado em uma direção, mas não em outra. A direção na qual a aceleração é nula pode dar subsídios para se conhecer as forças que agem sobre o corpo.

Exemplo IV

Um bloco de massa 10kg desliza sobre um plano inclinado sem atrito que forma 30° com a horizontal (Figura 4.6). Qual a aceleração do bloco?

Figura 4.6

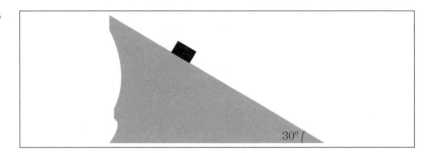

Solução:

Por questão de conveniência vamos inclinar nosso plano cartesiano até que o eixo x esteja paralelo ao plano inclinado e essa é a direção na qual a aceleração deve ser determinada. A orientação do eixo y é perpendicular à inclinação do plano. Conforme o diagrama mostrado na Figura 4.7, a única força agindo sobre o bloco é o seu peso, $\vec{P}$, orientado verticalmente para baixo.

Figura 4.7

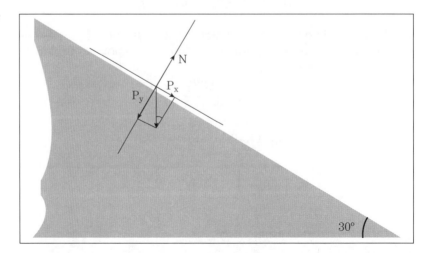

Na direção do eixo y não há aceleração. Então, pela primeira lei de Newton, a componente de $\vec{P}$ nessa direção é equilibrada pela força normal $\vec{N}$ que o plano exerce sobre o bloco, perpendicular ao plano inclinado:

$$N - P_y = 0$$

$$\cos 30° = \frac{P_y}{m \cdot g} \Rightarrow N = P_y = m \cdot g \cos 30°$$

A componente de $\vec{P}$ ao longo do eixo x, P_x, é a projeção da força peso sobre esse eixo.

De acordo com a regra geométrica: dois ângulos com lados mutuamente perpendiculares têm a mesma medida, o ângulo formado pela força peso e o eixo y, também é de 30°, o que nos permite escrever:

$$\text{sen}\, 30° = \frac{P_x}{m \cdot g}$$

$$P_x = m \cdot g \cdot \text{sen}\, 30°$$

De acordo com a segunda lei de Newton temos:

$$P_x = m \cdot a_x$$

$$a_x = \frac{P_x}{m}$$

$$a_x = \frac{m \cdot g \cdot \text{sen}\, 30°}{m}$$

$$a_x = g \cdot \text{sen}\, 30° = 9,8 \cdot 0,5$$

$$a_x = 4,9\, \text{m/s}^2$$

Exemplo V:

Dois corpos de massas m_1 e $m_2 = 2m_1$ estão atados por uma corda ideal e suspensos por uma roldana sem atrito, como mostra a Figura 4.8, esse conjunto é conhecido como *máquina de Atwood*. Qual é a aceleração deles quando se movem livremente sob ação da gravidade?

Solução:

Antes de iniciarmos a resolução do problema propriamente dita, vamos destacar três pontos: 1) A roldana não tem atrito e sua massa é desprezível, portanto a tração nos dois lados em ambos os lados da corda tem o mesmo valor; 2) O valor da tração é diferente daquele na situação de equilíbrio, com aceleração nula, ou seja, não podemos

Notas:

1. A aceleração neste caso é menor do que a aceleração da gravidade, g, porque apenas uma componente dessa aceleração encontra-se no sentido do movimento.

2. A aceleração do corpo independe do valor da massa m. Qualquer objeto, independentemente de sua massa, deixado escorregar a partir do repouso de uma mesma altura sobre o plano, sem atrito, está sujeito à mesma aceleração e atingirá a base do plano com a mesma velocidade. No vácuo, uma pena e um quilo de chumbo em queda livre, a partir da mesma altura, atingem o solo com a mesma velocidade.

Figura 4.8

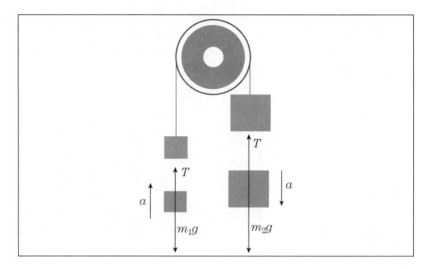

afirmar que $T = mg$; 3) Há dois corpos newtonianos. Note que, enquanto o corpo m_1 movimenta-se para cima com aceleração a positiva, m_2 movimenta-se para baixo com a aceleração a negativa.

Para o corpo m_1:

$$\sum F_y = m_1 \cdot a$$
$$T - m_1 \cdot g = m_1 \cdot a$$
$$T = m_1 \cdot (g + a)$$

Para o corpo m_2:

$$\sum F_y = m_2 \cdot (-a) \quad (m_2 \text{ movimenta-se no sentido negativo})$$
$$T - m_2 \cdot g = m_2 \cdot (-a)$$
$$T = m_2 \cdot (g - a)$$

Igualando as equações dos corpos m_1 e m_2:

$$m_1(g + a) = m_2(g - a)$$

Rearranjando os termos:

$$a \cdot (m_1 + m_2) = g \cdot (m_2 - m_1)$$
$$a = g \cdot \frac{m_2 - m_1}{m_1 + m_2}$$
$$m_2 = 2m_1;$$
$$a = \frac{1}{3} \cdot g = \frac{1}{3} \cdot 9,8 \, \text{m/s}^2$$
$$a = 3,3 \, \text{m/s}^2$$

4.5 O ATRITO

As superfícies apresentam rugosidades, saliências superficiais, que impedem que uma superfície deslize uma sobre a outra, oferecendo resistência ao movimento dos corpos, denominada força de atrito. É graças às forças de atrito que a vida como conhecemos é possível; por exemplo, sem o atrito não seria possível caminhar, andar de bicicleta, segurar objetos, enfim, sem o atrito a vida seria impossibilitada, daí a importância de estudarmos os efeitos desse tipo de força.

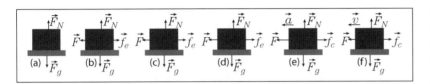

Figura 4.9
(a) Bloco apoiado sobre um plano. (b) Bloco puxado para esquerda, mas a força F não é suficiente para iniciar o movimento. (c) A força F é um pouco maior, mas ainda não suficiente para iniciar o movimento. (d) A força F aumentou um pouco mais, mas não o suficiente para iniciar o movimento. (e) Finalmente, F supera a força de atrito e o movimento inicia com aceleração. (f) O valor de F é reduzido até ser atingido o equilíbrio com a força de atrito cinético e corpo se mantém em movimento com velocidade constante.

Ao empurrarmos um bloco sobre uma mesa, dependendo da força que exercemos, conseguimos ou não pôr em movimento o bloco em relação à mesa. Para o movimento se iniciar é necessário que a intensidade da força aplicada sobre o bloco seja suficiente para vencer a resistência oferecida ao movimento pelas superfícies dos objetos, ou seja, superar a força de atrito. Dessa maneira, a força de atrito varia de zero até a um valor máximo no instante imediatamente anterior ao início do movimento. Na ausência de movimento, essa força de resistência é denominada de força de atrito estático (f_{ate}). O movimento do bloco em relação à mesa ocorre em virtude de um desequilíbrio entre a força que o empurra e a força, f_{ate}, o que implica um movimento acelerado com aceleração a. Para manter o movimento com velocidade constante v devemos reduzir a intensidade da força que empurra o bloco até o equilíbrio entre essa força e uma nova força de resistência ao movimento seja obtido. A intensidade dessa nova força de resistência é, em geral, um pouco menor do que aquela existente na iminência de movimento e recebe o nome de força de atrito cinético (f_{atc}). A força f_{atc} não possui um valor máximo e não depende da velocidade. A Figura 4.9 nos mostra a aplicação de uma força F sobre um bloco que está apoiado sobre uma mesa até ele entrar em movimento e manter o movimento com velocidade constante.

A existência das forças de atrito está associada ao contato entre duas superfícies. Desse modo, essa força depende de características específicas das substâncias que compõem os objetos em contato, assim como também da massa do corpo que está sendo empurrado. A expressão matemática da força de atrito é representada pela equação a seguir:

$$f_{at} = \mu \cdot N \qquad (4.10)$$

Na equação 4.10, μ é o coeficiente de atrito que depende do par de superfícies que estão em contato e N é a intensidade da força normal exercida pela superfície sobre o objeto que está apoiado sobre ela. Na ausência de movimento a força máxima de atrito é dada por $f_{ate} = \mu_e N$, força de atrito estático máxima, e na presença de movimento $f_{atc} = \mu_c N$, força de atrito cinético. Como $f_{atc} < f_{ate}$ concluímos que $\mu_c < \mu_e$.

Exemplo VI

Para iniciar o movimento horizontal de um bloco de massa 15 kg que está apoiado sobre uma mesa é necessário uma força horizontal de 30 N como mostra a Figura 4.10. Qual é o coeficiente de atrito estático entre as superfícies?

Figura 4.10

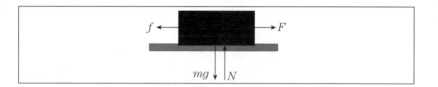

Solução:

No instante que antecede o movimento a aceleração do bloco é nula:

$$\sum F_x = 0; \quad F - f = 0$$
$$f = 30\text{N}; \quad \text{e}$$

$$\sum F_y = 0; \quad N - m \cdot g = 0$$
$$N = m \cdot g; \quad \text{mas}$$

$$f = \mu \cdot N; \quad f = \mu \cdot m \cdot g; \quad \text{ou}$$

$$\mu = \frac{f}{m \cdot g} = \frac{30\text{N}}{15\,\text{kg} \cdot 9{,}8\,\text{m/s}^2}$$
$$\mu = 0{,}20$$

Exemplo VII

Um bloco encontra-se em repouso sobre um plano inclinado que forma um ângulo θ com a horizontal, como mostra a Figura 4.11; o bloco está na iminência de entrar em movimento e o coeficiente de atrito entre o bloco e plano inclinado é μ. Calcular a força de atrito que mantém o bloco em repouso.

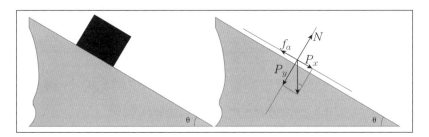

Figura 4.11

Solução:

De acordo com a segunda lei de Newton temos:

$$\sum F_y = N - P_y = 0$$
$$N = P_y; \quad P_y = P \cdot \cos\theta,$$
$$f_{at} = \mu \cdot N = \mu \cdot P \cdot \cos\theta$$
$$f_{at} = \mu \cdot m \cdot g \cdot \cos\theta$$

Exemplo VIII

Um bloco desliza sobre um plano inclinado de 30° em relação a horizontal. Se o coeficiente de atrito entre o bloco e o plano é $\mu = 0,35$, calcule a aceleração do bloco ao longo do plano inclinado.

Solução:

As forças que agem sobre ao bloco ao longo do plano são a força de atrito f_{at} para cima e a componente P_x (Figura 4.11). Definindo os eixos x e y paralelo e perpendicular ao plano respectivamente e os sentidos positivo para x como o de descida e para o eixo y o mesmo sentido da força normal (N), podemos escrever a segunda lei de Newton da seguinte forma:

$$\sum F_x = m \cdot a_x$$

$$P_x - f_{at} = m \cdot a_x$$

$$P_x = m \cdot g \cdot \operatorname{sen} \theta$$

$$m \cdot g \cdot \operatorname{sen} \theta - f_{at} = m \cdot a_x$$

$$\sum F_y = N - P_y = 0$$

$$N = P_y; \quad P_y = m \cdot g \cdot \cos \theta$$

$$N = m \cdot g \cdot \cos \theta$$

$$f_{at} = \mu \cdot N = \mu \cdot m \cdot g \cdot \cos \theta$$

$$m \cdot g \cdot \operatorname{sen} \theta - \mu \cdot m \cdot g \cdot \cos \theta = m \cdot a_x$$

$$a_x = \frac{m \cdot g \cdot \operatorname{sen} \theta - \mu \cdot m \cdot g \cdot \cos \theta}{m}$$

$$a_x = g \cdot \operatorname{sen} \theta - \mu \cdot g \cdot \cos \theta$$

$$a_x = 9{,}8\,\text{m/s}^2 \cdot 0{,}5 - 0{,}35 \cdot 9{,}8\,\text{m/s}^2 \cdot 0{,}87$$

$$a_x = 1{,}9\,\text{m/s}^2$$

4.6 FORÇA CENTRÍPETA E MOVIMENTO CIRCULAR UNIFORME

A força centrípeta manifesta-se como uma força resultante cuja ação é puxar o objeto em movimento para o centro da trajetória, modificando a direção da velocidade. No caso do movimento circular uniforme o módulo da velocidade ou a velocidade escalar permanece constante e a direção da velocidade se altera a cada instante; a força responsável por alterar a direção da velocidade é a força resultante centrípeta. Sabemos que o módulo da aceleração centrípeta é dado por:

$$a = \frac{v^2}{r}$$

Para o movimento circular uniforme o módulo da velocidade é constante e r é o raio da trajetória. Considerando a segunda lei de Newton, a intensidade da força resultante radial (força centrípeta) é dada por:

$$F = m \cdot a = m \cdot \frac{v^2}{r}$$

Exemplo IX:

Uma esfera de chumbo de massa $m = 30$ g está presa na extremidade de uma corda de comprimento $L = 0{,}50$ m e gira em torno de um pino (Figura 4.12), descrevendo no plano horizontal uma trajetória circular, com velocidade constante $v = 4$ m/s. Determinar a força que a corda exerce sobre a esfera para manter o movimento circular e uniforme.

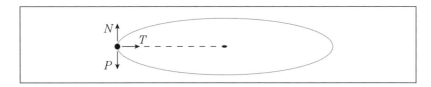

Figura 4.12

$$\sum F_y = 0 \Rightarrow N - P = 0$$

$$\sum F_x = m.a \Rightarrow T = m.\frac{v^2}{r}$$

$$T = 0{,}030 \cdot \frac{4^2}{0{,}50} \Rightarrow T = 0{,}96\,\text{N}$$

Exemplo X

Uma esfera de massa M, presa ao teto por uma corda de comprimento L, se move em uma circunferência horizontal de raio R com velocidade constante (a corda descreve um cone perfeito). Um arranjo desse tipo, como mostrado na Figura 4.13, é denominado pêndulo cônico. Determinar a força de tração da corda e a aceleração radial do movimento.

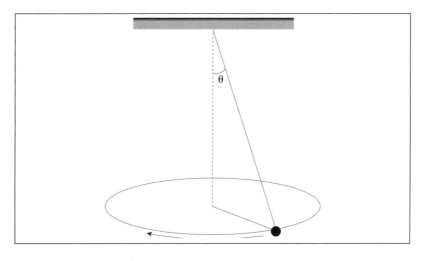

Figura 4.13

$$T\cos\theta = P$$

$$T = \frac{P}{\cos\theta}$$

$$T\,\text{sen}\,\theta = m\cdot a_c$$

$$\frac{P}{\cos\theta}\cdot\text{sen}\,\theta = m\cdot a_c$$

$$a_c = g\tan\theta = g\frac{R}{\sqrt{L^2 - R^2}}$$

EXERCÍCIOS RESOLVIDOS

1) Um bloco homogêneo de massa M e comprimento l movimenta-se com aceleração a sob ação de uma força F numa superfície horizontal sem atrito. Calcular o valor da força que a parte A do bloco de comprimento x exerce sobre a parte B. O comprimento do bloco é l (Figura 4.14).

Figura 4.14

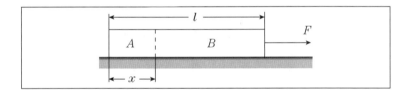

Solução:

A intensidade da força (F_{BA}) que A exerce sobre B é a mesma da força (F_{AB}) que B exerce sobre A e a aceleração é a mesma para todo o bloco como mostra a Figura 4.15 abaixo. Dessa forma, podemos calcular F_{BA} da seguinte maneira:

Figura 4.15

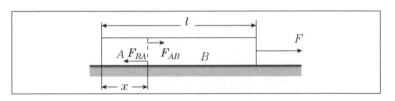

$$F = Ma \Rightarrow a = \frac{F}{M}$$

$$F_{AB} = m_A \cdot a$$

$$m_A = \frac{M}{l}\cdot x \Rightarrow F_{AB} = \frac{M}{l}\cdot x \cdot \frac{F}{M}$$

$$F_{AB} = F_{BA} = \frac{F}{l}\cdot x$$

A massa de A é $m_A = \dfrac{M}{l} \cdot x$ e a massa de B é $m_B = \dfrac{M}{l}(l-x)$, M é a massa total da barra.

2) Uma barra homogênea de comprimento L está submetida à ação de duas forças, F_1 e F_2, aplicadas aos seus extremos (Figura 4.16). Determine a força F que uma parte da barra de comprimento l exerce sobre o restante da barra. Admitir $F_1 > F_2$.

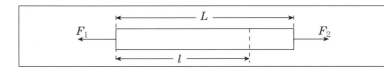

Figura 4.16

Solução:

A massa da parte esquerda da barra é $m_1 = \dfrac{M}{L} \cdot l$ e a massa da direita é $m_2 = \dfrac{M}{L}(L-l)$, sendo M a massa total da barra. Sob a ação das forças aplicadas à barra cada elemento da mesma se move com a mesma aceleração a. Assim, temos que:

$$F_1 - F = m_1 \cdot a$$

$$F - F_2 = m_2 \cdot a \Rightarrow a = \dfrac{F - F_2}{m_2}$$

Substituindo a expressão de a na outra equação, obtemos:

$$F_1 - F = m_1 \cdot \dfrac{F - F_2}{m_2}$$

$$m_2 F_1 - m_2 F = m_1 F - m_1 F_2$$

$$m_2 F_1 + m_1 F_2 = F(m_1 + m_2)$$

$$F = \dfrac{m_2 F_1 + m_1 F_2}{m_1 + m_2} = \dfrac{M/L(L-l)F_1 + M/L \, l F_2}{M}$$

$$F = F_1 \dfrac{L-l}{L} + F_2 \dfrac{l}{L}$$

3) Um bloco de massa m está no chão de um elevador que desce com aceleração a. Determinar a força que o bloco exerce sobre o chão do elevador. Qual deve ser a aceleração do elevador para que a força exercida pelo piso do elevador sobre o bloco seja nula? Determinar a força aplicada pelo piso do elevador sobre o bloco quando este se movimentar para cima com aceleração a.

Solução:

De acordo com a segunda lei de Newton temos:

$$F_R = ma = mg - N$$
$$N = m(g - a)$$

A força que o bloco exerce sobre o chão do elevador, pela terceira lei de Newton, forma com a força $\vec{N}$ um par ação e reação, o que nos permite dizer que essa força tem o mesmo módulo da força normal e age em sentido contrário.

Se $a = g$, a força N (força exercida pelo piso do elevador sobre o bloco) é nula.

Quando o elevador está subindo com aceleração a, pela segunda lei de Newton, temos:

$$F_R = ma = N - mg$$

$N = m(a + g)$; força que o piso exerce sobre o bloco.

4) Nos extremos de uma corda, que passa por uma roldana ideal com eixo fixo, estão penduradas a uma altura H do chão, duas cargas: uma de massa m e outra de massa $2\,m$ (Figura 4.17). No instante inicial, as cargas estão em repouso. Com as cargas em movimento, determinar a tração na corda e o tempo t necessário para que um dos blocos atinja o solo.

Figura 4.17

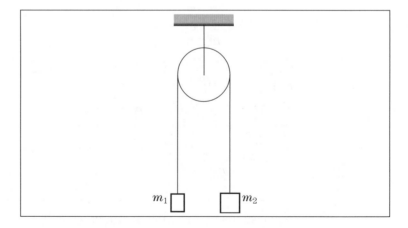

Solução:

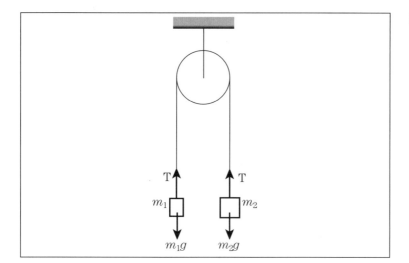

Figura 4.18

Na Figura 4.18 estão representadas as forças que atuam sobre as cargas e, de acordo com a segunda lei de Newton, podemos escrever as seguintes equações:

$$m_1 a = T - m_1 g$$
$$m_2 a = m_2 g - T$$

T é a força de tração da corda e a é a aceleração – as acelerações das cargas são iguais, uma vez que a corda é considerada inelástica. Resolvendo o sistema de equações obtemos:

$$a = \frac{m_2 - m_1}{m_1 + m_2} g$$

Considerando que o movimento ocorre com aceleração constante, temos:

$$H = \frac{1}{2} \cdot a \cdot t^2$$
$$t = \sqrt{\frac{2H}{a}} = \left[\frac{2H(m_1 + m_2)}{(m_2 - m_1)g} \right]^{1/2}$$

5) Um carrinho de massa M = 250 g está preso por uma corda a um bloco de massa m = 100g. No instante inicial, o carrinho está se movendo para a esquerda com velocidade inicial v_0 = 7 m/s (Figura 4.19). Decorridos 5 segundos do instante inicial, determinar o valor e a direção da velocidade do carrinho; a posição e o caminho percorrido por ele.

Figura 4.19

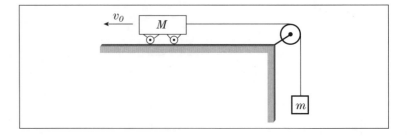

Solução:

Para este problema, as equações decorrentes da segunda lei de Newton são escritas da seguinte forma:

$ma = mg - T$; T é a força de tração da corda

$Ma = T$

$$\therefore a = \frac{m}{m+M}g = \frac{2}{7}g$$

Da cinemática, em função do tempo, temos:

$$x = v_0 t - \frac{1}{2}at^2$$
$$v = v_0 - at$$

Resolvendo o sistema de equações acima, após a substituição dos valores de a e t concluímos que depois de 5 segundos o carrinho encontra-se na posição inicial ($x = 0$), com velocidade de 7 m/s e movimentando-se para a direita. Uma vez que a aceleração é constante e ao final de 5 s, o carrinho voltou à posição inicial, o caminho percorrido por ele é:

$$d = 2\left[v_0\left(\frac{t}{2}\right) - \frac{1}{2}a\left(\frac{t}{2}\right)^2\right] = 17,5m.$$

6) Um bloco A, de massa $m_A = 20$ kg, encontra-se apoiado num plano inclinado de 37° com a horizontal, preso por um fio de massa desprezível a um balde B, como mostra a figura 4.20. Os coeficientes de atrito entre A e a superfície são $\mu_e = 0,40$ e $\mu_c = 0,25$. Adotando $g=9,8$ m/s², determinar a massa do balde quando o bloco A:

a) está na iminência de deslizar para cima; b) permanece em repouso, sem sofrer força de atrito; c) está na iminência de deslizar para baixo; d) está subindo com velocidade constante.

Figura 4.20

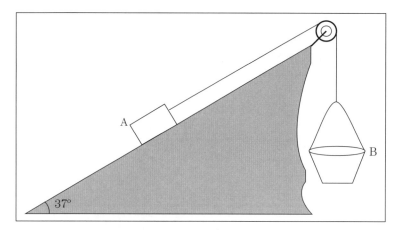

Solução:

a) A Figura 4.21 apresenta as forças aplicadas ao bloco e ao balde:

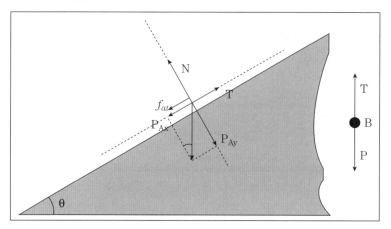

Figura 4.21

De acordo com as leis de Newton, as equações do movimento podem ser escritas da seguinte forma:

Bloco A:

$$f_{at} + P_{Ax} = T; \quad N = P_{Ay}$$
$$f_{at} = \mu_e N = \mu_e P_{Ay}$$

Balde:

$$P_B = T$$

Resolvendo o sistema de equações, temos:

$$m_B = m_A \left(\mu_e \cos 37° + \operatorname{sen} 37° \right)$$
$$m_B = 18,4 \, \text{kg}$$

Solução:
b) As forças que agem no bloco e no balde são apresentadas na Figura 4.22

Figura 4.22

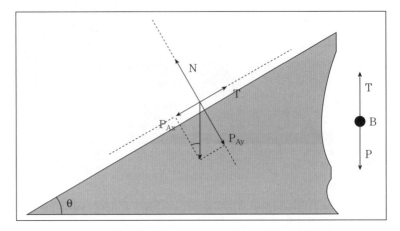

De acordo com as leis de Newton, as equações do movimento podem ser escritas da seguinte forma:

Bloco A:
$$P_{Ax} = T;$$

Balde:
$$P_B = T$$

Resolvendo o sistema de equações, temos:
$$m_B = m_A \operatorname{sen} 37°$$
$$m_B = 12,0 kg$$

Solução:
c) As forças que agem no bloco e no balde são apresentadas na Figura 4.23

Figura 4.23

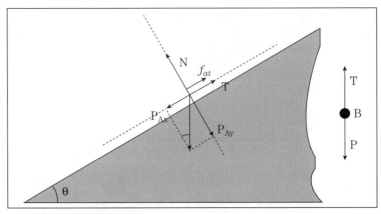

De acordo com as leis de Newton, as equações do movimento podem ser escritas da seguinte forma:

Bloco A:

$$P_{Ax} = T + f_{at}; \quad N = P_{Ay}$$
$$f_{at} = \mu_e N = \mu_e P_{Ay}$$

Balde:

$$P_B = T$$

Resolvendo o sistema de equações, temos:

$$m_B = m_A (\operatorname{sen}37° - \mu_e \cos37°)$$
$$m_B = 5,6\,\mathrm{kg}$$

Solução:
d) A Figura 4.24 apresenta as forças aplicadas ao bloco e ao balde:

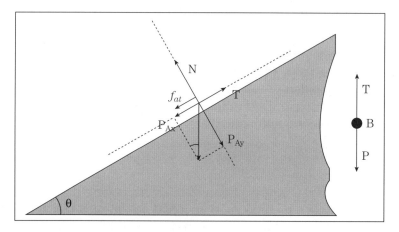

Figura 4.24

De acordo com as leis de Newton as equações do movimento podem ser escritas da seguinte forma:

Bloco A:

$$f_{at} + P_{Ax} = T; \quad N = P_{Ay}$$
$$f_{at} = \mu_c N = \mu_c P_{Ay}$$

Balde:

$$P_B = T$$

Resolvendo o sistema de equações, temos:

$$m_B = m_A (\mu_c \cos37° + \operatorname{sen}37°)$$
$$m_B = 16,0\,\mathrm{kg}$$

7) Um carro a 51 km/h se choca com um poste e um passageiro se movimenta 50 cm para a frente (em relação à estrada) até ser parado por um "airbag". Qual o módulo da força (suposta constante) que atua sobre o tórax do passageiro, que tem massa de 50 kg?

$$v^2 = v_0^2 - 2a\Delta x; \quad v = 0$$

$$v_0^2 = 2a\Delta x; \quad a = \frac{v_0^2}{2\Delta x} = 196\,\text{m/s}^2$$

$$F = 50 \cdot 196 = 9,8 \cdot 10^3\,\text{N}$$

EXERCÍCIOS PROPOSTOS

1) Uma força horizontal de 55 N age sobre uma caixa inicialmente em repouso sobre uma superfície com atrito desprezível. Após 7,0 s a caixa atinge uma velocidade de 4,0 m/s. Determinar a massa da caixa.

Resposta:

96,2 kg

2) Um barco a vela, de massa 300 kg, tem em certo instante a velocidade $\vec{v} = 4,0\hat{i} - 3,0\hat{j}\,(\text{m/s})$ e, após 30 s, encontra-se em repouso. Determinar a força média resultante sobre o barco nesse intervalo de tempo.

Resposta:

$\vec{F} = -(40\text{N})\hat{i} + (30\text{N})\hat{j}$

3) Um bloco é empurrado ao longo de um piso por uma força de 50 N e está na iminência de movimento. A linha de ação da força forma um ângulo de 30° acima da horizontal e o coeficiente de atrito entre o bloco e o piso é 0,20. Determinar a massa do bloco.

Resposta:

24 kg

4) Uma massa de 5,0 kg está fixa à extremidade de uma corda. A tração máxima suportada pela corda é de 100 N. Se a corda for puxada para cima, qual deve ser a aceleração máxima alcançada pela massa antes de a corda se romper?

Resposta:

$a = 10\,\text{m/s}^2$

Leis de Newton

5) Um balão de massa M desce verticalmente com aceleração a para baixo. Que massa deve ser liberada do balão para que ele passe a ter aceleração de mesmo módulo a para cima? Considerar o empuxo (força que o ar exerce no balão) igual em ambas as situações.

Resposta:

$$m = 2\frac{M \cdot a}{a+g}$$

6) Num projeto de rodovia, que ângulo θ uma pista curva de raio R deve formar com a horizontal para que um veículo, com velocidade v, faça a curva num plano horizontal, sem contar com a força de atrito? (suponha o veículo sem sustentação negativa).

Resposta:

$$\theta = \tan^{-1}\frac{v^2}{gR}$$

7) Um peso de 45 N encontra-se pendurado por uma corda ao teto. Uma força é aplicada horizontalmente deixando a corda inclinada de um ângulo de 60° com a vertical. Na posição de equilíbrio, determinar a intensidade dessa força.

Resposta:

78 N

8) Um corpo de massa 7,0 kg encontra-se em repouso apoiado sobre um plano horizontal sem atrito. Uma força de 10 N é aplicada formando ângulo de 37° acima do plano, durante 5,0 segundos. Determinar a distância percorrida pelo corpo durante o intervalo de tempo em que a força encontrava-se aplicada.

Resposta:

14 m

9) Um elétron de massa $9 \cdot 10^{-31}$ kg desprende-se de um filamento aquecido com velocidade nula e desloca-se em linha reta até atingir uma placa que se encontra a uma distância de 1 cm. O elétron atinge a placa com uma velocidade de $7,5 \cdot 10^6$ m/s. Determinar a intensidade da aceleração e da força que age sobre o elétron.

Respostas:

$a = 3 \cdot 10^{15}$ m/s²; $F = 2,5 \cdot 10^{-14}$ N

10) Alguns ônibus que rodam em São Paulo apresentam penduradas em um suporte horizontal algumas alças de mão. Para um ônibus que trafega em uma curva de 20,0 m de raio com velocidade de 20,0 km/h, qual é o ângulo que as alças de mão formam com a vertical?

Resposta:

9,0°

---

11) Um bloco de 5,0 kg de massa sob a ação de uma força aplicada na horizontal desloca-se horizontalmente com aceleração constante de 1,0 m/s². Se o coeficiente de atrito entre o bloco e a superfície é de 0,50, calcular a intensidade da força que está agindo sobre o bloco.

Resposta:

29,5 N

---

12) Um bola de aço de 8,0 kg está pendurada ao teto de um carro. A força de tração máxima que a corda pode suportar é de 100 N. (a) Qual é a aceleração máxima que o carro pode atingir antes de a corda arrebentar? (b) Na situação de aceleração máxima, que ângulo a corda forma com a horizontal?

Respostas:

7,5 m/s²; 53°

---

13) Um bloco é encostado contra a parede vertical dianteira externa de um vagão de trem, como mostra a figura 4.25. O coeficiente de atrito entre o bloco e a parede é 0,40. No momento em que o trem começa a acelerar, o bloco é solto e desliza para baixo com uma aceleração de 9,0 m/s². Qual é a aceleração horizontal do trem?

Figura 4.25

Resposta:

2 m/s²

---

14) Na figura abaixo o bloco B de massa 5,0 kg é puxado por uma força F = 100 N. A massa do bloco A é 2,0 kg e o coeficiente de atrito entre todas as superfícies é 0,20. A roldana

não apresenta atrito e tem massa desprezível. Encontre a aceleração dos blocos e a força de tração na corda.

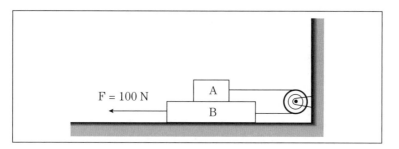

Figura 4.26

Respostas:

a = 11 m/s²; T = 26 N

15) Dois blocos um de massa m e outro de massa M não estão ligados, como mostrado na figura 4.27. Suponha que não há atrito entre o bloco maior e a superfície horizontal e que o coeficiente de atrito entre as superfícies dos blocos é µ. Determinar o menor valor da força F para que o bloco menor não escorregue ao longo do bloco maior.

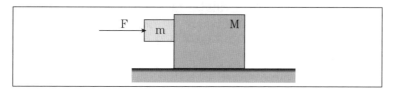

Figura 4.27

Resposta:

$$F = \frac{mg}{\mu\left(1 - \dfrac{m}{m+M}\right)}$$

16) Uma mochila é colocada na borda de um carrossel com 5 m de raio que completa uma volta a cada 20 s. (a) Determinar a velocidade de um ponto da borda. (b) Qual deve ser o menor coeficiente de atrito estático entre a mochila e o piso do carrossel para que a mochila não saia do lugar?

Respostas:

1,6 m/s; 0,05

17) Três blocos, de massas m_1 = 1kg, m_2=2kg e m_3=3kg, estão apoiados sobre uma superfície horizontal com atrito desprezível e são puxados para a direita por uma força de 6,0 N, como mostra a figura 4.28. (a) Determinar a aceleração dos blocos (b) determinar a tração nas cordas.

Figura 4.28

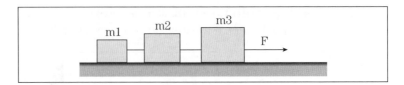

Respostas:

1m/s²; 1N; 3N

18) Que força horizontal deve ser aplicada a um bloco de 10,0 kg de massa, para que este escorregue com aceleração constante de 1,0 m/s² ao longo de um superfície horizontal com coeficiente de atrito de 0,45?

Resposta:

54,1 N

19) Devemos descer uma caixa de massa m=450 kg ao longo de uma rampa, com velocidade constante. A rampa forma um ângulo de 30° com a horizontal. O coeficiente de atrito entre o bloco e a caixa é de 0,65. (a) Determinar o módulo da força paralela à rampa que deve ser aplicada sobre a caixa. (b) A caixa deve ser empurrada para cima ou para baixo ao longo da rampa? (c) Repetir os cálculos para um coeficiente de atrito ente a caixa e a rampa de 0,15.

Resposta:

228 N; para baixo; 1,63 kN para cima

20) Um artista de circo de massa m = 60 kg deve escorregar por uma corda que suporta uma tração máxima de 410 N. (a) O que acontece se o artista permanecer parado, pendurado na corda? (b) Determinar a aceleração do artista quando a corda está prestes a arrebentar.

Respostas:

Arrebenta, 3,0 m/s²

5 EQUILÍBRIO DE UM SÓLIDO

Osvaldo Dias Venezuela

5.1 CONDIÇÕES DE EQUILÍBRIO

De acordo com as leis da dinâmica clássica de Newton, um ponto material (corpo com dimensões desprezíveis em comparação com sua trajetória) permanece em equilíbrio de translação, com $\vec{a} = \vec{0}$, se $\left(\sum \vec{F}_{Exteriores} = \vec{0}\right)$

Nesse caso, o ponto material está em repouso ou encontra-se em movimento retilíneo e uniforme. Para um corpo extenso essa condição não é suficiente.

Imagine uma caixa colocada sobre o tampo horizontal de uma mesa. Essa caixa está em equilíbrio sob a ação das forças verticais $\vec{P}$ e $\vec{N}$. Se lhe aplicarmos duas forças horizontais, de mesma intensidade e de sentidos opostos, a caixa permanecerá em equilíbrio de translação, mas pode adquirir uma aceleração angular, caso as forças horizontais não estejam na mesma linha de ação.

O equilíbrio de um corpo de dimensões não desprezíveis (corpo extenso) exige mais que $\left(\sum \vec{F}_{Exteriores} = \vec{0}\right)$

Um corpo rígido ou um sólido perfeito é um sistema no qual a distância entre duas quaisquer de suas partículas não se altera. Tal sistema, indeformável, é uma idealização, uma vez que todos os corpos sofrem deformações. No entanto, para fins práticos, muitos corpos podem ser tratados como rígidos.

Considere uma chapa vertical com um furo por onde passa um eixo horizontal (eixo O).

Figura 5.1

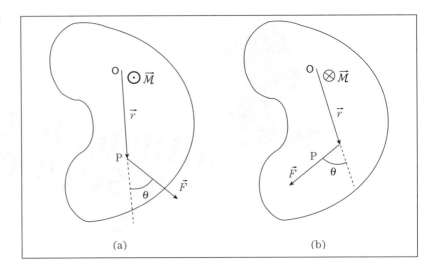

Ao aplicarmos uma força $\vec{F}$ no ponto P do corpo, como na Figura 5.1 (a), este adquire um movimento de rotação, em torno do eixo O, no sentido anti-horário.

Se a força $\vec{F}$ no ponto P do corpo for aplicada como na Figura 5.1 (b), o sentido de rotação será horário.

Figura 5.2

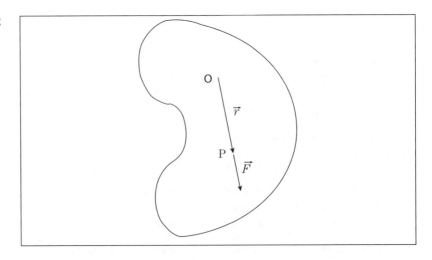

No caso da Figura 5.2, quando a força $\vec{F}$ tem sua inha de ação passando pelo ponto O, não há tendência de rotação. Logo, o momento de $\vec{F}$ em relação a O é nulo.

O momento de alavanca de $\vec{F}$ em relação ao eixo O é $\vec{M} = \vec{r} \times \vec{F}$ (O momento é o produto vetorial entre $\vec{r}$ e $\vec{F}$).

O módulo de $\vec{M}$ é $M = r \cdot F \cdot \operatorname{sen} \theta$.

A direção de $\vec{M}$ é perpendicular ao plano que contém $\vec{r}$ e $\vec{F}$.

O sentido de $\vec{M}$ é dado pela regra da mão direita: Com o polegar na direção do eixo, os outros dedos indicam a rotação do corpo. O polegar indicará o sentido do momento da força.

Ou ainda, se o corpo gira no sentido anti-horário: o momento sai, ⊙.

Se o corpo gira no sentido horário: o momento entra, ⊗.

Na Figura 5.1(a), o momento aponta para fora do plano da folha e na Figura 5.1(b) ele penetra na folha.

Observe as representações ⊙ para fora e ⊗ para dentro.

A distância $r \cdot \text{sen}\theta$, perpendicular do eixo de rotação à linha de ação da força $\vec{F}$, chama-se braço de alavanca da força $\vec{F}$. O momento de alavanca ou torque pode ser calculado pelo produto $M = \pm F \cdot b$, onde $b = r \cdot \text{sen}\theta$.

Adota-se o sinal + para os momentos de rotação anti-horária e o sinal – para os momentos que tendem a produzir rotação no sentido horário.

Convenção: ↺ + ↻ −

Podemos definir o momento ou torque de uma força F aplicada num ponto P, em relação a um eixo O, como o produto entre a força e a distância b do eixo O à linha de ação da força, como ilustrado na Figura 5.3(a).

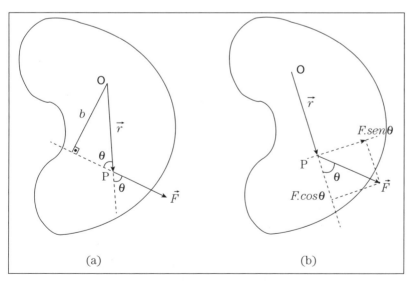

Figura 5.3

A Figura 5.3(b) nos mostra que, fazendo a decomposição da força $\vec{F}$ segundo dois eixos perpendiculares, sendo um deles na direção de $\vec{r}$, o momento de $\vec{F}$ em relação a O também resulta $M = F \cdot r\text{sen}\theta$ ou $M = F \cdot b$, como representado na Figura 5.3(a).

$$M = \pm F \cdot b$$

O momento ou torque será positivo se o corpo girar no sentido anti-horário e negativo se o corpo girar no sentido horário.

No Sistema Internacional, a unidade do momento de alavanca é o N · m.

Um corpo extenso está em equilíbrio quando:

$\left(\sum \vec{F}_{Exteriores} = \vec{0}\right)$ (equilíbrio de translação, primeira condição de equilíbrio) e $\left(\sum \vec{M}_{Exteriores} = \vec{0}\right)$ (equilíbrio de rotação, segunda condição de equilíbrio).

A segunda condição é válida para qualquer polo ou eixo de rotação.

5.1.1 CASO PARTICULAR: CORPO SUJEITO A TRÊS FORÇAS

Para que um corpo esteja em equilíbrio sob a ação exclusiva de três forças elas devem ser coplanares e suas linhas de ação devem ser concorrentes ou paralelas.

A Figura 5.4 mostra dois corpos que podem estar em equilíbrio quando sujeitos à ação de três forças coplanares.

Figura 5.4

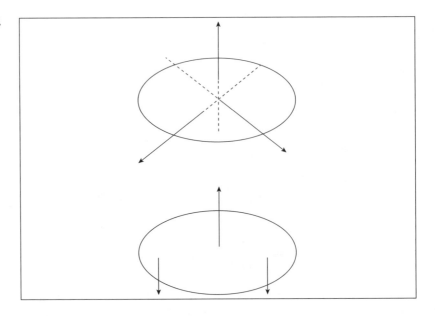

A Figura 5.5 mostra dois corpos que não podem estar em equilíbrio. Por quê?

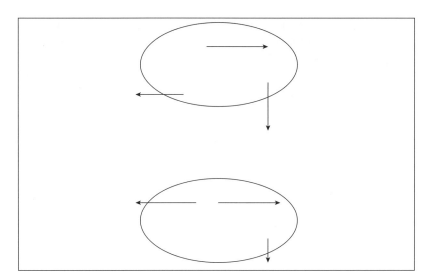

Figura 5.5

5.1.2 TIPOS DE EQUILÍBRIO

Quando deslocamos o corpo ligeiramente da posição inicial e ele retorna para a posição de equilíbrio o equilíbrio é estável.

Para um corpo pendurado, o equilíbrio será estável se o seu centro de gravidade estiver abaixo do eixo de suspensão, como na Figura 5.6.

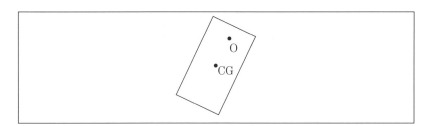

Figura 5.6

Para uma esfera apoiada numa superfície côncava, o equilíbrio é estável, como na Figura 5.7.

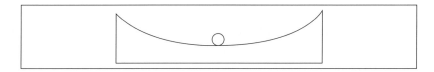

Figura 5.7

Quando deslocamos o corpo ligeiramente da posição inicial e ele afasta-se mais o equilíbrio fica instável.

Para um corpo pendurado, o equilíbrio será instável se o centro de gravidade do corpo estiver acima do eixo de suspensão, como na Figura 5.8.

Figura 5.8

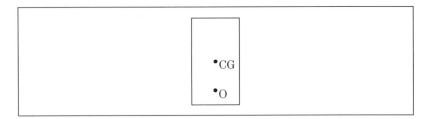

Para uma esfera apoiada numa superfície convexa, o equilíbrio é instável, como na Figura 5.9.

Figura 5.9

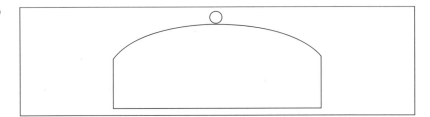

Quando deslocamos o corpo ligeiramente da posição inicial e ele permanece em equilíbrio nessa outra posição, o equilíbrio é indiferente.

Para um corpo pendurado, o equilíbrio será indiferente se o seu centro de gravidade estiver no eixo de suspensão, como na Figura 5.10.

Figura 5.10

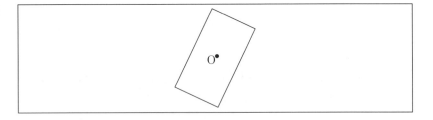

Para uma esfera apoiada numa superfície plana, o equilíbrio é indiferente, como na Figura 5.11.

Figura 5.11

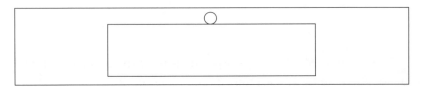

5.1.3 BINÁRIO OU CONJUGADO

É um sistema formado por duas forças exercidas no mesmo sólido, com linhas de ação paralelas e distintas, de sentidos opostos e intensidades iguais. A soma vetorial das forças de um binário é nula, no entanto, o binário produz tendência de rotação. O momento de um binário é a soma dos momentos das forças que o compõem, em relação a um polo qualquer no plano do binário.

Na Figura 5.12, as forças $\vec{F}$ e $-\vec{F}$ aplicadas nos pontos P_1 e P_2 formam um binário cujo braço é $b = AB$.

O momento do binário representado é $M = +F \cdot b$, independentemente da escolha do polo (eixo pelo ponto O, por exemplo).

Um binário pode ser equilibrado por outro binário no sentido oposto, mas não por uma outra força.

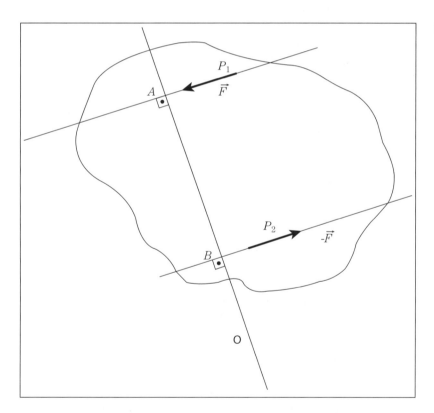

Figura 5.12

5.1.4 REPRESENTANDO A FORÇA PESO

O ponto de aplicação da força é importantíssimo na resolução de problemas. Duas forças iguais em módulo e direção, mas com sentidos opostos, causam um efeito diferente num corpo, se forem aplicadas em locais diferentes. Se as duas forças tiverem a mesma linha de ação, o corpo estará em equilíbrio, mas se elas não tiverem a mesma linha de ação, será aplicado um momento de alavanca ao corpo. O corpo rígido deve ter a força peso aplicada no centro de gravidade do corpo. Considerando que a gravidade é a mesma em todo o corpo, o centro de gravidade coincide com o centro de massa. Para verificarmos isso, tomaremos a fórmula para cálculo do centro de massa:

$$x_{CM} = \frac{m_1x_1 + m_2x_2 + m_3x_3 + \cdots + m_ix_i}{m_1 + m_2 + m_3 + \cdots + m_i} = \frac{\sum_i m_i x_i}{\sum_i m_i}$$

Considerando que cada pequena parte do corpo tem uma força peso igual a mg, o momento de alavanca provocado pelo peso dessa pequena parte será mg multiplicado pelo seu braço, ou mgx. Se nomearmos essa pequena parte como parte 1 o momento de alavanca provocado por ela será m_1gx_1, e consideramos a aceleração da gravidade constante no corpo todo. Se a massa total do corpo for M e igualando o momento de alavanca provocado por todo o peso do corpo com a soma dos momentos de alavanca em cada parte do corpo, temos:

$$Mgx_{CG} = m_1gx_1 + m_2gx_2 + m_3gx_3 + \cdots + m_igx_i \Rightarrow$$
$$(m_i + m_2 + m_3 + \cdots + m_i)gx_{CG} =$$
$$g(m_1x_1 + m_2x_2 + m_3x_3 + \cdots + m_ix_i) \Rightarrow$$
$$x_{CG} = \frac{m_1x_1 + m_2x_2 + m_3x_3 + \cdots + m_ix_i}{m_1 + m_2 + m_3 + \cdots + m_i} \Rightarrow$$
$$x_{CG} = \frac{\sum_i m_i x_i}{\sum_i m_i} \Rightarrow x_{CG} = x_{CM}$$

O centro de gravidade e o centro de massa de um corpo estarão localizados no mesmo ponto se a gravidade for uniforme em todo o corpo.

Para chapas homogêneas:

$$x_{CM} = \frac{\sum_i m_i x_i}{\sum_i m_i} \text{ e } y_{CM} = \frac{\sum_i m_i y_i}{\sum_i m_i}$$

Para sólidos volumétricos:

$$x_{CM} = \frac{\sum_i m_i x_i}{\sum_i m_i}, y_{CM} = \frac{\sum_i m_i y_i}{\sum_i m_i} \text{ e } z_{CM} = \frac{\sum_i m_i z_i}{\sum_i m_i}$$

Para os corpos contínuos, devemos reparti-los em pedaços que possuem o centro de massa bem caracterizado.

No caso de o corpo ser homogêneo e possuir um ponto, uma linha ou um plano de simetria, o centro de massa estará localizado nesse ponto, linha ou plano de simetria.

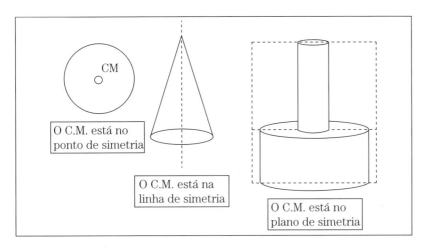

Figura 5.13

Casos particulares:

Triângulo

O C.M. encontra-se no baricentro (encontro das medianas).
O baricentro divide as medianas na proporção de $\dfrac{2}{3}$ e $\dfrac{1}{3}$.
A mediana divide o lado ao meio.

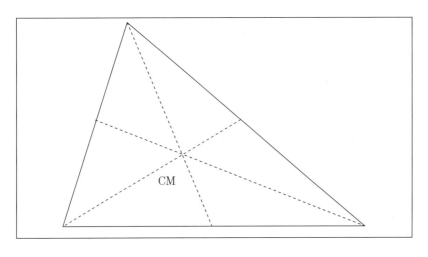

Figura 5.14

Paralelogramo e retângulo

O C.M. encontra-se no encontro das diagonais.

Figura 5.15

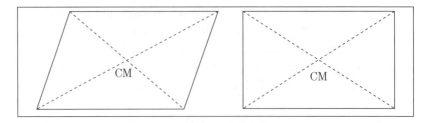

Etapas para a resolução de problemas de corpo rígido em equilíbrio:

- Fazer um diagrama que mostre as forças envolvidas e onde são aplicadas, com os objetos separados. Somente representar as forças nos corpos que estão sendo analisados no problema.

- Encontrar as componentes da força.

- Aplicar a primeira condição de equilíbrio $\left(\sum \vec{F}_{Exteriores} = \vec{0}\right)$ em todas as direções abrangidas pelo problema, considerando o sinal de cada força.

- Escolher o eixo para o cálculo do momento de alavanca. Essa etapa pode simplificar muito o problema, pois as forças que têm a linha de ação passando pelo eixo escolhido contribuem com momento de alavanca zero.

- Aplicar a segunda condição de equilíbrio $\left(\sum \vec{M}_{Exteriores} = \vec{0}\right)$, considerando o sinal de cada momento de alavanca.

- Resolver o sistema linear obtido.

- Resultados negativos para as forças significam que o sentido correto da força é o oposto ao adotado.

EXERCÍCIOS RESOLVIDOS

1. Determinar o centro de massa de um sistema formado por três corpos de massa $m_1 = 2,0$ kg, $m_2 = 4,0$ kg e $m_3 = 5,0$ kg, e , situados nos vértices de um triângulo equilátero de lado $l = 1,0$ m.

   Solução:

   Adotando o sistema de eixos xOy, de modo que o eixo x contenha um dos lados do triângulo e a massa m_1 localizada na origem do sistema.

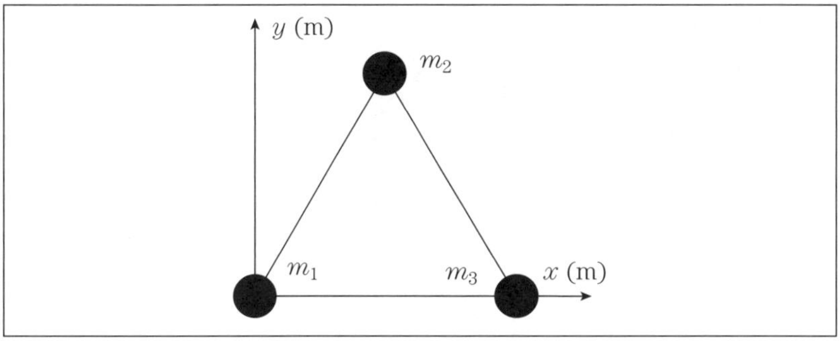

Figura 5.16

As posições das massas são:

$$m_1\begin{cases}x=0{,}0\\y=0{,}0\end{cases}; \quad m_2\begin{cases}x=0{,}50\,\text{m}\\y=\dfrac{\sqrt{3}}{2}=0{,}87\,\text{m}\end{cases}; \quad m_3\begin{cases}x=1{,}0\,\text{m}\\y=0{,}0\end{cases}$$

$$x_{CM}=\dfrac{\sum_i m_i x_i}{\sum_i m_i}\Rightarrow x_{CM}=\dfrac{(2{,}0\cdot 0{,}0)+(4{,}0\cdot 0{,}50)+(5{,}0\cdot 1{,}0)}{2{,}0+4{,}0+5{,}0}\Rightarrow x_{CM}=\dfrac{0+2+5}{11}\Rightarrow$$

$$x_{CM}=\dfrac{7}{11}\Rightarrow x_{CM}=0{,}63\,\text{m}$$

$$y_{CM}=\dfrac{\sum_i m_i y_i}{\sum_i m_i}\Rightarrow y_{CM}=\dfrac{(2{,}0\cdot 0{,}0)+(4{,}0\cdot 0{,}87)+(5{,}0\cdot 0)}{2{,}0+4{,}0+5{,}0}\Rightarrow y_{CM}=\dfrac{0+3{,}5+0}{11}\Rightarrow$$

$$y_{CM}=\dfrac{3{,}5}{11}\Rightarrow y_{CM}=0{,}32\,\text{m}.$$

---

2. Determinar o centro de massa da chapa uniforme e homogênea representada na Figura 5.17.

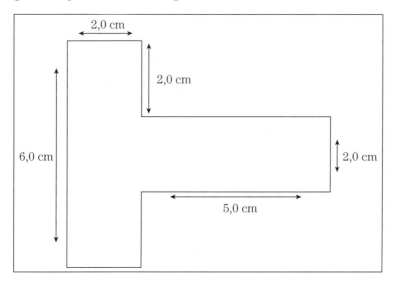

Figura 5.17

Solução:

Adotando o sistema de eixos xOy, de modo que o eixo x contenha o eixo de simetria da chapa.

Dividindo a chapa em dois retângulos, podemos facilmente encontrar o centro de massa de cada retângulo.

Figura 5.18

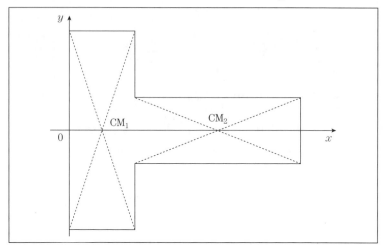

Retângulo 1 $\begin{cases} A_1 = 2 \cdot 6 = 12 \text{ cm}^2 \\ \text{C.M.}_1 = (1; 0) \end{cases}$

Retângulo 2 $\begin{cases} A_2 = 5 \cdot 2 = 10 \text{ cm}^2 \\ \text{C.M.}_1 = (4,5; 0) \end{cases}$

Para a chapa homogênea a área é proporcional à massa.

$$x_{CM} = \frac{\sum_i A_i x_i}{\sum_i A_i} \Rightarrow x_{CM} = \frac{(12 \cdot 1) + (10 \cdot 4,5)}{12 + 10} \Rightarrow x_{CM} = \frac{12 + 45}{22} \Rightarrow$$

$x_{CM} = 2,6 \text{ cm}$

3. Um pai com massa de 80,0 kg e sua filha de 30,0 kg brincam numa balança de massa 20,0 kg conforme a Figura 5.19 a seguir. A balança tem comprimento total $\ell = 4,00$ m. A filha está a uma distância $\frac{\ell}{2}$ do apoio e o pai está a uma distância d. Calcular (a) a força que o apoio exerce sobre a balança e (b) a distância d para que a balança fique em equilíbrio.

Solução:

a) Fazendo $\sum \vec{F}_{\text{Exteriores}} = \vec{0}$, temos:

$N - P_P - P_F - P_B = 0 \Rightarrow N = m_P g + m_F g + m_B g \Rightarrow$

$N = 80,0 \cdot 9,80 + 30,0 \cdot 9,80 + 20,0 \cdot 9,80 \Rightarrow$

$N = 1,27 \cdot 10^3$ N.

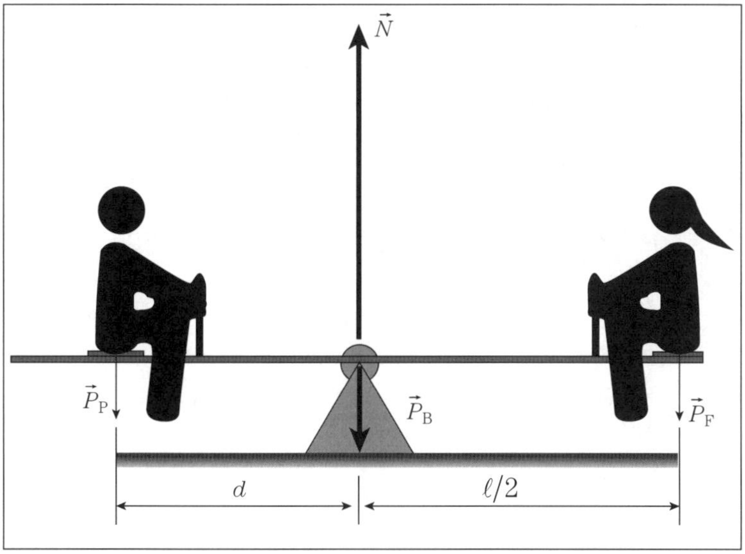

Figura 5.19

b) Fazendo $\sum \vec{M}_{Exteriores} = \vec{0}$, e escolhendo o ponto de apoio da balança como polo dos momentos, temos:

$$P_P d - P_F \frac{\ell}{2} = 0 \Rightarrow d = \frac{P_F \ell}{P_P 2} \Rightarrow d = \frac{m_F g \ell}{m_P g 2} \Rightarrow$$

$$\Rightarrow d = \frac{30,0 \cdot 4,00}{80,0 \cdot 2} \Rightarrow d = 0,750 \text{m}$$

4. Um caminhão com massa de $1{,}00 \cdot 10^4$ kg passa por uma ponte com massa de $8{,}00 \cdot 10^4$ kg, conforme Figura 5.20. Calcular as forças exercidas pelos apoios A e B, quando (a) o caminhão está sobre A, (b) o caminhão está sobre B, (c) o caminhão está a 15 m do ponto A. (d) Faça um gráfico da força exercida pelo apoio A em função da posição do caminhão, considerada a posição de seu CG.

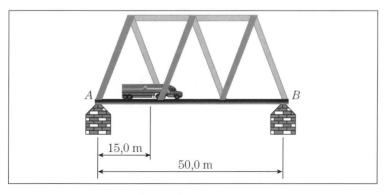

Figura 5.20

Solução:

a) Quando o caminhão está sobre A a força exercida pelo apoio no ponto A pode ser calculada usando $\sum \vec{M}_{Exteriores} = \vec{0}$ e escolhendo o ponto B como polo dos momentos:

$$P_P \cdot x_P + P_C \cdot x_C - N_A \cdot x_A = 0 \Rightarrow N_A = \frac{P_P \cdot x_P + P_C \cdot x_C}{x_A} \Rightarrow$$

$$N_A = \frac{m_P \cdot g \cdot x_P + m_C \cdot g \cdot x_C}{x_A} \Rightarrow$$

$$N_A = \frac{8,00 \cdot 10^4 \cdot 9,80 \cdot 25,0 + 1,00 \cdot 10^4 \cdot 9,80 \cdot 50,0}{50,0} \Rightarrow$$

$$N_A = 4,90 \cdot 10^5 \, N$$

Para calcular a força exercida pelo apoio no ponto B podemos usar $\sum \vec{M}_{Exteriores} = \vec{0}$ e escolher o ponto A como polo dos momentos:

$$N_B = \frac{P_P \cdot x_P}{x_B} \Rightarrow N_B = \frac{m_P \cdot g \cdot x_P}{x_B} \Rightarrow$$

$$N_B = \frac{8,00 \cdot 10^4 \cdot 9,80 \cdot 25,0}{50,0} \Rightarrow N_B = 3,92 \cdot 10^5 \, N$$

Note que, de acordo com a 1ª condição de equilíbrio:

$$N_A + N_B - P_P - P_C = 0$$

b) Se o caminhão estiver no ponto B as forças serão $N_A = 3,92 \cdot 10^5 \, N$ e $N_B = 4,90 \cdot 10^5 \, N$, pois a situação é idêntica à do item a).

c) Para o caminhão distante 15,0 m do ponto A:

Usando $\sum \vec{M}_{Exteriores} = \vec{0}$ e escolhendo o ponto B como polo dos momentos:

$$P_P \cdot x_P + P_C \cdot x_C - N_A \cdot x_A = 0$$

$$N_A = \frac{P_P \cdot x_P + P_C \cdot x_C}{x_A} \Rightarrow$$

$$N_A = \frac{m_P \cdot g \cdot x_P + m_C \cdot g \cdot x_C}{x_A} \Rightarrow$$

$$N_A = \frac{8,00 \cdot 10^4 \cdot 9,80 \cdot 25,0 + 1,00 \cdot 10^4 \cdot 9,80 \cdot 35,0}{50,0} \Rightarrow$$

$$\Rightarrow N_A = 4,61 \cdot 10^5 \, N$$

Usando $\sum \vec{F}_{\text{Exteriores}} = \vec{0}$, temos:

$N_A + N_B - P_C - P_P = 0 \Rightarrow N_B = P_C + P_P - N_A \Rightarrow$
$\Rightarrow N_B = m_C \cdot g + m_P \cdot g - N_A \Rightarrow$
$N_B = 1,00 \cdot 10^4 \cdot 9,80 + 8,00 \cdot 10^4 \cdot 9,80 - 4,61 \cdot 10^5 \Rightarrow$
$\Rightarrow N_B = 4,21 \cdot 10^5 \, \text{N}$

d) Para construir o gráfico use a segunda condição, com o polo dos momentos em B. A equação que relaciona N_A e x_C é $N_A = \dfrac{m_P \cdot g \cdot x_P + m_C \cdot g \cdot x_C}{x_A}$, substituindo os valores:

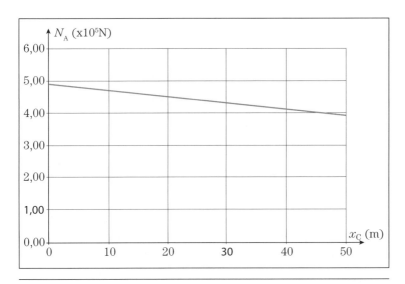

Figura 5.21

5. Uma cantoneira, de peso desprezível, sustenta um vaso de peso 20 N como mostra a Figura 5.22. A é uma articulação, que pode exercer força em qualquer direção. B é um rolete, que elimina eventual atrito. Determinar as forças exercidas nos pontos A e B da cantoneira.

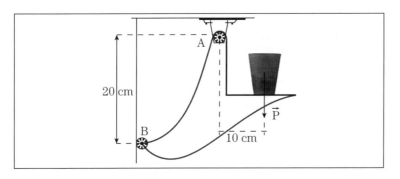

Figura 5.22

Figura 5.23

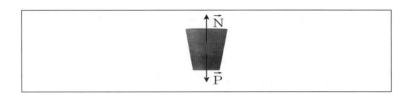

No vaso, conforme a Figura 5.23, o valor do peso P é igual ao valor da força N aplicada pelo suporte no vaso.

A força $\vec{N}$ tem, em relação ao eixo A, momento de alavanca horário, fazendo com que o rolete B comprima a parede vertical. A parede reage com força normal no ponto B.

Figura 5.24

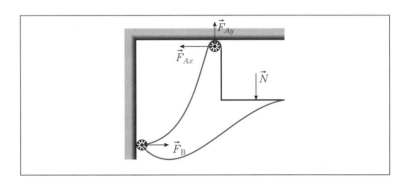

A força exercida pelo pino da articulação A na cantoneira tem componentes $\vec{F}_{Ax}$ para a esquerda e $\vec{F}_{Ay}$ para cima, permitindo equilibrar as forças, conforme a Figura 5.24.

Solução:

Fazendo $\sum \vec{F}_{\text{Exteriores}} = \vec{0}$, temos:

$$\begin{cases} F_B - F_{Ax} = 0 \\ F_{Ay} - N = 0 \end{cases}$$

como $N = 20\text{N} \Rightarrow F_{Ay} = 20\text{N}$ e $F_{Ax} = F_B$.

Fazendo $\sum \vec{M}_{\text{Exteriores}} = \vec{0}$ e escolhendo o eixo A como polo dos momentos, temos:

$F_B \cdot 20\,\text{cm} - 20\,\text{N} \cdot 10\,\text{cm} = 0 \Rightarrow F_B = 10\,\text{N}.$

Em notação de vetores unitários:

$\vec{F}_A = -10\,\hat{i}\text{N} + 20\,\hat{j}\text{N}$

$\vec{F}_B = 10\,\hat{i}\text{N}$

O módulo de $\vec{F}_A$ é

$F_A = \sqrt{F_{Ax}^2 + F_{Ay}^2} \Rightarrow F_A = 22,4$ N.

A direção de $\vec{F}_A$ é dada por

$\text{tg } \theta = \dfrac{F_{Ay}}{F_{Ax}} \Rightarrow \text{tg } \theta = \dfrac{20}{-10} \Rightarrow \theta = 117°$.

6. Uma haste uniforme e homogênea, de peso 40 N e 2,0 m de comprimento, está articulada em sua extremidade A, sustentando um peso de 30 N à distância de 1,5 m do eixo A. Em sua extremidade B prende-se um fio até a parede vertical, como mostra a Figura 5.25. Determinar a tração no fio e a força exercida pela articulação A na haste.

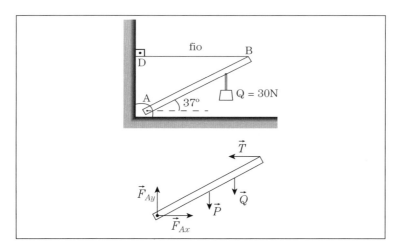

Figura 5.25

Solução:
Fazendo $\sum \vec{F}_{Exteriores} = \vec{0}$, temos:

$\begin{cases} F_{Ax} - T = 0 \\ F_{Ay} - P - Q = 0 \end{cases}$

$F_{Ay} - 40\text{N} - 30\text{N} = 0 \Rightarrow F_{Ay} = 70\text{N}$.

e $F_{Ax} = T$.

Fazendo $\sum \vec{M}_{Exteriores} = \vec{0}$ e escolhendo o eixo A como polo dos momentos, temos:

$-40\text{N} \cdot 1,0\,\text{m} \cdot \cos 37° - 30\text{N} \cdot 1,5\,\text{m} \cdot \cos 37° +$
$+ T \cdot 2,0\,\text{m} \cdot \text{sen}\,37° = 0 \Rightarrow$
$T = 56\,\text{N} \Rightarrow F_{Ax} = 56\,\text{N}$
$\vec{F}_A = 56\,\hat{i}\,\text{N} + 70\,\hat{j}\,\text{N}$

Como você resolveria esse exercício se o fio formasse com a parede vertical um ângulo de 60° acima do ponto D?

Resposta:

$T = 36,9\,\text{N}; \vec{F}_A = 31,4\,\hat{i}\text{N} + 51,6\,\hat{j}\text{N}.$

7. A barra BAC em cotovelo, representada na Figura 5.26, é articulada em A e contida por um pino fixo B na ranhura sem atrito. A barra tem massa desprezível e suporta uma força $\vec{Q}$ em C. Calcular

a) a reação $\vec{F}_B$ do pino em B.

b) a reação $\vec{F}_A$ do pino de articulação em A.

Dados: $Q = 200\,\text{N} \Rightarrow \overline{AB} = 0,40\,\text{m}$
$\overline{AC} = 0,60\,\text{m} \quad \theta = 37°$

Figura 5.26

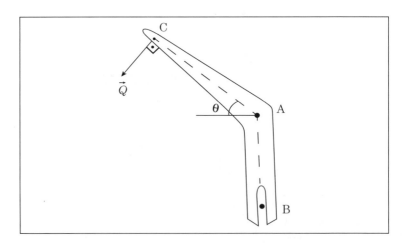

Solução:

Figura 5.27

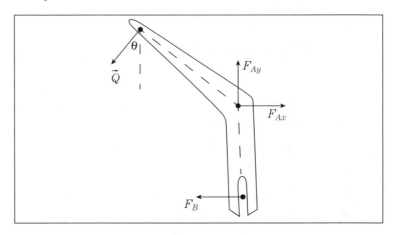

a) 1ª condição:

$$\begin{cases} F_{Ax} - F_B - Q\,\text{sen}\,\theta = 0 \\ F_{Ay} - Q\cos\theta = 0 \end{cases}$$

2ª condição:

$$-F_B \cdot \overline{AB} + Q \cdot \overline{AC} = 0 \Rightarrow F_B = \frac{Q \cdot 0,60}{0,40} \Rightarrow$$

$$F_B = \frac{Q \cdot 0,60}{0,40} \Rightarrow F_B = 300\text{N}$$

b) $F_{Ax} = F_B + Q \cdot \text{sen}\,\theta \Rightarrow F_{Ax} = 420\,\text{N}$
$F_{Ay} = Q \cdot \text{sen}\,\theta \Rightarrow F_{Ay} = 160\,\text{N}$
$\vec{F}_A = 420\,\hat{i}\,\text{N} + 160\,\hat{j}\,\text{N}$ ou $\vec{F}_A = 449\,\text{N}\,\angle\,21°$.

8. O esquema da Figura 5.28 representa uma polia com freio de sapata. A barra de comprimento b tem massa desprezível. Para frear eficazmente é necessário uma força $\vec{N}$ na sapata, que apresenta coeficiente de atrito μ com a polia. Se a polia gira no sentido anti-horário, calcular a força $\vec{F}$ de acionamento.

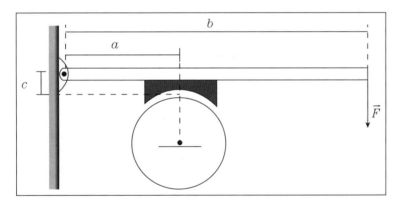

Figura 5.28

Solução:

Figura 5.29

$\sum \vec{M}^{\text{EixoO}} = \vec{0}$

$N \cdot a - F \cdot b - \mu \cdot N \cdot c = 0$

$F = \dfrac{a - \mu \cdot c}{b} \cdot N$

Qual seria a solução se a polia tivesse rotação no sentido horário?

9. A Figura 5.30 mostra um caminhão que teve medidas as forças que a pista exerce nos seus eixos. Os valores encontrados foram: $N_1 = 10\,\text{tonf}, N_2 = 8{,}0\,\text{tonf}$ e $N_3 = 10\,\text{tonf}$.

Figura 5.30

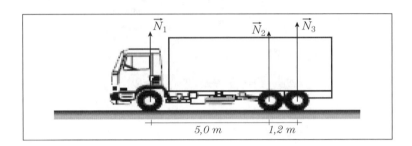

Determinar a distância do eixo dianteiro do caminhão até a linha vertical que passa pelo seu baricentro.

Solução:

Figura 5.31

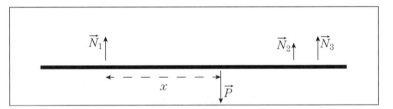

Para encontrar o peso do caminhão:

$N_1 + N_2 + N_3 - P = 0 \Rightarrow P = N_1 + N_2 + N_3 \Rightarrow$
$P = 10 + 8 + 10 \Rightarrow P = 28\,\text{tonf}$

Para encontrar a distância do eixo dianteiro até o baricentro:

$$\sum \vec{M}^{\text{ Eixo dianteiro}} = \vec{0} \Rightarrow N_2 \cdot 5 + N_3 \cdot 6{,}2 - P \cdot x = 0 \Rightarrow$$
$$x = \frac{8 \cdot 5 + 10 \cdot 6{,}2}{28} \Rightarrow x = 3{,}6\,\text{m}$$

EXERCÍCIOS COM RESPOSTAS

1. Uma barra homogênea tem massa igual a 6,0 kg e 1,0 m de comprimento. Nas extremidades da barra, são colocados dois pesos de formato circular, de massas 6,0 kg e 2,0 kg, respectivamente,

conforme a Figura 5.32. Qual a distância entre o centro de gravidade do sistema (barra + pesos) e o centro da barra?

Figura 5.32

Resposta:

0,14 m.

2. Três bolas de massas iguais estão sobre a mesa de sinuca. A mesa tem 2,0 m de comprimento por 1,2 m de largura e os centros das bolas estão localizados nas posições representadas na Figura 5.33. Calcular a distância do centro de gravidade das bolas ao ponto O.

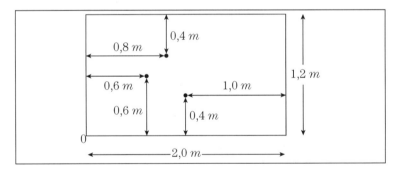

Figura 5.33

Resposta:

1,0 m.

3. Uma família possui 4 membros: o pai tem massa de 100 kg, o filho tem massa de 40 kg, a mãe tem massa de 70 kg e a filha tem massa de 50 kg. Eles estão equilibrados numa gangorra de 10 metros com um apoio central. No lado esquerdo da gangorra estão o pai e o filho, o pai está a 2,0 m do apoio, o filho está a 3,0 m do apoio. No lado direito da gangorra estão a mãe e a filha, a mãe está a 4,0 m do apoio. (a) Qual deve ser a distância entre a filha e o apoio para que a gangorra fique equilibrada? (b) qual o membro da família que provoca

o maior torque (em módulo)? (c) Se a massa da mãe fosse de 80 kg, onde a filha poderia ficar, para equilibrar a balança?

Respostas:

(a) 0,80 m (b) a mãe (c) no apoio

4. Duas barras A e B rigidamente ligadas estão suspensas pelo ponto O, conforme Figura 5.34. Na extremidade da barra A, está suspenso um corpo P_1 de massa igual a **5,0 kg**. Na extremidade da barra B, está suspenso um corpo P_2. A barra A forma com a horizontal um ângulo de 30° e possui o triplo do comprimento da barra B. A barra B forma com a horizontal um ângulo de 45°. Determinar o peso do corpo P_2, suspenso na extremidade da barra B, para que o sistema fique em equilíbrio. Considere as massas das barras e o atrito no ponto O desprezíveis. Use $g = 9{,}8\,\dfrac{m}{s^2}$.

Figura 5.34

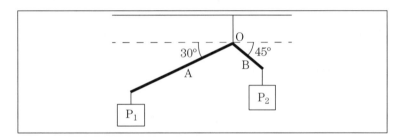

Resposta:

180 N.

5. A mesa de bar da Figura 5.35 tem peso de 100 N. Qual é a maior distância x entre o centro da mesa e um corpo de 500 N, na direção de C que é o apoio de uma das pernas? Dar a resposta em função de R.

Figura 5.35

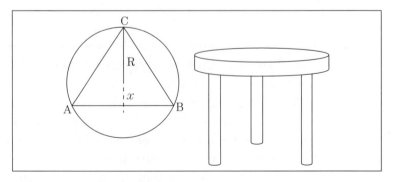

Resposta:

0,600 R.

6. A Figura 5.36 mostra uma balança rudimentar, constituída por um contrapeso de 4,0 kg que pode ser movimentado sobre uma barra de 1,5 m de comprimento e 0,50 kg de massa. A extremidade esquerda da barra pode girar livremente em torno de um pivô fixo. Uma corda de massa desprezível amarrada a outra extremidade da barra, passando por uma polia que pode girar sem atrito, sustenta um bloco cuja massa se deseja medir. Calcular a massa do bloco pendurado, sabendo que o sistema encontra-se em equilíbrio com a barra na horizontal e com o contrapeso a 0,80 m da extremidade direita da barra.

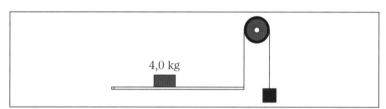

Figura 5.36

Resposta:

2,12 kg.

7. Um automóvel, segundo o Manual do Usuário, tem distância entre eixos de 2,50 m e 60% do peso do veículo está concentrado sobre as rodas dianteiras. (a) Calcular a distância horizontal entre o eixo da roda dianteira e o centro de gravidade desse automóvel, (b) se o peso do automóvel é de 12,8 kN, calcular a força que o piso horizontal faz em cada roda.

Respostas:

(a) 1,00 m; (b) N_D = 3,84 kN, N_T = 2,56 kN.

8. A Figura 5.37 representa uma pinça, o ponto A está 1,5 cm distante de O. No ponto B, é colocado um objeto entre os braços da pinça, e a distância deste ponto ao ponto O vale 3,0 cm. Se a força aplicada em A é de 3,6 N para cada braço, calcule a força aplicada por cada braço da pinça no ponto B.

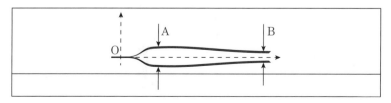

Figura 5.37

Resposta:

1,8 N.

9. Bolinhas carregadas com cargas de mesmo sinal sofrem repulsão. Duas bolinhas de isopor idênticas, forradas com papel alumínio, são penduradas, lado a lado, em uma varinha de madeira por meio de fios idênticos e de massa desprezível. As duas bolinhas são carregadas com cargas iguais de mesmo sinal e se afastam, uma da outra, conforme a Figura 5.38.

Figura 5.38

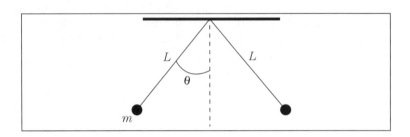

Considerando que o sistema está em equilíbrio mecânico, (a) fazer o diagrama das forças que atuam na bolinha da esquerda; (b) escrever as equações para as componentes verticais e horizontais das forças que atuam nessa bolinha; (c) considerando a massa da bolinha $m = 3,0$ g e $\theta = 37°$, calcular a força elétrica sofrida pela bolinha.

Respostas:

(a)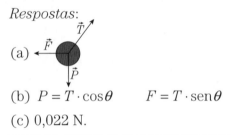

(b) $P = T \cdot \cos\theta$ $F = T \cdot \text{sen}\theta$

(c) 0,022 N.

10. Para pintar uma parede, um pintor de 720 N de peso está sobre um andaime de peso 360 N, com 5,0 m, suspenso por duas cordas. Em certo instante, ele está a uma distância de 1,0 m da extremidade direita do andaime, como mostrado na Figura 5.39. Calcular os módulos (a) da força de tração na corda esquerda e (b) da força de tração na corda direita.

Figura 5.39

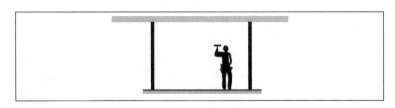

Respostas:

(a) 324 N (b) 756 N.

11. Várias chapas retangulares rígidas, iguais e homogêneas, são sobrepostas e deslocadas entre si, formando um conjunto que se apoia parcialmente na borda de uma calçada. A Figura 5.40 ilustra esse conjunto com n chapas, bem como a distância D alcançada pela sua parte suspensa. Calcular a maior distância D possível, para haver equilíbrio, (a) se existir apenas uma chapa; (b) se existirem duas chapas; (c) se existirem quatro chapas; (d) se existirem seis chapas e (e) desenvolver uma fórmula geral da máxima distância D possível, de modo que o conjunto ainda se mantenha em equilíbrio. Sugestão: inicie a análise pela chapa superior.

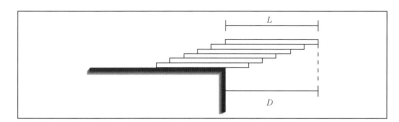

Figura 5.40

Respostas:

(a) $\dfrac{L}{2}$ (b) $\dfrac{3L}{4}$ (c) $\dfrac{25L}{24}$ (d) $\dfrac{49L}{40}$

(e) $D = \dfrac{L}{2}\left(1 + \dfrac{1}{2} + \dfrac{1}{3} + \cdots + \dfrac{1}{N}\right)$.

12. Três corpos iguais, de 0,500 kg cada, são suspensos por fios amarrados a barras fixas, como representado na Figura 5.41. Calcular (a) o módulo da força de tração em cada fio na situação 1, (b) na situação 2 e (c) na situação 3.

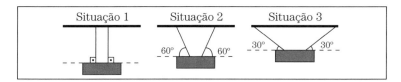

Figura 5.41

Respostas:

(a) 2,45 N (b) 2,83 N (c) 4,90 N.

13. Um quadro, pesando 246,0 N, é suspenso por um fio ideal preso às suas extremidades. Esse fio se apoia em um prego fixo à parede, como mostra a Figura 5.42. Desprezados os atritos, calcular a força de tração no fio.

Figura 5.42

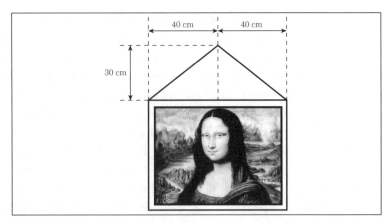

Resposta:

205,0 N.

14. Uma escada de massa $M = 14,0$ kg tem o centro de gravidade no seu centro geométrico. Seu comprimento é L e está apoiada numa parede sem atrito e que faz um ângulo $\theta = 60°$ com o chão horizontal, onde existe atrito (ver Figura 5.43). Essa escada está em equilíbrio e tem um balde de massa $m = 4,00$ kg, pendurado a um quarto do seu comprimento, medido a partir do alto da escada. Adote $g = 9,80$ m/s^2.

(a) Determinar a reação normal do chão sobre a escada.
(b) Determinar a força que a parede exerce sobre a escada.
(c) Determinar o valor mínimo do coeficiente de atrito estático, que mantém a escada em equilíbrio.

Figura 5.43

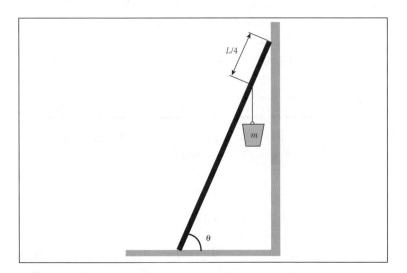

Respostas:

(a) 176 N; (b) 56,6 N; (c) 0,321.

15. A Figura 5.44 mostra uma alavanca em equilíbrio, com peso desprezível, articulada em O. Despreze os atritos na articulação. Determinar o peso P e a força da articulação O, na barra, quando $Q = 1\,200$ N.

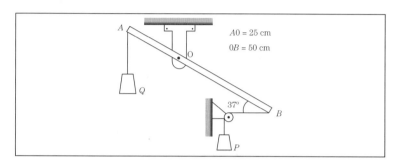

Figura 5.44

Respostas:

$P = 800N$; $\vec{F}_0 = 800N\,\hat{i} + 1200N\hat{j}$ ou $\vec{F}_0 = 1440N\,\angle 56°$

16. A estrutura ABC mostrada na Figura 5.45 tem peso desprezível. Determinar (a) a força aplicada pelo rolete B na estrutura e (b) a força aplicada pela articulação C na estrutura. $P = 200$ N.

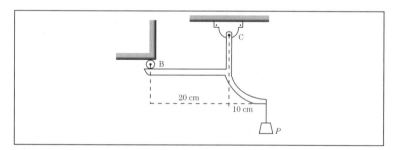

Figura 5.45

Respostas:

(a) 100 N; (b) 300 N.

17. Um bloco, cúbico e maciço, está apoiado sobre uma prancha retangular fixa a uma superfície horizontal por uma dobradiça. O cubo tem lados paralelos às laterais da prancha. Um parafuso permite erguer lentamente a extremidade livre da prancha. Demonstrar que, se o coeficiente de atrito estático entre as superfícies em contato por maior que 1,0, ocorrerá o tombamento do bloco quando o ângulo formado entre a prancha e a horizontal for $\theta = 45°$.

Demonstrar também que, se o coeficiente de atrito estático for menor que 1,0, o bloco inicia o deslizamento antes de tombar.

Figura 5.46

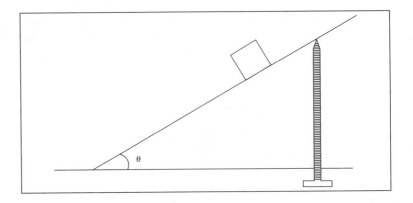

18. Uma escada de 10 m, de comprimento e peso de 400 N está encostada a uma parede vertical sem atrito. A extremidade inferior da escada encontra-se a 6,0 m da parede. O coeficiente de atrito estático entre a escada e o chão é 0,40. Um homem, com peso de 800 N, sobe lentamente a escada. (a) Qual é o valor máximo da força de atrito que o chão pode exercer sobre a escada? (b) Qual é o valor da força de atrito quando o homem desloca-se 3,0 m ao longo da escada? (c) Qual é o máximo deslocamento que o homem pode realizar ao longo da escada antes que essa escada comece a deslizar.

Resposta:

(a) 480 N; (b) 330 N; (c) 5,50 m.

19. Uma prancha horizontal AB de 6,0 m de comprimento pesa 500 N. Dois apoios M e N, distantes da extremidade A 2,0 e 4,0 m, respectivamente. Um menino de peso 500 N sobe na prancha em um ponto C e esta fica na iminência de tombar.

   a) Qual a distância do ponto C à extremidade A? O menino caminha, então, pela prancha.

   b) Quando o menino estiver no ponto M, quanto vale a reação do apoio N?

   c) E quando estiver a 3,0 m do ponto A?

Respostas:

(a) 1,0 m; (b) 250 N; (c) 500 N.

Figura 5.47

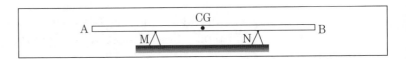

20. Em 2008, foi inaugurada em São Paulo a ponte Octavio Frias de Oliveira, a maior ponte estaiada em curva do mundo. A Figura 5.48 mostra a vista lateral de uma ponte estaiada simplificada. O cabo de aço AB tem comprimento $L = 50$ m e exerce, sobre a ponte e também sobre o mastro, uma força $\vec{T}_{AB}$ de módulo igual a $1,8 \cdot 10^7$ N. Calcular o módulo do momento dessa força em relação ao eixo O.

Se um outro cabo BC, representado na figura, firmar ângulo de 30° com o mastro e estiver submetido à tração de $2,0 \cdot 10^7$ N no ponto C, que momento apresentará em relação ao eixo 0?

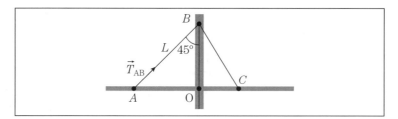

Figura 5.48

Resposta:

$6,4 \cdot 10^8$ Nm; $3,5 \cdot 10^8$ Nm, no sentido anti-horário.

---

21. O precursor do guindaste, que foi usado no antigo Egito, mostrado na Figura 5.49, era utilizado para retirar água do rio Nilo e consistia de uma haste de madeira na qual, em uma das extremidades, era amarrado um balde, enquanto, na outra, uma grande pedra fazia o papel de contrapeso. A haste horizontal apoiava-se em outra verticalmente disposta e o operador, com suas mãos entre o extremo contendo o balde e o apoio (ponto P), exercia uma pequena força adicional para dar ao mecanismo sua mobilidade.

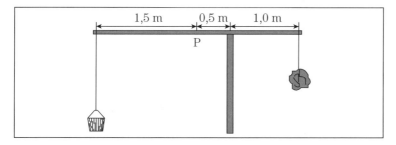

Figura 5.49

Considere **250 N** o peso do balde e sua corda e **400 N** o peso da pedra e sua corda. Calcular a força vertical que uma pessoa deve exercer sobre o ponto P, para que a haste superior fique horizontalmente em equilíbrio.

Resposta:

200 N.

22. A massa de um veículo vale 1,50 tonelada e a distância entre os eixos é igual a 3,50 m. O centro de massa do automóvel está situado a 1,30 m atrás do eixo dianteiro. Suponha que todas as rodas sejam idênticas. Determinar a força exercida pelo solo sobre cada uma das rodas (a) traseiras e (b) dianteiras.

Considere que as forças em cada eixo são distribuídas igualmente para cada roda.

Resposta:

(a) $2,73 \cdot 10^3$ N; (b) $4,62 \cdot 10^3$ N.

---

23. Uma régua está apoiada sobre uma parede vertical sem atrito. A outra extremidade está apoiada sobre um piso horizontal. O coeficiente de atrito estático entre a régua e o piso vale 0,5. Calcular o maior ângulo que a régua pode fazer com a parede sem que ocorra o seu escorregamento.

Resposta:

45°.

---

24. Uma porta que tem 2,1 m de altura e 0,91 m de largura, possui massa igual a 27 kg. Existe uma dobradiça situada a uma distância de 0,30 m do topo da porta e outra dobradiça situada a uma distância de 0,30 m da parte inferior. Suponha que a porta seja homogênea, e que cada uma das dobradiças suporta a metade do seu peso. Determinar as componentes horizontal e vertical da força que cada dobradiça exerce sobre a porta.

Resposta:

$F_V = 1,3 \cdot 10^2$ N e $F_H = 80$ N.

---

25. Três hastes metálicas de 1 metro de comprimento e com peso de 10,0 N formam um triângulo equilátero. Este triângulo está sustentado por uma força de tração $\vec{T}$ aplicada por um fio horizontal ao vértice A e apoiado pelo vértice B. A base BC está inclinada de um ângulo θ igual a 20°, conforme a Figura 5.50. Calcular (a) o módulo da força de tração T e (b) a força no vértice B.

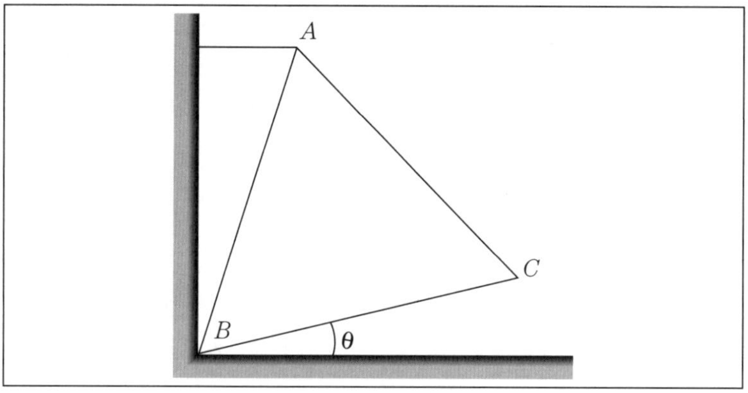

Figura 5.50

Resposta:

(a) 11,3 N; (b) 11,3 N $\hat{i}$ + 30,0 N$\hat{j}$ = 32,1 N ∠69,4°

26. A chapa mostrada na Figura 5.51 tem lados AB = BC = 40 cm e AC = 10 cm. Calcular as forças de tração nos três vértices, considerando que a placa está na posição horizontal a 30 cm do teto, tem massa de 20 kg e que os cabos estão presos no teto, na mesma vertical do baricentro da placa.

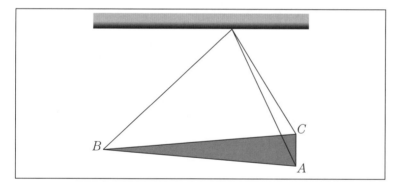

Figura 5.51

Resposta:

$T_A = T_C = 72,1$ N e $T_B = 87,1$ N

27. Uma esfera homogênea, com peso de 120 N, está apoiada em uma parede vertical lisa e sustentada por um fio, conforme a Figura 5.52. O raio da esfera é de 5,0 cm, a distância entre o ponto de apoio na parede e o ponto em que o fio é preso vale 12 cm e o fio tem 8 cm. Determinar (a) a força que a parede faz na esfera e (b) a força de tração no fio.

Figura 5.52

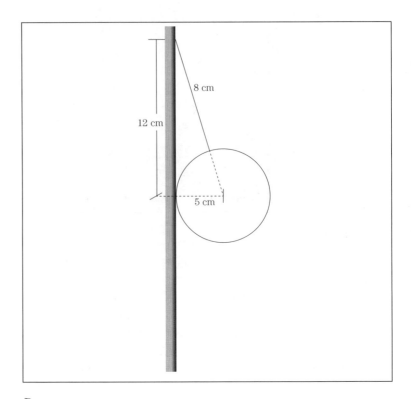

Resposta:

(a) $N = 50$ N; (b) $T = 130$ N.

28. Uma esfera homogênea é suspensa por um fio AB e apoia-se no ponto D de uma parede vertical, conforme a Figura 5.53. Se BC e AD são verticais, determinar o menor coeficiente de atrito entre a esfera e a parede.

Figura 5.53

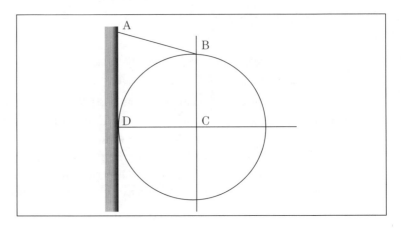

Resposta:

$\mu_e = 1{,}00$.

29. A Figura 5.54 representa uma grua rolante, usada na construção civil.

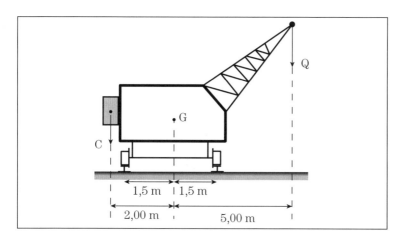

Figura 5.54

Sem a carga Q e o contrapeso C, a máquina tem um peso de 20 tonf e o seu baricentro é G, no plano vertical mediano dos trilhos. Na figura, as distâncias estão em metros.

a) Sem o contrapeso, que carga Q faria a máquina tombar?

b) Se Q = 12 tonf, determinar o contrapeso para que a grua fique na iminência de tombar.

Resposta:

a) 8,6 tonf; b) 3,4 tonf.

30. Duas esferas idênticas, cada uma com peso de 250 N, estão apoiadas conforme Figura 5.55.

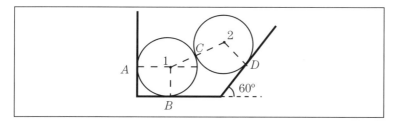

Figura 5.55

A reta que passa pelos centros das esferas forma um ângulo de 30° com a horizontal e as superfícies de contato são lisas. Determinar as forças de contato nos pontos A, B, C e D.

Resposta:

R_A = 289 N; R_B = 375 N; R_C = R_D = 250 N.

31. Um cilindro homogêneo de raio 0,80 m e peso 1200 N deve ser alçado sobre um degrau de altura 0,25 m, conforme mostrado na Figura 5.56, tracionando-se horizontalmente um cabo enrolado no cilindro. Admita que o cilindro não desliza na borda do degrau. Na iminência do alçamento, determinar a força de tração T no cabo e a reação $\vec{F}$ da borda do obstáculo no cilindro.

Figura 5.56

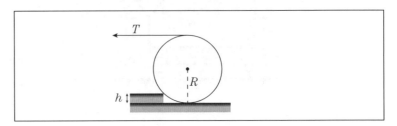

Resposta:
$T = 516\,\text{N}; \vec{F} = 516\hat{i}\,\text{N} + 1200\hat{j}\,\text{N}.$

6 TRABALHO E ENERGIA

Roberta Nunes Attili Franzin

INTRODUÇÃO

Neste capítulo, abordaremos os conceitos de trabalho e de energia. O conceito de trabalho em física é bastante diferente do conceito de trabalho que usamos no senso comum. No nosso cotidiano a noção de trabalho refere-se à ocupação, ofício ou profissão, mas em física o conceito de trabalho está relacionado à transferência de energia. Falamos em trabalho de uma força ou trabalho realizado por uma força.

Os princípios de trabalho e energia são muito importantes para a engenharia e a tecnologia, pois são utilizados no projeto e uso de dispositivos que realizam trabalho (motores, bombas, máquinas etc.). Embora aqui se adote uma abordagem do ponto de vista da mecânica, esses conceitos vão muito além e são muito úteis em outras áreas, como a eletricidade e a termodinâmica.

6.1 TRABALHO E ENERGIA CINÉTICA

6.1.1 TRABALHO REALIZADO POR FORÇA CONSTANTE

Consideremos um corpo que se desloca por uma distância Δr ao longo de uma trajetória retilínea (movimento em uma dimensão) sob ação de uma força constante $\vec{F}$ que forma um ângulo θ com a direção do movimento (direção horizontal) como mostra a Figura 6.1.

Figura 6.1
Corpo sob ação da força $\vec{F}$ que forma um ângulo θ com a direção do deslocamento.

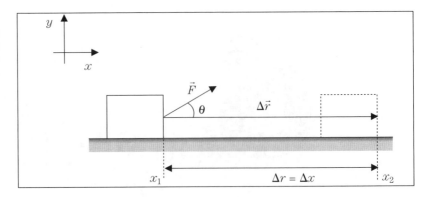

Definimos trabalho como um produto entre os vetores força ($\vec{F}$) e deslocamento ($\Delta\vec{r}$). Considerando que força e deslocamento são grandezas vetoriais, e que trabalho é uma grandeza escalar, esse produto é um produto escalar.

$$\tau = \vec{F} \cdot \Delta\vec{r}$$
$$\tau = F \cdot \Delta r \cdot \cos\theta \qquad (6.1)$$

Considerando

$\Delta r = \Delta x$ e

$F_x = F \cdot \cos\theta$, temos

$$\tau = F_x \cdot \Delta x \qquad (6.2)$$

O trabalho realizado sobre um corpo é tanto maior quanto maior for a intensidade da força ou o módulo do deslocamento.

Se o ângulo θ, formado entre a direção da força e a direção do deslocamento, for maior que 0° e menor que 90° (0° ≤ θ < 90°), o trabalho realizado pela força é positivo ($\tau > 0$). Se o ângulo θ, formado entre a direção da força e a do deslocamento, for maior que 90° e menor que 180° (90° < θ ≤ 180°), o trabalho realizado pela força é negativo ($\tau < 0$) e se $\theta = 90°$ o trabalho realizado pela força é nulo ($\tau = 0$).

O que significa um trabalho positivo? E um trabalho negativo? E um trabalho nulo?

O trabalho é positivo quando a força tiver uma componente na mesma direção e no sentido do deslocamento, é negativo quando a força $\vec{F}$ tiver uma componente na mesma direção, mas em sentido oposto ao deslocamento, e é nulo quando a força $\vec{F}$ for perpendicular ao deslocamento.

Há casos em que há atuação de forças sobre um corpo, mas nenhum trabalho é realizado.

A unidade da grandeza física trabalho no *Sistema Internacional* (SI) é o joule, cujo símbolo é J. A análise dimensional nos ajuda a compreender melhor a dimensão da grandeza trabalho. A fórmula dimensional da grandeza física trabalho no sistema MLT é:

$$[\tau] = [F] \cdot [\Delta r] \cdot [\cos\theta]$$
$$[\tau] = (M \cdot L \cdot T^{-2}) \cdot L \cdot (M^0 \cdot L^0 \cdot T^0)$$
$$[\tau] = M \cdot L^2 \cdot T^{-2}$$

Assim, no SI temos:

$$1\,kg \cdot m^2 \cdot s^{-2} = 1\,N \cdot m = 1\,J \quad (joule)$$

Na Figura 6.2, vemos a intensidade de uma força $\vec{F}$ constante e na direção do movimento representada em função do deslocamento Δx do corpo. Para o cálculo do trabalho dessa força, basta calcular a área compreendida entre a curva e o eixo das abscissas. A área da figura representa numericamente o trabalho da força $\vec{F}$ no deslocamento considerado.

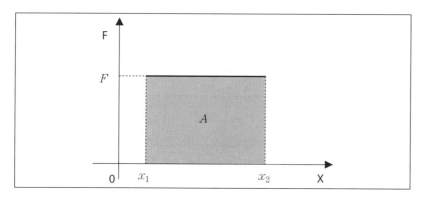

Figura 6.2
Gráfico da força tangencial, de intensidade constantes, em função do deslocamento.

Se diversas forças atuam sobre um corpo, o trabalho total das forças corresponde à soma dos trabalhos efetuados separadamente pelas forças ou ao trabalho da força resultante:

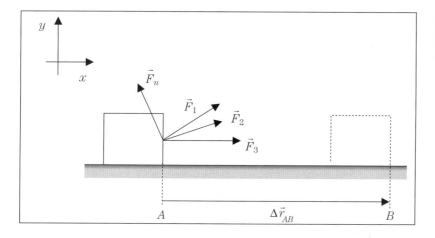

Figura 6.3
Corpo sob ação de várias forças ao longo do seu deslocamento de A até B.

$$\tau_{total} = \tau_{F1} + \tau_{F2} + \tau_{F3} + \ldots\ldots + \tau_{Fn}$$

$$\tau_{total} = \vec{F}_1 \cdot \Delta\vec{r}_{AB} + \vec{F}_2 \cdot \Delta\vec{r}_{AB} + \vec{F}_3 \cdot \Delta\vec{r}_{AB} + \ldots\ldots + \vec{F}_n \cdot \Delta\vec{r}_{AB}$$

$$\tau_{total} = (\vec{F}_1 + \vec{F}_2 + \vec{F}_3 + \ldots\ldots + \vec{F}_4) \cdot \Delta\vec{r}_{AB}$$

$$\tau_{total} = \vec{F}_R \cdot \Delta\vec{r}_{AB} = \sum \vec{F} \cdot \Delta\vec{r}_{AB} \qquad (\vec{F}_R = \sum \vec{F})$$

6.1.2 TRABALHO E ENERGIA CINÉTICA COM FORÇA CONSTANTE

Consideremos um corpo de massa m movendo-se ao longo do eixo x sob ação de uma força resultante ($\vec{F}_R = \sum \vec{F}$) paralela ao deslocamento ($\theta = 0°$) e orientada no sentido +Ox.

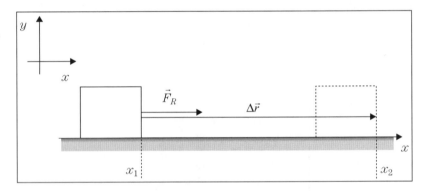

Figura 6.4 Corpo sob ação da força $\vec{F}$ paralela ao deslocamento.

Nesse caso, o trabalho é dado por:

$$\tau_{total} = F_R \cdot \Delta r \cdot \cos 0° = F_R \cdot \Delta x$$

Da segunda lei de Newton, sabemos que: $F_R = m \cdot a$

Assim,

$$\tau_{total} = F_R \cdot \Delta x = m \cdot a \cdot \Delta x \qquad (6.3)$$

Se a força resultante é constante, a aceleração é constante. Assim, do estudo do movimento em uma dimensão podemos utilizar o resultado da aceleração por meio da equação de Torricelli:

$$v_2^2 = v_1^2 + 2 \cdot a \cdot \Delta x \Rightarrow a = \frac{v_2^2 - v_1^2}{2 \cdot \Delta x}$$

Substituindo a aceleração na equação (6.3), temos:

$$\tau_{total} = m \cdot \frac{(v_2^2 - v_1^2)}{2 \cdot \Delta x} \cdot \Delta x$$

$$\tau_{total} = \frac{m}{2} \cdot (v_2^2 - v_1^2) = \frac{1}{2} \cdot m \cdot v_2^2 - \frac{1}{2} \cdot m \cdot v_1^2 \qquad (6.4)$$

Onde o termo $EC = \frac{1}{2} \cdot m \cdot v^2$ é chamado Energia Cinética do corpo.

Dessa forma, podemos definir o trabalho da força resultante como a variação da energia cinética de um corpo.

$$\tau_R = EC_2 - EC_1 = \Delta EC \tag{6.5}$$

Esse resultado é conhecido como o *Teorema do Trabalho – Energia Cinética*. Analisando esse resultado, observamos que

Se $EC_2 > EC_1 \Rightarrow \tau_R$ é positivo $\Rightarrow EC$ aumenta $(v_2 > v_1)$

Se $EC_2 < EC_1 \Rightarrow \tau_R$ é negativo $\Rightarrow EC$ diminui $(v_2 < v_1)$

Se $EC_2 = EC_1 \Rightarrow \tau_R$ é nulo $\Rightarrow EC$ não se altera $(v_2 = v_1)$

Quando é realizado trabalho sobre um sistema, há uma mudança na sua velocidade escalar e o trabalho feito pela força resultante é igual à variação da energia cinética do sistema. Os resultados citados acima mostram que a velocidade escalar do sistema aumenta se o trabalho da força resultante for positivo, diminui se o trabalho da força resultante for negativo, e não varia se o trabalho da força resultante for nulo (caso de velocidade constante).

O teorema do trabalho e energia cinética nos informa sobre variações na velocidade escalar e não sobre a velocidade vetorial. A energia cinética não depende da direção do vetor velocidade.

Com auxílio da análise dimensional, podemos verificar que a grandeza energia cinética tem a mesma dimensão física da grandeza trabalho e que sua unidade no SI também é o joule (J). A fórmula dimensional da energia cinética no sistema MLT é dada por:

$$[EC] = \left[\frac{1}{2}\right] \cdot [m] \cdot [v]^2$$
$$[EC] = (M^0 \cdot L^0 \cdot T^0) \cdot M^1 \cdot (L^1 \cdot T^{-1})^2$$
$$[EC] = [\tau] = M \cdot L^2 \cdot T^{-2}$$

No sistema internacional (SI):

$$1\,kg \cdot m^2 \cdot s^{-2} = 1\,N \cdot m = 1\,J \quad \text{(joule)}$$

Embora tenhamos deduzido o teorema do trabalho e energia cinética para o caso de força constante aplicada sobre um corpo que se movimenta em trajetória retilínea (movimento em uma dimensão), é importante salientar que esse resultado é válido mesmo para o caso em que a força é variável e a trajetória é curva.

6.1.3 TRABALHO REALIZADO PELO PESO

Embora o módulo do peso varie com a altitude, isto é, com a distância dos corpos ao centro da Terra, para corpos suficientemente próximos à superfície terrestre, podemos considerar o peso constante. Assim, o trabalho do peso é um exemplo de trabalho realizado por força constante.

Imaginemos um corpo movimentando-se verticalmente próximo a um dado ponto da superfície terrestre, onde o efeito de resistência do ar pode ser desprezado, única e exclusivamente, sob ação da força gravitacional.

Durante o movimento de subida do corpo temos que o vetor peso e o vetor deslocamento do corpo têm mesma direção e sentidos opostos ou, em outras palavras, $\theta = 180°$.

Figura 6.5
Deslocamento vertical do corpo de baixo para cima e a representação dos vetores peso e deslocamento.

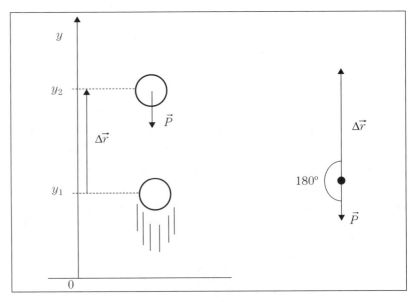

Assim, temos que:

$$\tau_g = P \cdot \Delta r \cdot \cos 180°$$
$$\tau_g = -m \cdot g \cdot h \qquad (6.5)$$
$$\text{onde} \quad h = |\Delta \vec{r}|$$

Para o movimento de descida do corpo temos que os vetores peso e deslocamento têm a mesma direção e mesmo sentido ($\theta = 0°$).

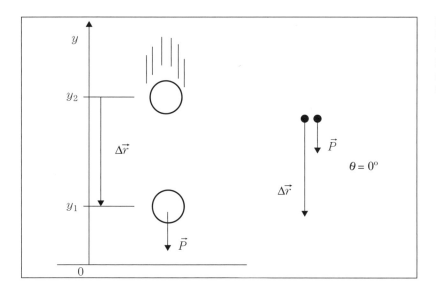

Figura 6.6
Deslocamento vertical do corpo de cima para baixo e a representação dos vetores peso e deslocamento.

$$\tau_g = P \cdot \Delta r \cdot \cos 0°$$
$$\tau_g = m \cdot g \cdot h \qquad (6.6)$$
$$\text{onde} \quad h = |\Delta \vec{r}|$$

Quando o corpo se move de baixo para cima, o trabalho do peso é negativo ($\tau_g = -m \cdot g \cdot h$), pois a força e o deslocamento têm sentidos opostos e quando o corpo se move de cima para baixo, o trabalho do peso é positivo ($\tau_g = +m \cdot g \cdot h$), porque o deslocamento do corpo tem o mesmo sentido do peso.

O trabalho realizado pelo peso de um corpo não depende da forma da trajetória (do caminho), depende apenas da diferença de cotas na direção vertical. Tanto faz subirmos um prédio de 10 andares pelas escadas ou pelo elevador, o trabalho do nosso peso é o mesmo e só depende da altura do prédio. Para comprovarmos que o trabalho do peso não depende do caminho, vejamos o seguinte exemplo.

Imaginemos que devamos elevar um corpo de um ponto A a um ponto B como indica a Figura 6.7.

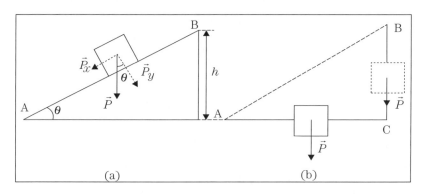

Figura 6.7
Corpo levado de um ponto A até um ponto B pelo (a) caminho AB (b) caminho ACB.

Calculemos o trabalho do peso quando o corpo é levado de A a B por dois caminhos distintos e denominados I e AB e ACB.

Caminho AB:

$\tau_g = \tau_{Px} + \tau_{Py}$,
mas $\tau_{Py} = 0$
$\tau_g = P_x \cdot d_{AB} \cdot \cos 180°$
$\tau_g = -m \cdot g \cdot \text{sen } \theta \cdot d_{AB}$
como $\text{sen } \theta = \dfrac{h}{d_{AB}} \to h = \text{sen } \theta \cdot d_{AB}$
$\tau_g = -m \cdot g \cdot h$

Caminho ACB:

$\tau_g = \tau_{P_{AC}} + \tau_{P_{CB}}$,
mas $\tau_{P_{AC}} = 0$
$\tau_g = P \cdot d_{CB} \cdot \text{sen } 180°$
$\tau_g = -m \cdot g \cdot d_{CB}$
onde $d_{CB} = h$
$\tau_g = -m \cdot g \cdot h$

Como podemos observar, o trabalho da força peso é o mesmo.

6.1.4 TRABALHO REALIZADO POR FORÇA VARIÁVEL

Até agora consideramos apenas o caso de força constante. No entanto, há muitos exemplos de forças variáveis. A força utilizada para comprimir uma mola, por exemplo, é uma força que varia com a posição da extremidade livre da mola. A força que um cinto de segurança exerce sobre o passageiro de um automóvel no caso de uma redução brusca de velocidade pode ser outro exemplo de força variável.

Também, consideramos até o momento apenas o movimento unidimensional, mas um corpo pode ser levado de uma posição à outra no espaço por uma força que apresenta componentes em mais do que uma direção. Antes de generalizarmos o caso de força variável em três dimensões, analisemos o caso de uma força variável em uma dimensão (movimento retilíneo).

Retomemos a Figura 6.4 e suponhamos que a força resultante atue sobre o corpo na direção horizontal e no sentido positivo do eixo Ox, mas agora, com intensidade variável com relação ao deslocamento do corpo. Apenas o módulo dessa força varia, mas não sua direção e seu sentido. Consideremos que a intensidade dessa força varie com a posição do corpo como mostrado no gráfico a seguir.

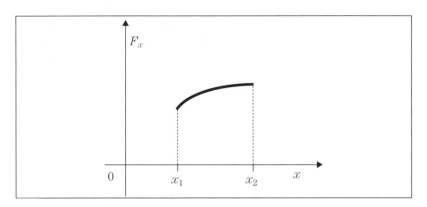

Figura 6.8
Gráfico da força variável F_x em função do deslocamento do corpo da posição x_1 até a posição x_2.

Este gráfico mostra o comportamento de uma força variável unidimensional e, a partir dele, mostraremos como obter o trabalho realizado pela força ao deslocar o corpo de uma posição x_1 até uma posição x_2. Para isso, vamos dividir a área compreendida entre a curva e o eixo das abscissas em pequenos retângulos de largura Δx. Cada retângulo deve ter uma largura suficientemente pequena para que a força seja considerada constante nesse Δx.

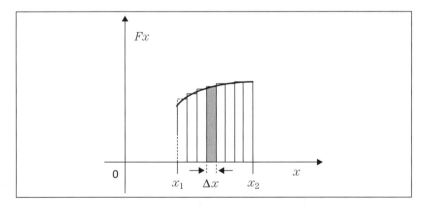

Figura 6.9
Área do gráfico $F_x \times$ deslocamento dividida em pequenos retângulos de largura Δx.

Para cada retângulo, que representa um pequeno deslocamento, o trabalho é calculado pela respectiva área sob a curva, sendo F_x uma força média aproximadamente constante no intervalo Δx.

$$\Delta \tau = F_x \cdot \Delta x \qquad (6.7)$$

Para o cálculo do trabalho total realizado pela força entre x_1 e x_2, devemos somar as áreas de todos esses pequenos retângulos.

$$\tau_{x1 \to x2} = F_{x1} \cdot \Delta x_1 + F_{x1} \cdot \Delta x_2 + \ldots + F_{xn} \cdot \Delta x_n = \sum_{i=1}^{n} F_{xi} \cdot \Delta x_i \quad (6.8)$$

Se tomarmos o limite dessa soma para um intervalo Δx muito pequeno ($\Delta x \to 0$), temos a integral da função $F(x)$ entre os limites x_1 e x_2.

$$\tau_{x1 \to x2} = \lim_{\Delta x \to 0} \sum_{i=1}^{n} F_{xi} \cdot \Delta x_i$$

$$\tau = \int_{x1}^{x2} F_x dx \qquad (6.9)$$

Conhecendo-se como a força varia com a posição, isto é, a função $F(x)$, ela pode ser substituída na integral da equação 6.9 e o cálculo pode ser feito dentro dos limites desejados, obtendo-se assim o trabalho.

Se F_x for constante, a força sai da integral e caímos no caso particular da força constante já descrito anteriormente.

$$\tau = \int_{x1}^{x2} F_x dx = F_x \int_{x1}^{x2} dx = F_x \cdot x \Big|_{X_1}^{X_2} = F_x \cdot (x_2 - x_1)$$

$$\tau = F_x \cdot \Delta x \qquad (6.10)$$

Na análise tridimensional, temos a força e o deslocamento em três dimensões:

$$\tau = \int_{r1}^{r2} \vec{F} \cdot d\vec{r} \qquad (6.11)$$

onde

$$\vec{F} = F_x \hat{i} + F_y \hat{j} + F_z \hat{k}$$
$$d\vec{r} = dx\hat{i} + dy\hat{j} + dz\hat{k}$$
$$\vec{F} \cdot d\vec{r} = F_x dx + F_y dy + F_z dz$$

e

$$\tau = \int_{x1}^{x2} F_x dx + \int_{y1}^{y2} F_y dy + \int_{z1}^{z2} F_z dz \qquad (6.12)$$

6.1.5 TRABALHO REALIZADO PELA FORÇA ELÁSTICA

Particularmente, agora, pretendemos estudar o trabalho de uma força variável, que é a força elástica.

Tomemos uma mola não deformada de constante elástica k com uma de suas extremidades fixa à parede e a outra extremidade livre (Figura 10). A força necessária para esticar a mola e realizada por um agente externo é diretamente proporcional ao seu alongamento e a constante de proporcionalidade é a constante k da mola.

$$F = k \cdot x \qquad (6.13)$$

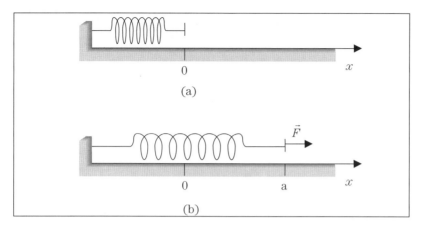

Figura 6.10
(a) mola em equilíbrio ($x=0$); (b) mola deformada ($x = a$) em virtude de uma força exercida por um agente externo.

O gráfico da Figura 6.11 mostra o comportamento dessa força em função da deformação da mola.

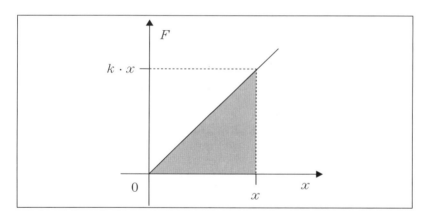

Figura 6.11
Gráfico da força realizada por um agente externo sobre a mola em função do deslocamento da sua extremidade livre.

O trabalho realizado pelo agente externo para esticar a mola desde $x_1 = 0$ até $x_2 = x$ é exatamente a área do triângulo abaixo da curva:

$$A = \frac{b \cdot h}{2} = \frac{x \cdot kx}{2} \Rightarrow \tau = \frac{k \cdot x^2}{2}$$

Outra forma de abordar o cálculo do trabalho realizado pela força $\vec{F}$ para esticar a mola corresponde à resolução de uma integral como a da equação 6.9:

$$\tau = \int_{x1}^{x2} F(x)dx = \int_{x1}^{x2} kxdx = k\int_{x1}^{x2} xdx = k\frac{x^2}{2}\bigg|_{X_1}^{X_2}$$

$$\tau = \frac{k}{2}\left(x_2^2 - x_1^2\right)$$

$$\tau = \frac{k \cdot x_2^2}{2} - \frac{k \cdot x_1^2}{2} \tag{6.1.4}$$

Esse resultado mostra o trabalho feito pelo agente externo sobre a mola.

A força exercida pela mola sobre o agente externo é, no entanto, restauradora e do tipo $F = -k \cdot x$ e o gráfico que descreve o comportamento dessa força em função do deslocamento da extremidade livre da mola é do tipo

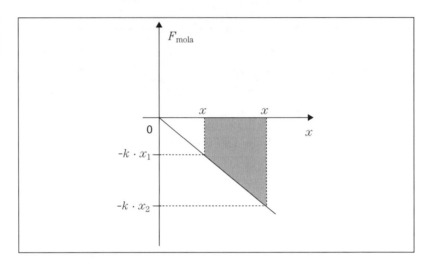

Figura 6.12
Gráfico da força realizada pela mola em função do deslocamento da sua extremidade livre.

Resolvendo a equação integral daintegral da equação 6.9 novamente para essa força restauradora, teremos que

$$\tau_e = \int_{x1}^{x2} F(x)dx = \int_{x1}^{x2} -kxdx = -k\int_{x1}^{x2} xdx = -k\frac{x^2}{2}\bigg|_{X_1}^{X_2}$$

$$\tau_e = -\frac{k}{2}\left(x_2^2 - x_1^2\right)$$

$$\tau_e = \frac{k \cdot x_1^2}{2} - \frac{k \cdot x_2^2}{2} \tag{6.15}$$

que mostra o trabalho realizado pela mola (ou pela força elástica) sobre o agente externo.

6.2 POTÊNCIA

Além de conhecermos o trabalho realizado sobre um corpo ou sistema, é importante conhecermos a taxa de realização desse trabalho, denominada potência. A potência mede a capacidade de um sistema gastar ou absorver energia, isto é, mede a taxa temporal de transferência de energia. Ela é definida como a razão entre o trabalho ou energia transferida e o intervalo de tempo necessário para essa transferência.

Se uma força resultante externa atua sobre o sistema durante um intervalo de tempo Δt, definimos a potência média por:

$$Pot_m = \frac{\tau}{\Delta t} \tag{6.6}$$

Também, definimos uma potência instantânea, tomando o limite da potência média para Δt tendendo a zero ($\Delta t \to 0$):

$$Pot = \lim_{\Delta t \to 0} \frac{\tau}{\Delta t} = \frac{d\tau}{dt} \tag{6.7}$$

Considerando que para um deslocamento $d\vec{r}$ temos que $d\tau = \vec{F} \cdot d\vec{r}$, podemos escrever a potência instantânea como:

$$Pot = \frac{d\tau}{dt} = \frac{\vec{F} \cdot d\vec{r}}{dt} = \vec{F} \cdot \frac{d\vec{r}}{dt}$$
ou
$$Pot = \vec{F} \cdot \vec{v} \tag{6.8}$$

onde $\vec{v}$ é a velocidade instantânea.

A fórmula dimensional da grandeza potência no sistema MLT é:

$$[Pot] = \left[\frac{\tau}{\Delta t}\right]$$
$$[Pot] = \frac{M \cdot L^2 \cdot T^{-2}}{T} = (M \cdot L^2 \cdot T^{-2}) \cdot T^{-1}$$
$$[Pot] = M \cdot L^2 \cdot T^{-3}$$

No sistema internacional (SI):

$$1 \text{ kg} \cdot \text{m}^2 \cdot \text{s}^{-3} = 1\,\frac{\text{kg} \cdot \text{m}}{\text{s}^2} \cdot \frac{\text{m}}{\text{s}} = 1\,\frac{\text{N} \cdot \text{m}}{\text{s}} = 1\,\frac{\text{J}}{\text{s}} = 1\text{ W} \quad \text{(watt)}$$

6.3 ENERGIA POTENCIAL E CONSERVAÇÃO DA ENERGIA

Anteriormente, estudamos o conceito de energia cinética, energia associada ao movimento de um sistema, e vimos que a energia cinética desse sistema só pode ser alterada se a força resultante sobre ele for diferente de zero e realizar algum trabalho. Agora, estudaremos outras formas de energia que são a energia potencial gravitacional e a energia mecânica.

6.3.1 FORÇAS CONSERVATIVAS E NÃO CONSERVATIVAS

Um sistema é dito conservativo quando somente forças conservativas atuam sobre ele. Quando não, o sistema é chamado de não conservativo.

Uma força é conservativa se o seu trabalho sobre um sistema que se move entre dois pontos não depende do caminho que o sistema descreve entre esses dois pontos. Como exemplo, tomemos o peso e o trabalho realizado por essa força para levar o corpo da Figura 6.7 da posição A até a posição B. Naquele exemplo, fizemos isso por dois caminhos e verificamos que, independentemente do caminho escolhido, o trabalho da força peso foi $\tau_{g_{AB}} = -m \cdot g \cdot h$ e isso, mostra que o peso é uma força conservativa.

Outra propriedade da força conservativa é que o seu trabalho sobre um sistema é nulo se o sistema se movimenta em um caminho fechado, isto é, se o sistema se move de um ponto a outro e, depois, retorna à sua posição inicial. Considerando ainda o exemplo acima, se calcularmos o trabalho para levar o corpo de volta de B até A, verificaremos que $\tau_{g_{BA}} = +m \cdot g \cdot h$ e o trabalho total ou trabalho resultante no caminho ABA será nulo.

Genericamente, podemos visualizar o caminho fechado como mostrado na Figura 6.13. Um corpo é levado de A a B e, então, trazido de volta a A. Se a força que movimentou esse corpo for conservativa, temos que o trabalho total no trajeto ABA é zero.

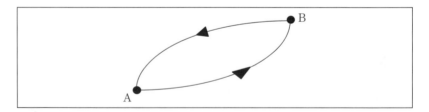

Figura 6.13 Caminho fechado realizado por um corpo no deslocamento A→B→A.

Outra força conservativa é a força elástica.

Uma força é não conservativa quando não apresenta as propriedades descritas acima. A força de atrito e a força de resistência do ar são ótimos exemplos de forças não conservativas. Em particular, essas duas forças não conservativas são chamadas de forças dissipativas, em função de reduzirem a capacidade de um sistema realizar trabalho quando atuarem sobre esse sistema. Mas é importante afirmar que nem toda força não conservativa é necessariamente dissipativa.

6.3.2 TRABALHO E ENERGIA POTENCIAL GRAVITACIONAL

Analisemos o caso de um corpo movimentando-se na direção vertical única e exclusivamente sob ação da força de atração gravitacional. Ignoremos a resistência do ar. Em nossa análise, estudaremos o movimento de subida e de descida do corpo. Tomemos o corpo e o referencial mostrado na Figura 6.5 (Seção 6.1.3). O corpo se movimenta inicialmente da posição y_1 para a posição y_2 sob ação da força peso, que realiza trabalho sobre o corpo durante seu deslocamento. Assim, esse trabalho é dado por

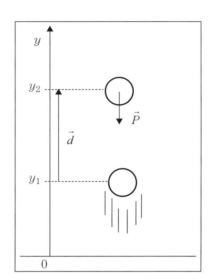

$\tau_g = - m \cdot g \cdot (y_2 - y_1)$
$\tau_g = -[(m \cdot g \cdot y_2) - (m \cdot g \cdot y_1)]$

sendo $EP_g(y) = m \cdot g \cdot y$

$\tau_g = - \Delta EP_g$

Chamamos de $EP_g(y)$ a energia potencial gravitacional armazenada no sistema corpo–Terra. A energia potencial gravitacional é uma forma de energia associada à posição de um corpo em relação a um dado referencial.

Para o movimento de descida do corpo (Figura 6.6, Seção 6.1.3), temos que:

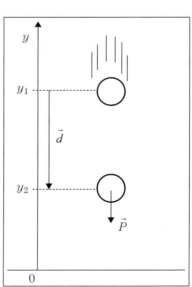

$\tau_g = m \cdot g \cdot (y_1 - y_2)$
$\tau_g = - m \cdot g \cdot (y_2 - y_1)$
$\tau_g = -[(m \cdot g \cdot y_2) - (m \cdot g \cdot y_1)]$

$\tau_g = - \Delta EP_g$

Para ambas as situações (subida ou descida) podemos observar que o trabalho do peso é o negativo da variação da energia potencial gravitacional:

$$\tau_g = -\Delta EP_g \qquad (6.9)$$
$$\tau_g = -(EP_{g2} - EP_{g1})$$

A fórmula dimensional da energia potencial gravitacional no sistema MLT é dada por:

$$[EP] = [m] \cdot [g] \cdot [h]$$
$$[EP] = M^1 \cdot (L^1 \cdot T^{-2}) \cdot L^1$$
$$[EP] = M \cdot L^2 \cdot T^{-2}$$

No sistema internacional (SI):

$$1\,kg \cdot m^2 \cdot s^{-2} = 1\,N \cdot m = 1\,J \quad (joule)$$

Estudamos anteriormente a relação entre o trabalho da força resultante e a energia cinética e obtivemos o teorema do trabalho e energia cinética:

$$\tau = \Delta EC$$

Considerando que o corpo se movimenta ao longo da direção vertical exclusivamente sob ação da força peso, temos que o peso é a força resultante. Assim, do teorema do trabalho–energia cinética e da equação 6.9 podemos escrever:

$$\tau_g = \Delta EC$$
$$\tau_g = -\Delta EP_g$$
$$\Delta EC = -\Delta EP_g$$
$$EC_2 - EC_1 = -(EP_{g2} - EP_{g1})$$
$$EC_2 - EC_1 = -EP_{g2} + EP_{g1}$$
$$EC_1 + EP_{g1} = EC_2 + EP_{g2} \qquad (6.20)$$

A soma da energia cinética com a energia potencial é chamada de energia mecânica do sistema (*EM*). Logo, temos que a energia mecânica associada ao sistema para o corpo na posição 1 é a mesma que a energia mecânica associada ao sistema para o corpo na posição 2. Esse resultado é muito importante e conhecido como *lei de conservação da energia mecânica*.

$$EM_1 = EM_2 \qquad (6.21)$$
$$\text{onde} \quad EM = EC + EP_g$$

6.3.3 TRABALHO E ENERGIA POTENCIAL ELÁSTICA

Como no caso da força de atração gravitacional, analisemos o caso da força elástica. Tomemos como exemplo um sistema mola–massa que se movimenta sobre uma superfície horizontal sem atrito num local onde a força de resistência do ar é desprezível.

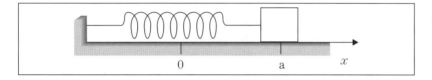

Figura 6.14
Sistema mola–massa movimentando-se da posição de equilíbrio para uma posição *a* sobre uma superfície horizontal.

De acordo com a equação 6.5, temos que o trabalho realizado pela mola é dado por

$$\tau_e = \frac{k \cdot x_1^2}{2} - \frac{k \cdot x_2^2}{2}$$

onde o termo $\frac{k \cdot x^2}{2}$ é chamado de energia potencial elástica (EP_e).

$$\tau_e = \frac{k \cdot x_1^2}{2} - \frac{k \cdot x_2^2}{2}$$
$$\tau_e = EP_1 - EP_2$$
$$\tau_e = -(EP_2 - EP_1)$$
$$\tau_e = -\Delta EP_e \quad (6.22)$$

E, de forma análoga à energia potencial gravitacional, se a força elástica for a única força que realiza trabalho sobre o corpo, o trabalho da força elástica é o negativo da variação da energia potencial elástica.

$$\Delta EC = -\Delta EP_e$$
$$EC_2 - EC_1 = -(EP_{e2} - EP_{e1})$$
$$EC_2 - EC_1 = -EP_{e2} + EP_{e1}$$
$$EC_1 + EP_{e1} = EC_2 + EP_{e2} \quad (6.23)$$

e nesse caso, também a energia mecânica do sistema se conserva.

6.3.4 LEI DA CONSERVAÇÃO DA ENERGIA MECÂNICA

Em um sistema isolado de forças externas, onde apenas forças internas conservativas atuam, a energia mecânica do sistema não pode variar.

$$\Delta EM = 0$$
$$\Delta EM = \Delta EC + \Delta EP = 0 \qquad (6.24)$$

De uma forma geral, temos que a variação da energia cinética somada às variações das energias potenciais (gravitacional e elástica) deve ser nula ou, podemos escrever que:

$$EC_1 + EP_{g1} + EP_{e1} = EC_2 + EP_{g2} + EP_{e2} \qquad (6.25)$$

No entanto, se houver forças não conservativas atuando sobre o sistema (força de atrito, por exemplo) a soma das variações da energia cinética com as variações das energias potenciais não será mais nula, e corresponderá ao trabalho das forças não conservativas (τ_{FNC}).

$$\Delta EM = \tau_{FNC}$$
$$\Delta EM = \Delta EC + \Delta EP = \tau_{FNC}$$
$$(EC_2 - EC_1) + (EP_{g2} - EP_{g1}) + (EP_{e2} - EP_{e1}) = \tau_{FNC}$$
$$EC_1 + EP_{g1} + EP_{e1} + \tau_{FNC} = EC_2 + EP_{g2} + EP_{e2}$$
ou
$$EM_1 + \tau_{FNC} = EM_2 \qquad (6.26)$$

6.3.5 LEI GERAL DA CONSERVAÇÃO DA ENERGIA

É importante salientar que a uma força não conservativa não podemos associar uma energia potencial, assim outra forma de energia diferente pode ser associada. Essa energia recebe o nome de energia interna, e o trabalho das forças não conservativas possui mesmo módulo que a variação da energia interna, mas com sinal oposto. Assim

$$\Delta E_{int} = -\tau_{FNC} \qquad (6.27)$$

Como sabemos que $\Delta EC + \Delta EP = \tau_{FNC}$ (da equação 6.26), podemos escrever uma lei de conservação geral da energia:

$$\Delta EC + \Delta EP = \tau_{FNC}$$
$$\Delta EC + \Delta EP = -\Delta E_{int}$$
$$\Delta EC + \Delta EP + \Delta E_{int} = 0 \qquad (6.28)$$

Esse último resultado mostra que se ocorrem variações das energias cinética, potencial e interna para um dado evento, a soma dessas variações é sempre nula, o que significa que a alteração em uma forma de energia implica a variação de outra forma de energia, mas a soma de todas as formas permanece constante. Em outras palavras, essa lei mostra que a energia não pode ser criada ou destruída, mas apenas transformada de uma forma a outra.

Um exemplo em que ocorre variação da energia interna, novamente relaciona-se a um evento onde há atrito. Imaginemos um bloco que se movimenta sobre uma superfície áspera em que o atrito não é desprezível. Durante seu movimento, a força de atrito realiza trabalho que é negativo, mas há o aquecimento das superfícies em contato e consequentemente, há um aumento da energia interna do bloco e da superfície. Na última equação, utilizamos o conceito de energia interna para observar o processo pela óptica das transformações de energia, em vez de utilizar o trabalho da força não conservativa que, nesse exemplo, seria a força de atrito.

EXERCÍCIOS RESOLVIDOS

1. Uma pessoa arrasta um caixote de 5,00 kg de massa sobre uma superfície horizontal puxando-o com uma força $\vec{F}$ constante, de módulo 80,0 N, como indica a figura. O movimento do caixote é horizontal e há atrito entre o caixote e o piso. Sabendo que a força de atrito é 4,00 N e que o deslocamento do caixote foi de 5,00 m, pedem-se:

   a) o trabalho da força $\vec{F}$;

   b) o trabalho da força de atrito;

   c) o trabalho da força normal;

   d) o trabalho da força peso;

   e) o trabalho da força resultante.

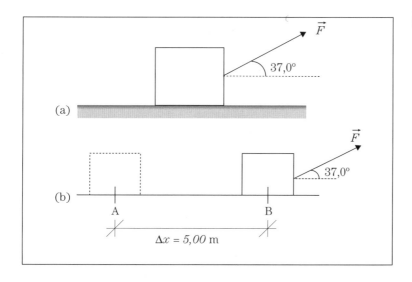

Figura 6.15 (a) e (b)

Figura 6.15 (c)

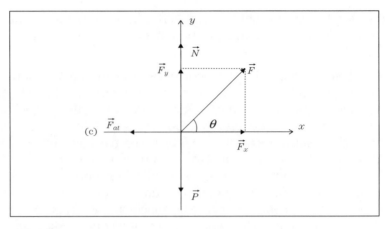

Solução:

a) $\tau_F = F \cdot \Delta x \cdot \cos 37,0°$
$\tau_F = 80,0 \cdot 5,00 \cdot \cos 37,0°$
$\tau_F = 319$ J

b) $\tau_{Fat} = F_{at} \cdot \Delta x \cdot \cos 180°$
$\tau_{Fat} = 4,00 \cdot 5,00 \cdot (-1)$
$\tau_{Fat} = -20,0$ J

c) $\tau_N = N \cdot \Delta x \cdot \cos 90,0°$
$\tau_N = 0$

d) $\tau_P = P \cdot \Delta x \cdot \cos 90,0°$
$\tau_P = 0$

e) $\tau_{Total} = \tau_F + \tau_{Fat} + \tau_N + \tau_P$
$\tau_{Total} = 319 - 20,0 + 0 + 0$
$\tau_{Total} = 299$ J.

2. O gráfico a seguir representa a intensidade da resultante de duas forças $\vec{F}_1$ e $\vec{F}_2$ que agem em uma partícula, em

Figura 6.16

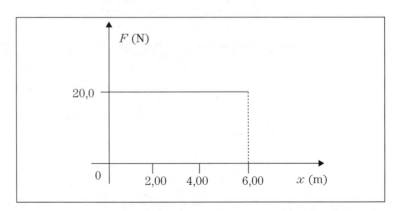

função de sua posição sobre o eixo Ox. Ambas as forças possuem intensidades constantes e estão aplicadas na mesma direção do deslocamento da partícula. Sabendo-se que o módulo da força $\vec{F}_1$ é 32,0 N, determinar o trabalho da força $\vec{F}_2$.

Solução:

$\tau_{F_R} = \tau_{F_1} + \tau_{F_2}$
$\tau_{F_R} = \text{área} = \text{base} \cdot \text{altura} = 6,00 \cdot 20,0 \Rightarrow \tau_{F_R} = 120 \text{ J}$
$120 = F_1 \cdot \Delta x \cdot \cos 0° + \tau_{F_2}$
$120 = 32,0 \cdot 6,00 \cdot 1 + \tau_{F_2}$
$\tau_{F_2} = 120 - 192 \Rightarrow \tau_{F_2} = -72 \text{ J}$

Como o módulo da força $\vec{F}_1$ é maior que o módulo da força resultante, concluímos que ela está aplicada na mesma direção e sentido do deslocamento, enquanto a força $\vec{F}_2$ está aplicada no sentido oposto. Assim, o trabalho da força $\vec{F}_1$ é positivo e o trabalho da força $\vec{F}_2$ é negativo.

3. Um corpo de massa 2,0 kg é lançado com velocidade escalar inicial de 3,0 m/s para cima de um plano inclinado de 60° acima da horizontal. O corpo desloca-se pelo plano até ficar momentaneamente em repouso e, em seguida, retorna no sentido da base do plano. O coeficiente de atrito cinético entre o corpo e o plano é 0,30. Considere que a aceleração local da gravidade seja 9,8 m/s². Despreze a resistência do ar. Para o movimento de subida do corpo ao longo do plano inclinado, pede-se o trabalho total das forças que atuam sobre o corpo.

Figura 6.17

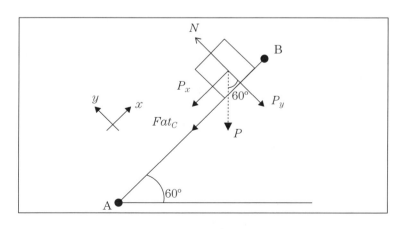

Solução:

Figura 6.18

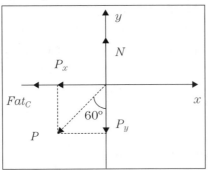

$$\tau_{total} = \Delta EC = EC - EC_0$$
$$\tau_{total} = \frac{m \cdot v^2}{2} - \frac{m \cdot v_0^2}{2}$$
$$\tau_{total} = \frac{m}{2} \cdot (v^2 - v_0^2)$$
$$\tau_{total} = \frac{2,0}{2} \cdot (0^2 - 3,0^2)$$
$$\tau_{total} = -9,0 \text{ J}.$$

4. Um bloco de 20,0 kg é arrastado sobre uma superfície horizontal áspera por uma força de 72,0 N que faz um ângulo de 20,0° acima da horizontal. A distância entre dois pontos da superfície chamados A e B é 5,00 m. O bloco passa por A, chegando em B com velocidade v_B = 4,00 m/s. O coeficiente de atrito cinético entre o bloco e a superfície é 0,300. A aceleração local da gravidade é 9,80 m/s².

a) Determinar o trabalho total das forças que atuam sobre o bloco no seu deslocamento de A até B.

b) Determinar a velocidade do bloco no momento em que passa pelo ponto A.

Figura 6.19

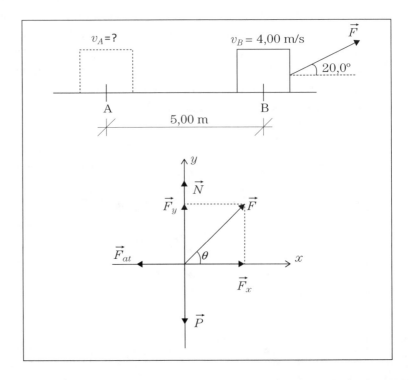

Solução:

a) $\tau_{total} = \tau_F + \tau_N + \tau_g + \tau_{Fat}$
$\tau_N = \tau_g = 0 \Rightarrow \theta = 90° \Rightarrow \cos 90° = 0$
$\tau_F = F \cdot d_{AB} \cdot \cos 20,0°$
$\tau_F = 72,0 \cdot 5,00 \cdot \cos 20,0°$
$\tau_F = 338$ J

$\tau_{Fat} = F_{at} \cdot d_{AB} \cdot \cos 180°$
$\tau_{Fat} = -\mu_C \cdot N \cdot d_{AB}$
$N = ?$
$\Sigma F_y = 0$
$N + F_y - P = 0$
$N = m \cdot g - F \cdot \text{sen}\, 20,0°$
$N = 20,0 \cdot 9,80 - 72,0 \cdot \text{sen}\, 20,0°$
$N = 171$ N
$\tau_{Fat} = -0,300 \cdot 171 \cdot 5,00$
$\tau_{Fat} = -256$ J
$\tau_{total} = 338 - 256$
$\tau_{total} = 82$ J

b) $\tau_{total} = EC_B - EC_A$
$\tau_{total} = \dfrac{m \cdot v_B^2}{2} - \dfrac{m \cdot v_A^2}{2}$
$\dfrac{m \cdot v_A^2}{2} = \dfrac{m \cdot v_B^2}{2} - \tau_{total}$
$v_A^2 = \dfrac{2}{m} \cdot \left(\dfrac{m \cdot v_B^2}{2} - \tau_{total} \right)$
$v_A^2 = v_B^2 - \dfrac{2}{m} \cdot \tau_{total}$
$v_A^2 = 4,00^2 - \dfrac{2}{20,0} \cdot 82$
$v_A = 2,8$ m/s.

5. Numa superfície hemisférica lisa, um corpo fica em equilíbrio instável no ponto mais alto, A. Deslocado ligeiramente de A, o corpo desliza sobre a superfície. A aceleração gravitacional é g. Determinar a altura do ponto B em que o corpo abandona a superfície.

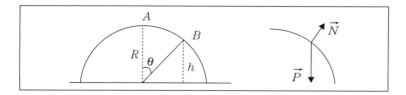

Figura 6.20

Solução:

No ponto em que a partícula deixa a superfície, $N=0$. Então, de acordo com a segunda lei de Newton,

$$m \cdot g \cdot \cos \theta = m \cdot \frac{v_B^2}{R}$$
$$v_B^2 = R \cdot g \cdot \cos \theta$$

Ao descer de A para B, podemos aplicar o teorema do trabalho e energia cinética:

$$\tau_g + \tau_N = EC_B - EC_A$$
$$m \cdot g \cdot R \cdot (1 - \cos \theta) = \frac{1}{2} m \cdot v_B^2$$
$$v_B^2 = 2 \cdot R \cdot g \cdot (1 - \cos \theta)$$

Comparando com o resultado anterior, temos:

$$R \cdot g \cdot \cos \theta = 2 \cdot R \cdot g \cdot (1 - \cos \theta)$$
$$\cos \theta = 2 - 2\cos \theta$$
$$3 \cos \theta = 2$$
$$\cos \theta = \frac{2}{3} \Rightarrow \theta = 18{,}1°$$

como $h = R \cdot \cos \theta$, temos $h = \frac{2}{3}R$.

---

6. Um automóvel de massa $1{,}20 \cdot 10^3$ kg parte do repouso e, depois de 10,0 s, está com velocidade de 90,0 km/h. Pede-se:

   a) o trabalho realizado pela força resultante nesse intervalo;

   b) a potência média correspondente.

Solução:

a) $v = v_0 + a \cdot t$

$$v_0 = 0 \rightarrow a = \frac{v}{t} = \frac{25{,}0}{10{,}0} \Rightarrow a = 2{,}50 \frac{m}{s^2}$$
$$v^2 = v_0^2 + 2 \cdot a \cdot \Delta x$$
$$25{,}0^2 = 2 \cdot 2{,}50 \cdot \Delta x$$
$$\Delta x = 1{,}25 \cdot 10^2 \; m$$

$$\sum F = m \cdot a$$
$$\tau = \sum F \cdot d \cdot \cos 0°$$
$$\tau = m \cdot a \cdot d \cdot \cos 0° = 1{,}20 \cdot 10^3 \cdot 2{,}50 \cdot 1{,}25 \cdot 10^2$$
$$\tau = 3{,}75 \cdot 10^5 \; J$$
$$\tau = 375 \; kJ$$

ou

$\tau = \Delta EC$
$\tau = \frac{1}{2} \cdot 1,20 \cdot 10^3 \cdot 25,0^2 - 0$
$\tau = 3,75 \cdot 10^5$ J = 375 kJ

b) $Pot_m = \frac{\tau}{\Delta t} = \frac{375}{10,0} = 37,5$ kW.

---

7. O motor elétrico faz com que uma carga de massa 50,0 kg suba com velocidade constante de 2,00 m/s. O cabo que sustenta o bloco é ideal e a resistência do ar é desprezível. A aceleração local da gravidade é 9,80 m/s². Calcular a potência utilizada pelo motor para elevar a carga nessa condição.

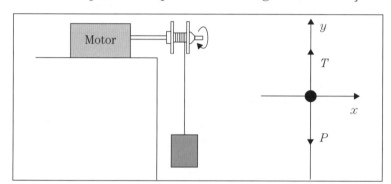

Figura 6.21

Solução:
Se a velocidade é constante, então a aceleração é nula e o corpo encontra-se em equilíbrio dinâmico.

$\sum F = m \cdot a = 0$
$T - P = 0$
$T = P$

$Pot = F \cdot v = T \cdot v = P \cdot v = m \cdot g \cdot v$
$Pot = 50,0 \cdot 9,80 \cdot 2,00$
$Pot = 980$ W = 0,980 kW.

---

8. Considere um carrinho de 150 kg, colocado inicialmente em repouso no topo de uma montanha-russa de altura 25,0 m em relação ao solo, como mostra a Figura 6.22. Adote g = 9,80 m/s².

   a) Qual é a energia potencial gravitacional armazenada no sistema carrinho-Terra (em relação ao solo) no instante inicial (ponto *A*)?

   b) Qual a energia cinética do carrinho no instante em que sua altura em relação ao solo é de 10,0 m (ponto *B*)?

   Desprezar atritos e a resistência do ar.

Figura 6.22

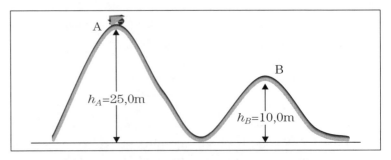

Solução:

a) $EP_{g_A} = m \cdot g \cdot h$
$EP_{g_A} = 150 \cdot 9,80 \cdot 25,0$
$EP_{g_A} = 3,68 \cdot 10^4$ J
$EP_{g_A} = 36,8$ kJ

b) $EM_A = EM_B$
$EC_A + EP_{g_A} = EC_B + EP_{g_B}$
$m \cdot g \cdot h_A = EC_B + m \cdot g \cdot h_B$
$EC_B = m \cdot g \cdot (h_A - h_B)$
$EC_B = 150 \cdot 9,80 \cdot (25,0 - 10,0)$
$EC_B = 2,21 \cdot 10^4$ J
$EC_B = 22,1$ kJ.

9. O sistema mola–massa da Figura 6.23 é conservativo. O corpo de massa 2,50 kg está apoiado em uma superfície horizontal encostado a uma mola de constante elástica 150 N/m, a qual se encontra comprimida de 15,0 cm por este corpo. Em certo instante, o fio que prende o corpo se rompe, a mola se distende e o corpo é empurrado para frente perdendo o contato com a mola ao passar pelo ponto B. Qual a velocidade com que o corpo abandona a mola em B?

Figura 6.23

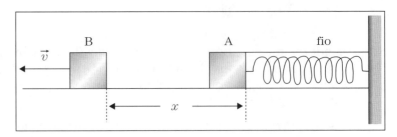

Solução:
$EM_A = EM_B$
$EC_A + EP_{e_A} = EC_B + EP_{e_B}$
$\dfrac{k \cdot x^2}{2} = \dfrac{m \cdot v_B^2}{2}$

$$v_B = \sqrt{\frac{k \cdot x^2}{m}} = \sqrt{\frac{150 \cdot (15,0 \cdot 10^{-2})^2}{2,50}}$$
$v_B = 1,16$ m/s.

10. Um bloco de massa 2,00 kg é mantido em repouso a 1,50 m acima da extremidade livre de uma mola de constante elástica 392 N/m (posição A), como mostra a figura. O bloco é, então, abandonado e cai verticalmente sobre a mola. A resistência do ar é desprezível e a aceleração local da gravidade é 9,80 m/s². Nessas condições, pedem-se:

   a) a velocidade do bloco ao atingir a extremidade livre da mola (posição B);

   b) a máxima compressão x da mola;

   c) a altura máxima que o bloco atinge na volta, a partir do ponto de máxima compressão da mola.

   Solução:

   a) $EM_A = EM_B$
   $EC_A + EP_{gA} = EC_B + EP_{gB}$
   $$m \cdot g \cdot h = \frac{m \cdot v_B^2}{2}$$
   $v_B = \sqrt{2 \cdot g \cdot h} = \sqrt{2 \cdot 9,80 \cdot 1,50}$
   $v_B = 5,42$ m/s

   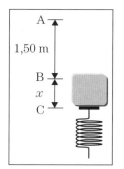

   Figura 6.24

   b) $EM_A = EM_C$
   $EC_A + EP_{gA} = EC_C + EP_{gC}$
   $$m \cdot g \cdot (h + x) = \frac{k \cdot x^2}{2}$$
   $$2 \cdot 9,80 \cdot (1,50 + x) = \frac{392 \cdot x^2}{2}$$
   $x^2 - 0,100x - 0,150 = 0$
   $x = 0,441$ m $= 44,1$ cm

   c) Como o sistema é conservativo, o bloco deve retornar ao ponto A que está à altura $(h + x)$ com relação ao ponto de máxima compressão da mola. Logo, temos que $y = (1,50 + 0,441) = 1,94$ m.

EXERCÍCIOS COM RESPOSTAS

TRABALHO

1. Uma caixa de 15,0 kg de massa é empurrada por uma força horizontal ao longo de um piso plano e, também horizontal,

por uma distância de 100 m. O coeficiente de atrito cinético entre o piso e a caixa é 0,340 e a aceleração da gravidade no local é 9,80 m/s².

a) Qual o módulo da força aplicada pela pessoa que empurra a caixa para que esta se desloque com velocidade constante?

b) Qual é o trabalho realizado por essa força?

c) Qual é o trabalho realizado pelo atrito sobre a caixa?

d) Qual é o trabalho realizado pela força normal?

e) Qual é o trabalho realizado pela força da gravidade?

f) Qual é o trabalho da força resultante?

Respostas:

a) 50,0 N; b) 5,00 kJ; c) -5,00 kJ; d) 0; e) 0; f) 0.

2. Um corpo de massa $m = 4,00$ kg está sobre uma superfície horizontal áspera. Uma força $\vec{F}$ é aplicada ao corpo como mostra a figura. O coeficiente de atrito cinético entre o corpo e a superfície é 0,300. A aceleração da gravidade no local é 9,80 m/s² e a resistência do ar é desprezível. Para o corpo em movimento com aceleração de 1,00 m/s² na direção horizontal e para um deslocamento de 15,0 m, calcular:

Figura 6.25

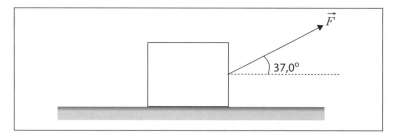

a) o trabalho de cada uma das forças ($\vec{F}$, $\vec{P}$, $\vec{N}$, $\vec{F}_{at}$) que atuam sobre o corpo;

b) o trabalho total.

Respostas:

a) 193 J, 0, 0; – 133 J b) 60,0 J

TRABALHO E ENERGIA CINÉTICA

3. Num corpo de massa 2,0 kg atuam as forças F e de atrito cinético Fat, que variam com a distância conforme mostra o gráfico. Essas forças são paralelas ao deslocamento

que ocorre no plano horizontal. No instante $t = 0$ o corpo encontra-se na origem e em repouso. Determinar:

a) o trabalho da força resultante que atua no corpo, ao longo de 8,0 m;

b) a velocidade do móvel na posição $x = 8,0$ m.

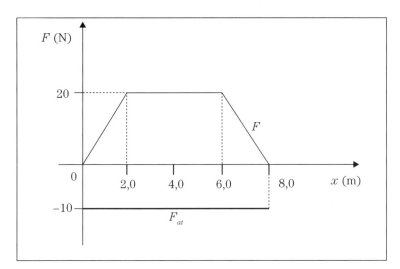

Figura 6.26

Respostas:

a) 40,0 J; b) 6,3 m/s.

4. Uma partícula de 0,50 kg se movimenta de um ponto A para um ponto B ao longo de uma trajetória e possui velocidade escalar de 10 m/s no ponto A e energia cinética de 16 J no ponto B.

a) Qual é sua velocidade escalar em B?

b) Qual é o trabalho total feito sobre a partícula quando ela se desloca de A para B?

Respostas:

a) 8,0 m/s; b) –9,0 J.

5. Um bloco de 2,00 kg de massa é abandonado do alto de um plano inclinado, sem atrito, que forma um ângulo de 30,0° com a horizontal, percorrendo uma distância de 10,0 m ao longo do plano. Supondo desprezível a resistência do ar, pede-se:

a) O trabalho de cada uma das forças que atuam no bloco;

b) A velocidade do bloco após percorrer os 10,0 m.

Respostas:

a) 98 J, 0; b) 9,9 m/s.

6. Um corpo de dimensões desprezíveis e massa 1,50 kg passa pelo ponto A indicado na figura com velocidade de módulo v_A, percorre uma trajetória retilínea AB, passando pelo ponto B com velocidade de módulo 4,00 m/s. O corpo sobe a rampa inclinada de 57,0° e para momentaneamente no ponto C. O trabalho realizado pela força de atrito no trecho AB é –15,0 J e o coeficiente de atrito cinético entre o corpo e a superfície no trecho BC é 0,300. A resistência do ar é desprezível e a aceleração da gravidade no local é 9,80 m/s². Utilizando métodos de energia, determine:

a) a velocidade v_A.

b) a distância percorrida pelo corpo ao longo da rampa no trecho BC.

Figura 6.27

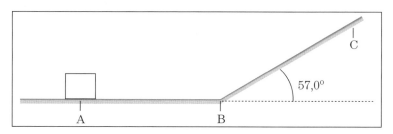

Respostas:

a) 6,00 m/s; b) 0,815 m.

POTÊNCIA

7. Uma escada rolante transporta um passageiro de 60,0 kg do solo a um ponto situado a 5,00 m de altura, com velocidade constante, em 20,0 s. Sendo $g = 9,80$ m/s², determine:

a) o trabalho realizado pelo peso do passageiro durante esse deslocamento;

b) a potência empregada pelo motor que movimenta a escada rolante para elevar o passageiro.

Respostas:

a) –2,94 kJ; b) 147 W.

8. Um motor é utilizado para elevar verticalmente um bloco de massa 200 kg a uma altura de 2,00 m em 4,00 s, com velocidade constante. Sendo $g = 9,80$ m/s², determine:

a) o trabalho efetuado pelo motor no deslocamento considerado;

b) a potência empregada pelo motor para elevar o bloco;

Respostas:

a) 3,92 kJ; b) 980 W.

ENERGIA CINÉTICA, ENERGIA POTENCIAL, ENERGIA MECÂNICA

9. Considere um carrinho de 180 kg abandonado do repouso do alto de uma montanha-russa de altura 25,0 m. Despreze atritos e a resistência do ar e adote $g = 9{,}80$ m/s^2.

   a) Qual é a energia potencial gravitacional armazenada no sistema carrinho–Terra (em relação ao solo) no instante inicial?

   b) Qual é a velocidade do carrinho no instante em que sua altura em relação ao solo é de 10 m?

   Respostas:

   a) $44{,}1 \cdot 10^3$ J; b) 17,1 m/s.

10. Numa montanha-russa um carrinho de 200 kg de massa parte do repouso do ponto A, que está a 10,0 m de altura. Supondo-se que o atrito e a resistência do ar sejam desprezíveis, pedem-se:

    a) a velocidade do carrinho no ponto B;

    b) a velocidade do carrinho no ponto C, que está a 3,00 m de altura.

    c) a energia mecânica do carrinho em A, B e C.

    Adote $g = 9{,}80$ m/s^2.

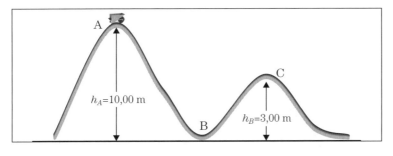

Figura 6.28

Respostas:

a) 14,0 m/s; b) 11,7 m/s;

c) $EM_A = EM_B = EM_C = 19{,}6 \cdot 10^3$ J.

11. Um corpo de dimensões desprezíveis e 1,50 kg de massa desliza sobre uma pista onde o atrito não é desprezível, passando pelos pontos A e B, conforme a figura. Calcule o trabalho realizado pela força de atrito no trecho AB considerando que as velocidades do corpo nos pontos A e B têm módulos iguais a 10,00 m/s e 3,00 m/s, respectivamente. Despreze a resistência do ar e adote $g = 9,80$ m/s^2.

Figura 6.29

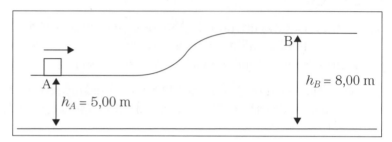

Resposta:
−24,2 J

12. Um bloco de massa m tem velocidade v_0 no ponto A da figura e desliza por uma pista constituída por dois trechos planos e uma depressão intermediária. A força de atrito entre o bloco e a pista é desprezível entre os pontos A e B. No trecho BC o coeficiente de atrito cinético entre o bloco e a pista é μ_C. O bloco para em C e o desnível entre os pontos A e B é h. Durante todo o deslocamento, o corpo mantém contato com a superfície da pista. A resistência do ar é desprezível e a aceleração local da gravidade é g.

Figura 6.30

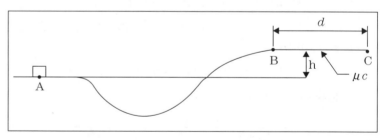

a) Determine o trabalho realizado pela força gravitacional para levar o corpo do ponto A ao ponto B.

b) Determine a velocidade do corpo em B.

c) Determine a distância d percorrida pelo corpo no trecho BC.

d) A energia mecânica do bloco é conservada durante todo o percurso? Justifique.

Resposta:

a) $-m \cdot g \cdot h$; b) $\sqrt{2 \cdot \left(\dfrac{v_0^2}{2} - g \cdot h\right)}$; c) $\dfrac{1}{\mu_C} \cdot \left(\dfrac{v_0^2}{2 \cdot g} - h\right)$; d) não.

13. Um bloco de massa m encontra-se encostado em uma mola de constante elástica K que está comprimida contra um anteparo fixo. Soltando-se a mola, o corpo é empurrado sobre uma superfície horizontal e lisa até o ponto B, onde a mola possui o seu comprimento natural e o corpo escapa da mola por não estar ligado a ela. O corpo prossegue a trajetória retilínea e áspera BC de comprimento d, parando em C. O coeficiente de atrito cinético entre o bloco e a superfície horizontal BC é μ_C. Despreze a resistência do ar e considere a aceleração da gravidade no local g.

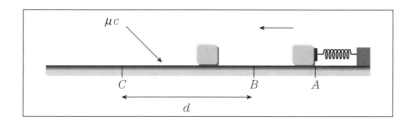

Figura 6.31

a) Para cada trecho do movimento (AB e BC) verificar se a energia mecânica do bloco se conserva, justificando suas respostas.
b) Determinar a compressão inicial da mola.
c) Determinar a velocidade do bloco ao passar pelo ponto B.

Respostas:

a) trecho AB: sim, trecho BC: não; b) $\sqrt{\dfrac{2 \cdot \mu_C \cdot m \cdot g \cdot d}{k}}$;

c) $\sqrt{2 \cdot \mu_C \cdot g \cdot d}$.

14. Um bloco de 1,50 kg é abandonado do ponto A de uma altura de 1,22 m com relação à direção horizontal, como mostra a Figura 6.32. O bloco desce o plano inclinado chegando em B com velocidade 4,00 m/s, atravessa o trecho retilíneo e atinge uma mola ideal de constante elástica de 124 N/m comprimindo-a, a partir de sua posição de equilíbrio, antes de ficar momentaneamente em repouso no ponto C. A distância entre os pontos B e C é 2,00 m e o coeficiente de atrito entre o bloco e toda a superfície de contato (trechos AB e BC) é 0,250. A aceleração da gravidade no local é 9,80 m/s². Despreze a resistência do ar e as dimensões do bloco. Determinar:

a) o trabalho realizado pela força de atrito no deslocamento do bloco ao longo do plano inclinado (trecho AB);
b) a máxima compressão da mola.

Figura 6.32

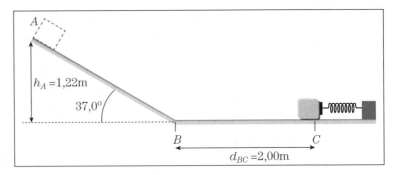

Respostas:

a) - 5,95 J; b) 27,3 cm

15. Um corpo de massa 1,5 kg e dimensões desprezíveis é abandonado do repouso do alto de um plano inclinado de altura h_A e chega ao ponto B, base do plano inclinado, com velocidade de 4,0 m/s. O plano inclinado é áspero e o coeficiente de atrito cinético entre o corpo e a superfície do plano é 0,25. Para o trecho BCD o atrito é desprezível. Considere que a aceleração local da gravidade seja 9,8 m/s². Despreze a resistência do ar.

Figura 6.33

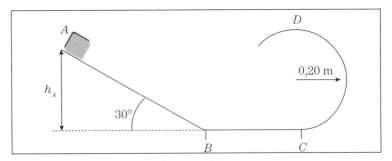

a) Determinar o trabalho total das forças que atuam sobre o corpo no trecho AB.

b) Usar um método de energia para determinar a altura h_A.

c) Calcular a velocidade do corpo em D.

Respostas:

a) 12 J; b) 1,4 m; c) 2,9 m/s.

16. Um bloco de massa 2,00 kg de dimensões desprezíveis encontra-se encostado em uma mola de constante elástica 1.600 N/m que está comprimida contra um anteparo fixo. Soltando-se a mola, o corpo é empurrado sobre uma superfície horizontal e lisa até o ponto B, onde o corpo escapa da mola por não estar ligado a ela. O corpo prossegue sobre o

trilho áspero BCD, onde a força de atrito realiza um trabalho de − 10,4 J. Despreze a resistência do ar e considere a aceleração da gravidade no local 9,80 m/s².

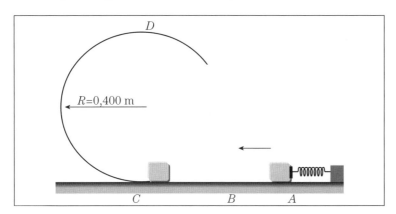

Figura 6.34

a) Para cada trecho do movimento (AB, BC e CD) identifique as forças que realizam trabalho caracterizando-as em conservativas e não conservativas. Justifique suas respostas.

b) Determine a *mínima* compressão da mola para que o corpo consiga atingir o ponto D sem cair.

Respostas:

a) Trecho AB: força elástica – conservativa.

Trecho BC: força de atrito – não conservativa.

Trecho CD: força de atrito – não conservativa; força peso – conservativa.

b) 0,181 m.

17. Um corpo A de massa 3,00 kg está inicialmente em repouso sobre uma superfície inclinada, sem atrito, e amarrado a uma corda de massa desprezível que passa por uma roldana também sem atrito. A outra extremidade da corda está presa a um corpo B de massa 4,00 kg como mostra a figura. A roldana e a corda são ideais. Em um certo instante

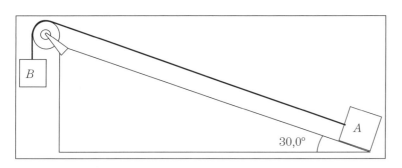

Figura 6.35

o sistema é abandonado do repouso e os blocos passam a se movimentar com aceleração constante. A aceleração da gravidade no local é 9,80 m/s². Despreze a resistência do ar. Calcule a velocidade do bloco B após descer 0,300 m, utilizando um método de energia.

Resposta:

1,45 m/s.

18. Um mola, de constante elástica k = 260 N/m e comprimento natural L_0 = 0,18 m, tem uma de suas extremidades presa a um anel de massa 0,40 kg, que pode deslizar com atrito desprezível numa haste horizontal. A outra extremidade da mola é fixa num ponto B.

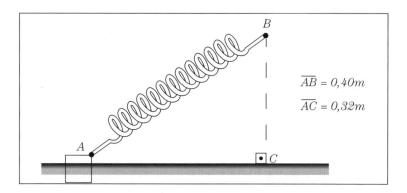

A partir do repouso, o anel é abandonado no ponto A. Qual a velocidade com que o anel passa pelo ponto C?

Resposta:

v_c = 5,4 m/s

Roberto Verzini

7.1 INTRODUÇÃO

No estudo da Dinâmica (movimento dos corpos), os objetos passam a ser caracterizados pela sua massa, uma vez que a massa do objeto é a grandeza responsável por resistir, mais ou menos fortemente, a uma influência externa. Essa influência, responsável pela variação do estado de movimento do objeto, é denominada força resultante externa, ou resultante das forças que atuam sobre o objeto. Quando a força resultante é conhecida completamente (seu módulo, sua direção e seu sentido), podemos prever o futuro da partícula. Entretanto, nem sempre isso é possível e, às vezes, conhecemos a força resultante, mas ao utilizar esse conhecimento para estudar o movimento da partícula, podemos nos deparar com situações em que são necessários cálculos matemáticos um tanto complicados.

No Capítulo 6, tais dificuldades puderam ser contornadas com a aplicação do Princípio da Conservação da Energia.

Neste capítulo outro princípio de conservação será igualmente útil para contornar algumas dificuldades de, por exemplo, saber qual o valor de uma força que atua num intervalo de tempo muito pequeno, como o intervalo de tempo de uma colisão que ocorre entre dois veículos ou, a força que atua em uma bola caindo em queda livre no momento em que ela atinge o chão, invertendo o sentido de sua velocidade ou, ainda, a interação entre duas bolas de bilhar etc. Estudaremos uma nova grandeza física que também se conserva sob determinadas condições, o momento linear.

O momento linear já era conhecido na época de Newton e, portanto, antes da época em que foi estabelecido o Princípio da Conservação da Energia. Nessa época, a grandeza era denominada quantidade de movimento, atualmente a denominação momento linear é mais utilizada.

7.2 MOMENTO LINEAR E IMPULSO

O momento linear é uma grandeza que está associada à massa da partícula e à sua velocidade, para a sua representação usaremos o símbolo $\vec{p}$ e sua definição é $\vec{p} = m \cdot \vec{v}$. Como $\vec{v}$ é uma grandeza vetorial e m um escalar positivo, $\vec{p}$ é uma grandeza vetorial que possui mesma direção e mesmo sentido da velocidade da partícula.

Logo, $\vec{p} = m \cdot \vec{v}$ tem unidade kg·m/s no S.I. (7.1)

Consideremos uma bola de massa $m = 0{,}40$ kg que se movimenta sobre uma mesa horizontal numa trajetória retilínea com velocidade escalar $v = 3{,}0$ m/s numa direção que forma com o eixo x um ângulo de 30°.

Figura 7.1

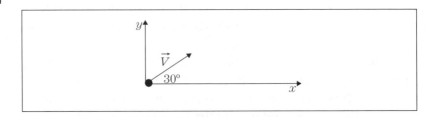

O módulo do seu momento linear é dado por $p = 1{,}2$ kg·m/s.

Usando vetores unitários, seu momento linear pode ser escrito na forma:

$$\vec{p} = p_x \hat{i} + p_y \hat{j} \Rightarrow \vec{p} = 1{,}04\hat{i} + 0{,}60\hat{j} \qquad (7.2)$$

Em geral, o momento linear pode ser expresso na forma:

$$\vec{p} = p_x \hat{i} + p_y \hat{i} + p_z \hat{k} \qquad (7.3)$$

Consideremos uma partícula de massa $m = 2{,}0\,kg$ movendo-se numa trajetória circular com velocidade escalar constante $v = 4{,}0\,m/s$, como mostra a Figura 7.2.

Figura 7.2

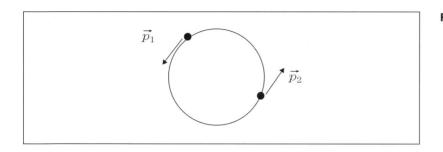

Neste caso, $|\vec{p}_1| = |\vec{p}_2| = 8,0\,\text{kg}\cdot\text{m/s}$, mas $\vec{p}_1$ é diferente de $\vec{p}_2$ uma vez que o vetor $\vec{v}$ varia. Nas duas situações, se o módulo de $\vec{v}$ não variar, o módulo de $\vec{p}$ também não varia já que a massa m da partícula é constante. Nesse movimento, uma força centrípeta é responsável pela variação da direção de $\vec{p}$.

Inicialmente, analisemos a situação em que ocorre interação por meio de uma força constante, na direção de $\vec{v}$. Nesse caso podemos escrever a segunda lei de Newton na forma:

$$\vec{F} = m \cdot \vec{a} \qquad (7.4)$$

Sendo a força constante a partícula terá uma aceleração constante e igual a sua aceleração média. Logo:

$$\vec{F} = m \cdot \frac{\Delta \vec{v}}{\Delta t} \qquad (7.5)$$

$$\vec{F} \cdot \Delta t = m \cdot \Delta \vec{v} \qquad (7.6)$$

Ao produto $\vec{F} \cdot \Delta t$ é dado o nome de Impulso da força $\vec{F}$, portanto $\vec{I} = \vec{F} \cdot \Delta t$ é uma nova grandeza vetorial que no (S.I.) tem unidade newton · segundo (N · s). O segundo membro dessa equação: $m \cdot \Delta \vec{v} = m \cdot \vec{v}_f - m \cdot \vec{v}_i$ é portanto, a variação do momento linear da partícula, onde $\vec{v}_f$ velocidade final e $\vec{v}_i$ = velocidade inicial, e a equação 7.6 pode então ser escrita na forma:

$$\vec{I} = \vec{p}_f - \vec{p}_i \qquad (7.7)$$

conhecida como o Teorema do Impulso e Momento Linear.

Exemplo I

Um ciclista pesando 588 N se movimenta numa trajetória elíptica de um velódromo com velocidade escalar constante de 11 m/s.

a) Qual o módulo do momento linear do ciclista?

b) O momento linear é constante?

Solução:

a) $p = \dfrac{588 \text{ N}}{9,8 \text{ m/s}^2} \cdot 11 \text{ m/s} = 660 \text{ kg} \cdot \text{m/s}$.

b) Não, o momento linear não é constante, pois a direção do vetor velocidade varia.

Exemplo II

Um veículo de massa 820 kg parte do repouso e acelera a uma taxa de $9,0 \text{ m/s}^2$ durante 8,0 segundos.

a) Qual o módulo do seu momento linear 8,0 segundos após o início do movimento?

b) Qual o impulso aplicado ao veículo durante o 1º segundo do movimento? E no último segundo do movimento?

Solução:

a) O veículo, partindo do repouso em movimento uniformemente variado, apresenta velocidade $v = v_0 + a \cdot t$.

Após 8,0 segundos $v = 8,0 \cdot 9,0 \Rightarrow v = 72$ m/s.

$$p = m \cdot v \Rightarrow p = 5,9 \cdot 10^4 \text{ kg} \cdot \text{m/s}$$

b) $F = m \cdot a = 7.380 \text{ N}; \quad \Delta t = 1,0 \text{ s}$

$I = F \cdot \Delta t \Rightarrow I = 7.380 \text{ N} \cdot \text{s}$.

Exemplo III

Um objeto de massa 20 kg repousa sobre uma superfície de gelo quando começa a atuar nele uma força paralela à superfície, de intensidade variável $F = 30t$. Aplicando o conceito de Impulso, determinar:

a) a velocidade escalar do objeto nos instantes 2,0 s e 3,0 s e

b) o instante em que a velocidade atinge em 10 m/s.

Podemos determinar o impulso de uma força variável através do gráfico $F \times t$ da figura

Figura 7.3

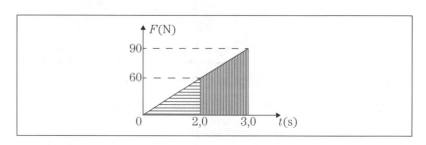

Momento linear e impulso   233

Solução:

a) De $t = 0$s a $t = 2,0$s

$$I = \int F \cdot dt = \int 30 \cdot t \cdot dt = 15 \cdot t^2$$

De $t = 0$s a $t = 2,0$s, $I = 60$ N·s

$60 = p_f - p_i = 20 \cdot v - 20 \cdot 0 = 20 \cdot v$

$v = 3,0$ m/s

De $t = 0$s a $t = 3,0$s

$I = 135$ N·s

$135 = p_f - p_i = 20 \cdot v - 20 \cdot 0$

$v = 6,7$ m/s

b) De $t = 0$ s até o instante em que a velocidade atinge 10 m/s

$$I = \int 30 \cdot t \cdot dt = 15 \cdot t^2$$

$15 \cdot t^2 = p_f - p_i = 20 \cdot v - 20 \cdot 0$

$t = 3,65$ s.

Exemplo IV

Uma bola de 0,5 kg é atirada do chão com velocidade inicial $\vec{v} = 3,0\hat{i} + 4,0\hat{j}$ (m/s).

Considerando o peso da bola a única força atuante durante sua trajetória,

a) qual o momento linear inicial da bola?
b) qual o momento linear no instante em que atingir sua altura máxima?
c) em quanto tempo ela atinge sua altura máxima?
d) qual o impulso aplicado durante esse tempo?

Solução:

a) $\vec{p} = m \cdot \vec{v} = 0,5 \cdot (3,0\hat{i} + 4,0\hat{j})$ kg·m/s = $1,5\hat{i} + 2,0\hat{j}$ (kg·m/s)

$\vec{p} = 2,5$ kg·m/s $\angle 53°$

b) Na altura máxima $\vec{v} = 3,0\hat{i}$

$\vec{p} = (0,5 \cdot 3,0)\hat{i}$, $\vec{p} = 1,5$ kg·m/s $\angle 0°$

c) $\vec{F} \cdot \Delta t = m \cdot (\vec{v}_f - \vec{v}_i)$

$-(m \cdot g)\hat{j} \cdot \Delta t = -(0,5 \cdot 9,8)\hat{j} \cdot \Delta t = 0,5 \cdot \left[3,0\hat{i} - (3,0\hat{i} + 4,0\hat{j})\right]$

$(4,9 \cdot t)\hat{j} = 2,0\hat{j} \Rightarrow t = 0,41\,\text{s}$

d) $\vec{F} \cdot \Delta t = (m \cdot g)\hat{j} \cdot \Delta t = -(0,5\,\text{kg} \cdot 9,8\,\text{m/s}^2 \cdot 0,41\,\text{s})\hat{j}$

$= -2,0(\text{N} \cdot \text{s})\hat{j}$

7.3 CENTRO DE MASSA

No movimento de um corpo extenso ou de um sistema físico contendo mais de um corpo, existe sempre um ponto no corpo ou nas imediações do sistema composto que apresenta um comportamento semelhante ao de uma partícula. Esse ponto é denominado centro de massa (CM) do corpo ou do sistema.

Por exemplo, quando lançamos uma bolinha sob ação exclusiva da força gravitacional, sua trajetória tem a forma de uma parábola.

Figura 7.4

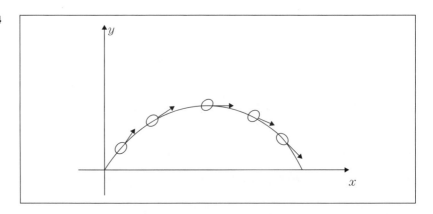

Ao lançarmos nas mesmas condições, por exemplo, um martelo, observamos um movimento de translação e também um movimento de rotação em torno de um ponto, e esse ponto também descreve uma trajetória parabólica, como se fosse uma bolinha. Esse ponto se comporta como se toda a massa do martelo estivesse concentrada nele, o CM do martelo.

Dependendo da geometria desse corpo extenso o CM pode ficar fora do corpo.

Se um sistema físico é formado por dois ou mais corpos que interagem entre si, as forças internas não interferem no movi-

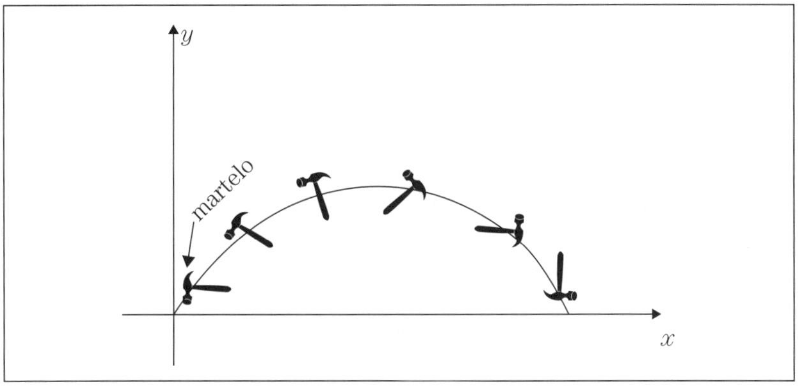

Figura 7.5

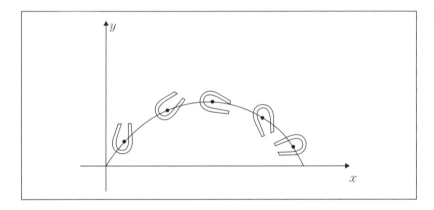

mento do CM, mas se a configuração do sistema mudar, o CM também pode mudar de lugar.

Como exemplo, podemos citar o CM do corpo humano, que muda conforme a posição do corpo.

Figura 7.6

7.3.1 COMO DETERMINAR O CENTRO DE MASSA

Consideremos uma mesa de bilhar com quatro bolas de bilhar de massa m cada uma. Suas posições são definidas em termos de um sistema ortogonal formado pelas laterais da mesa, como mostra a Figura 7.7.

No plano, as coordenadas do CM são e x_{CM} e y_{CM}

$$x_{CM} = \frac{m \cdot (x_1 + x_2 + x_3 + x_4)}{4 \cdot m} = \frac{(x_1 + x_2 + x_3 + x_4)}{4}$$

$$y_{CM} = \frac{m \cdot (y_1 + y_2 + y_3 + y_4)}{4 \cdot m} = \frac{(y_1 + y_2 + y_3 + y_4)}{4}$$

Em geral, num sistema de coordenadas cartesiano $0\ x\ y\ z$, consideremos as partículas:

Figura 7.7

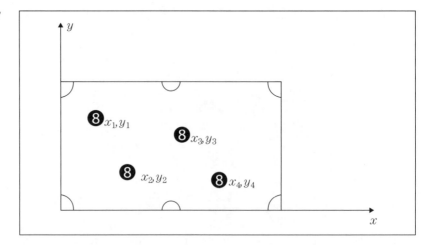

P_1 com coordenadas (x_1, x_1, z_1) e massa m_1
P_2 com coordenadas (x_2, x_2, z_2) e massa m_2
P_3 com coordenadas (x_3, x_3, z_3) e massa m_3

$$x_{CM} = \frac{(x_1 \cdot m_1 + x_2 \cdot m_2 + x_3 \cdot m_3)}{(m_1 + m_2 + m_3)} \quad (7.8a)$$

$$y_{CM} = \frac{(y_1 \cdot m_1 + y_2 \cdot m_2 + y_3 \cdot m_3)}{(m_1 + m_2 + m_3)} \quad (7.8b)$$

$$z_{CM} = \frac{(z_1 \cdot m_1 + z_2 \cdot m_2 + z_3 \cdot m_3)}{(m_1 + m_2 + m_3)} \quad (7.8c)$$

Na Figura 7.8, um prisma é formado a partir de um cubo de aresta a dividido em duas partes por um plano diagonal. Despreze a massa do prisma e considere um sistema formado por seis esferas de massa m cada uma, colocadas nos vértices desse prisma. Calcular o CM desse sistema.

Figura 7.8

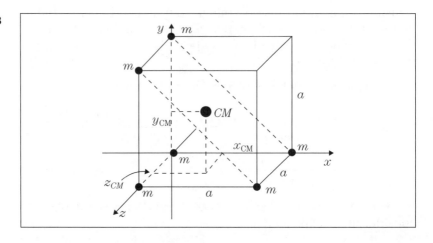

Considerando um sistema cartesiano $0xyz$ com origem num vértice do prisma,

$$X_{CM} = \frac{(a \cdot m + a \cdot m)}{6 \cdot m} = \frac{a}{3}$$

$$Y_{CM} = \frac{(a \cdot m + a.m)}{6 \cdot m} = \frac{a}{3}$$

$$Z_{CM} = \frac{(a \cdot m + a \cdot m + a \cdot m)}{6 \cdot m} = \frac{a}{2}$$

Agora, considere esse mesmo prisma como um corpo homogêneo de massa M e determine seu CM.

Para um corpo extenso com distribuição de massa uniforme, sendo $\rho = \frac{M}{V}$,

$$X_{CM} \Rightarrow \frac{\int x \cdot dm}{\int dm} \Rightarrow \frac{\int x \cdot \rho \cdot dV}{M} \Rightarrow \frac{1}{V} \cdot \int x \cdot dV \quad (7.9a)$$

$$Y_{CM} \Rightarrow \frac{\int y \cdot dm}{\int dm} \Rightarrow \frac{\int y \cdot \rho \cdot dV}{M} \Rightarrow \frac{1}{V} \cdot \int y \cdot dV \quad (7.9b)$$

$$Z_{CM} \Rightarrow \frac{\int z \cdot dm}{\int dm} \Rightarrow \frac{\int z \cdot \rho \cdot dV}{M} \Rightarrow \frac{1}{V} \cdot \int z \cdot dV \quad (7.9c)$$

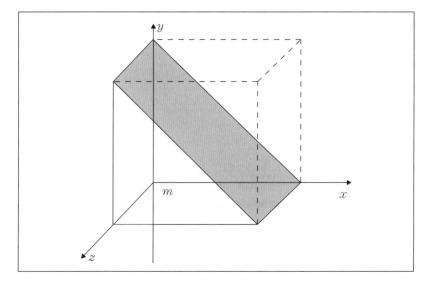

Figura 7.9

Dividindo o prisma em "fatias" paralelas ao plano yz com elemento de massa $dm = \rho \cdot dV$ onde $dV = a \cdot (a - x)dx$, da equação 7.9a

$$X_{CM} = \frac{1}{a^3/2} \cdot \int x \cdot a \cdot (a-x)\,dx$$

$$X_{CM} = \frac{1}{\frac{a^3}{2}}\left(\frac{a^2 \cdot x^2}{2} - \frac{a \cdot x^3}{3}\right) = \frac{a}{3}$$

Fazendo o mesmo para o plano encontramos

$$Y_{CM} = \frac{a}{3}$$

Para determinar Z_{CM}, dividimos o prisma em "fatias" paralelas ao plano xy onde $dV = \frac{a^2}{2} \cdot dz$, logo

$$Z_{CM} = \frac{1}{a^3/2} \cdot \int z \cdot \frac{a^2}{2} \cdot dz$$

$$Z_{CM} = \frac{a}{2}$$

7.3.2 MOVIMENTO DO CENTRO DE MASSA

$$\vec{r}_{CM} = X_{CM}\hat{i} + Y_{CM}\hat{j} + Z_{CM}\hat{k} \qquad (7.10)$$

$$\vec{r}_{CM} = \frac{(m_1 \cdot x_1 + m_2 \cdot x_2 + \cdots)}{M}\hat{i} + \frac{(m_1 \cdot y_1 + m_2 \cdot y_2 + \cdots)}{M}\hat{j} +$$
$$+ \frac{(m_1 \cdot z_1 + m_2 \cdot z_2 + \cdots)}{M}\hat{k}$$

$$\vec{v}_{CM} = \frac{d(\vec{r}_{CM})}{dt}$$

$$\vec{v}_{CM} = \frac{1}{M} \cdot \begin{bmatrix}(m_1 \cdot v_{1x}\hat{i} + m_1 \cdot v_{1y}\hat{j} + m_1 \cdot v_{1z}\hat{k}) + \\ (m_2 v_{2x}\hat{i} + m_2 \cdot v_{2y}\hat{j} + m_2 \cdot v_{2z}\hat{k}) + \\ (m_3 v_{3x}\hat{i} + m_3 \cdot v_{3y}\hat{j} + m_3 \cdot v_{3z}\hat{k}).\end{bmatrix} \qquad (7.11)$$

$$M.\vec{V}_{CM} = \sum m_i.\vec{v}_i = \sum \vec{p}_i = \vec{P} \qquad (7.12)$$

Derivando a equação acima temos:

$$\frac{d\vec{P}}{dt} = \sum \frac{d(m_i \cdot \vec{v}_i)}{dt} = \sum \vec{F}_i = \vec{F}_{ext}. \qquad (7.13)$$

Exemplo V

Considere duas partículas de massas $m_a = 2,0\,\text{kg}$ e $m_b = 3,0\,\text{kg}$ em movimento retilíneo com velocidades $V_a = 5,0\,\text{m/s}$ e $V_b = 4,0\,\text{m/s}$. Qual a velocidade do CM do sistema?

Solução:

Em qualquer instante a posição do CM é dada por:

$$X_{CM} = \frac{(m_a \cdot x_a + m_b \cdot x_b)}{(m_a + m_b)}$$

Logo $X_{CM} = \frac{(m_a \cdot v_a \cdot t + m_b \cdot v_b \cdot t)}{(m_a + m_b)}$

Se $V_{CM} = \frac{dX_{CM}}{dt} = \frac{(m_a \cdot v_a + m_b \cdot v_b)}{(m_a + m_b)}$

$$V_{CM} = \frac{(2,0 \cdot 5,0 + 3,0 \cdot 4,0)}{5,0} = 4,4 \text{ m/s}.$$

Exemplo VI

Agora considere três partículas de massas $m_a = 5,0$ kg, $m_b = 4,0$ kg e $m_c = 2,0$ kg que se movimentam com velocidades: $\vec{v}_a = 3,0$ m/s $\hat{i}$, $\vec{v}_b = 5,0$ m/s $\hat{j}$ e $\vec{v}_c = 6,0$ m/s $\hat{k}$.

a) Qual o momento linear do sistema e
b) qual a velocidade do CM?

Solução:

a) $\vec{P}_{sistema} = \sum m_i \cdot \vec{v}_i = 5,0 \cdot 3,0\hat{i} + 4,0 \cdot 5,0\hat{j} + 2,0 \cdot 6,0\hat{k}$
$\vec{P}_{sistema} = 15,0\hat{i} + 20,0\hat{j} + 12,0\hat{k}$

b) Da equação 7.11

$$\vec{V}_{CM} = \frac{1}{M} \cdot \sum \vec{P}_i = \frac{1}{11} \cdot (15,0\hat{i} + 20,0\hat{j} + 12,0\hat{k})$$

Logo $\vec{V}_{CM} = 1,4\hat{i} + 1,8\hat{j} + 1,1\hat{k}$.

7.3.3 ACELERAÇÃO DO CENTRO DE MASSA

Da equação 7.11 $M \cdot \vec{V}_{CM} = \vec{P}$

$$\frac{d\vec{p}}{dt} = \vec{F}_{ext} = M \cdot \frac{d\vec{V}_{CM}}{dt} = M \cdot \vec{a}_{CM} \qquad (7.13)$$

Exemplo VII

Duas partículas, de massas $m_A = 6,0$ kg e $m_B = 10$ kg, estão inicialmente em repouso sobre uma superfície horizontal onde elas podem se movimentar livremente. Num determinado momento, são aplicadas duas forças $\vec{F}_A = 10,0\,\text{N}\hat{j}$ e $\vec{F}_B = 15,0\,\text{N}\hat{i}$ nas partículas.

Figura 7.10

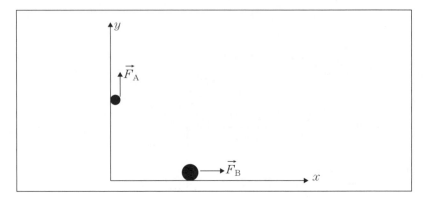

a) Qual é a aceleração do centro de massa do sistema formado pelas duas partículas?

b) Determinar a velocidade do CM após um instante t.

Solução:

a) $\vec{a}_{CM} = \dfrac{\vec{F}_{ext}}{M} = \dfrac{(\vec{F}_A + \vec{F}_B)}{M} = \dfrac{(15\,\text{N}\hat{i} + 10\,\text{N}\hat{j})}{16}$

$\vec{a}_{CM} = (0,94\,\hat{i} + 0,63\,\hat{j})\,\text{m/s}^2$

b) $\dfrac{d\vec{v}_{CM}}{dt} = \vec{a}_{CM}$. Como $\vec{a}_{CM} = \text{constante} \Rightarrow \vec{v}_{CM} = \vec{a}_{CM} \cdot t$

logo $\vec{v}_{CM} = (0,94 \cdot t\hat{i} + 0,63 \cdot t\,\hat{j})\,\text{m/s}$

7.4 MOMENTO LINEAR E ENERGIA CINÉTICA

Uma força atuando sobre uma partícula durante certo deslocamento realiza um trabalho sobre essa partícula, aumentando ou reduzindo sua energia cinética.

De acordo com o teorema do trabalho e da energia cinética, o trabalho realizado pela força é igual à variação da energia cinética da partícula. Essa mesma força, agindo durante um intervalo de tempo, impulsiona a partícula, mudando sua velocidade e, consequentemente, o seu momento linear.

Momento linear e energia cinética são grandezas físicas que, sob determinadas condições, se conservam. Usaremos esses princípios para prever o estado de movimento futuro da partícula.

A variação do momento linear de uma partícula tem como agente responsável uma força externa aplicada durante um intervalo de tempo Δt, $\vec{I} = \vec{F} \cdot \Delta t = \vec{p}_f - \vec{p}_i$. A variação da energia cinética de uma partícula tem como agente responsável uma força externa aplicada durante um deslocamento $\Delta \vec{s}$ da partícula. $\vec{F} \cdot \Delta \vec{s} = EC_f - EC_i$.

Impulso e momento linear são grandezas físicas vetoriais, trabalho e energia cinética são grandezas físicas escalares. Mesmo conhecendo o módulo do momento linear e a energia cinética de um objeto, não podemos estabelecer uma correlação entre estas grandezas e suas influências na mudança do estado de movimento do corpo.

Vejamos, por exemplo, o caso de dois objetos de massas m e $3m$ que se movem com velocidades v e $v/3$ respectivamente. Seus momentos lineares são iguais a $p = m \cdot v$.

Para parar estes objetos num intervalo de tempo Δt devo aplicar uma força F tal que, de acordo com o teorema do impulso e momento linear $F \cdot \Delta t = 0 - m \cdot v$ ou $F = -\dfrac{m \cdot v}{\Delta t}$.

Para cada objeto temos:

No primeiro caso: $\tau_1 = {}^-F \cdot \Delta x_1 = \dfrac{-1}{2} \cdot m \cdot v^2$.

No segundo caso: $\tau_2 = {}^-F \cdot \Delta x_2 = -\dfrac{1}{2} \cdot 3 \cdot m \cdot \left(\dfrac{v}{3}\right)^2 = -\dfrac{1}{2} \cdot \dfrac{m \cdot v^2}{3}$.

Consequentemente, $\Delta x_1 = 3 \cdot \Delta x_2$, logo o trabalho para parar o objeto de massa m é 3 vezes maior que o trabalho para parar o objeto de massa $3m$.

Exemplo VIII

Com o objetivo de avaliar o trabalho realizado para parar dois veículos de diferentes massas e diferentes velocidades que, em movimento, possuem o mesmo momento linear, foi realizada uma experiência envolvendo um caminhão de massa 12 000 kg em movimento com velocidade de 4 m/s, um automóvel de massa 1 200 kg em movimento com velocidade de 40 m/s e um bloco de concreto de massa 10 000 kg, em repouso apoiado sobre uma superfície horizontal cujo coeficiente de atrito dinâmico com o bloco é de 0,40.

A experiência foi realizada provocando uma colisão entre cada veículo em movimento e o bloco inicialmente em repouso.

Calcular o deslocamento provocado no bloco pelos veículos até atingir o repouso e o trabalho realizado pela força de atrito nos dois casos.

Solução:

Para o caminhão:

$m = 1,2 \cdot 10^4$ kg, $v_i = 4,0$ m/s $\Rightarrow p_i = 48 \cdot 10^3$ kg·m/s
ao atingir o repouso, $p_f = 0$.

$$F \cdot \Delta s = EC_f - EC_i \Rightarrow F \cdot \Delta s = 0 - \frac{1}{2} \cdot m \cdot v_i^2 = -\frac{1}{2} \cdot 12 \cdot 10^3 \cdot 4^2$$

Logo $\tau = -96 \cdot 10^3$ joules.

$\tau_{fat} = -m \cdot g \cdot \mu_c \cdot \Delta s = -96 \cdot 10^3 \Rightarrow \Delta s = 2,45$ m

Para o automóvel:

$m = 1,2 \cdot 10^3$ kg, $v_i = 40$ m/s $\Rightarrow p_i = 48 \cdot 10^3$ kg·m/s
ao atingir o repouso, $p_f = 0$.

$$F \cdot \Delta s = EC_f - EC_i \Rightarrow F \cdot \Delta s = 0 - \frac{1}{2} \cdot m \cdot v_i^2 = -\frac{1}{2} \cdot 12 \cdot 10^3 \cdot 40^2$$

Logo $\tau = -960.10^3$ joules

$\tau_{fat} = -m \cdot g \cdot \mu_c \cdot \Delta s = -960 \cdot 10^3 \Rightarrow \Delta s = 24,5$ m.

7.5 CONSERVAÇÃO DO MOMENTO LINEAR

Já dissemos que o momento linear é uma grandeza física vetorial que se conserva sob determinadas condições. Agora pretendemos definir uma lei de conservação para o momento linear a fim de determinar o movimento de uma partícula após sofrer uma interação.

Inicialmente, consideremos um sistema constituído por duas partículas que estão sendo observadas num sistema de referência inercial; portanto, podemos aplicar as leis de *Newton* ao movimento destas partículas.

Seja o sistema formado pelas partículas A e B, conforme a Figura 7.11.

Figura 7.11

Podemos ter uma interação entre A e B de tal modo que identificamos a força aplicada na partícula A pela partícula B por $\vec{F}_{AB}$ e a força aplicada na partícula B pela partícula A por $\vec{F}_{BA}$. Essas forças são internas ao sistema.

Qualquer outra força aplicada por outro agente C é considerada uma força externa ao sistema. Na ausência de forças externas, nosso sistema é chamado de um sistema isolado.

Pela terceira lei de Newton

$$F_{AB} = F_{BA} \text{ e } \vec{F}_{AB} = -\vec{F}_{BA} \text{ ou } \vec{F}_{AB} + \vec{F}_{BA} = 0 \qquad (7.14)$$

A segunda lei de Newton, enunciada na forma:

$$\vec{F} = \frac{d\vec{p}}{dt} \qquad (7.15)$$

aplicada à equação (7.14) onde $\vec{F}_{AB} = \dfrac{d\vec{p}_A}{dt}$ e $\vec{F}_{BA} = \dfrac{d\vec{p}_B}{dt}$

resulta $\dfrac{d\vec{p}_A}{dt} + \dfrac{d\vec{p}_B}{dt} = \vec{0} \Rightarrow d\vec{p}_A + d\vec{p}_B = \vec{0} \Rightarrow \vec{p}_A + \vec{p}_B = \text{constante}$

Então, a variação do momento linear total de um sistema isolado é zero. Logo num sistema isolado o momento linear total é constante.

Para um sistema isolado formado por n partículas

$$\vec{P} = \vec{p}_1 + \vec{p}_2 + \vec{p}_3 + \ldots + \vec{p}_n = \text{constante}$$

Exemplo IX

Dois trenós de massas $m_A = 14,0\,\text{kg}$ e $m_B = 8,0\,\text{kg}$ movem-se numa pista de gelo horizontal e sem atrito, com velocidades $v_A = 7,0\,\text{m/s}$ e $v_B = 5,0\,\text{m/s}$, conforme figura.

Figura 7.12

O trenó A colide com o trenó B e, após a colisão, os dois ficam ligados, passando a se movimentar com uma única velocidade v. Determinar a velocidade v após a colisão.

Solução:

Antes da colisão, as forças que atuam sobre os trenós são: a força peso e a força normal, que se equilibram; logo, temos um sistema isolado.

Na colisão surgem as forças: $\vec{F}_{AB}$ e $-\vec{F}_{BA}$ internas ao sistema, que se anulam.

Então: $\vec{P}_f = \vec{P}_i$

$\vec{p}_A + \vec{p}_B = \vec{P}_{AB}$

$$m_A \cdot v_A + m_B \cdot v_B = (m_A + m_B) \cdot v$$

$$14,0 \cdot 7,0 + 8,0 \cdot 5,0 = 22,0 \cdot v \Rightarrow v = 6,3 \text{ m/s}.$$

7.6 COLISÃO ENTRE PARTÍCULAS

Dizemos que ocorreu uma colisão quando dois corpos se chocam. Exemplos mais comuns são o choque entre dois automóveis, entre duas bolas de bilhar etc. Podemos citar vários outros exemplos em que, do ponto de vista macroscópico, ocorre o contato entre os dois objetos. Mas também podemos dizer que ocorre uma colisão quando partículas microscópicas como átomos, elétrons ou partículas com carga elétrica se aproximam, a ponto de serem desviadas por conta de forças elétricas entre elas, conforme esquema abaixo:

Figura 7.13

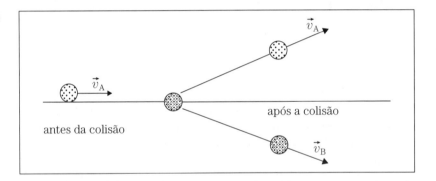

De um modo geral, podemos dizer que ocorre uma colisão quando existe uma interação entre dois corpos, num intervalo de tempo relativamente curto, de tal modo que durante esse intervalo de tempo podemos desprezar efeitos produzidos por agentes externos ao sistema formado pelos corpos envolvidos no choque. Esse sistema então é considerado um sistema isolado.

7.6.1 COLISÕES ELÁSTICAS

Sabemos que num sistema isolado o momento linear se conserva. Se na colisão a energia cinética também se conserva, dizemos que ocorreu uma colisão elástica. A partir dessas leis de conservação podemos obter informações acerca do movimento dos objetos envolvidos.

Vamos então explorar essas afirmações, considerando um sistema formado por dois carrinhos que se movimentam numa mesma linha, livres de influências externas, conforme a figura abaixo.

Figura 7.14

O carrinho A possui massa m_A e se movimenta com velocidade v_A. O carrinho B possui massa m_B e se movimenta com velocidade v_B. Após a colisão o carrinho A está com velocidade v_A' e o carrinho B está com velocidade v_B'.

O sistema é isolado e a energia cinética se conserva (colisão elástica)

Então:

$$\frac{1}{2} \cdot m_A \cdot v_A^2 + \frac{1}{2} \cdot m_B \cdot v_B^2 = \frac{1}{2} \cdot m_A \cdot (v_A')^2 + \frac{1}{2} \cdot m_B \cdot (v_B')^2 \quad (7.16)$$

$$m_A \cdot v_A + m_B \cdot v_B = m_A \cdot v_A' + m_B \cdot v_B'$$

ou $\quad m_A \cdot \left[v_A^2 - (v_A')^2\right] = m_B \cdot \left[(v_B')^2 - v_B^2\right] \quad$ equação I

$$m_A \cdot (v_A - v_A') = m_B \cdot (v_B' - v_B) \quad \text{equação II}$$

das equações I e II resulta

$$v_A + v_A' = v_B + v_B' \quad \text{equação III}$$

Usando este resultado na equação II temos

$$v_B' = \frac{m_A}{m_B} \cdot (v_A - v_A') + v_B$$

substituindo v_B' na equação III

obtemos $\quad v_A' = \dfrac{(m_A - m_B)}{(m_A + m_B)} \cdot v_A + \dfrac{2 \cdot m_B \cdot v_B}{(m_A + m_B)}$

e substituindo v_A' na equação III obtemos v_B'

$$v_B' = \frac{(m_A - m_B)}{(m_A + m_B)} \cdot v_B + \frac{2 \cdot m_A \cdot v_A}{(m_A + m_B)}$$

Se o carrinho estiver inicialmente em repouso $\Rightarrow v_B = 0$

$$\Rightarrow v_A' = \frac{v_A (m_A - m_B)}{(m_A + m_B)} \quad \text{e} \quad v_B' = \frac{2 \cdot m_A \cdot v_A}{(m_A + m_B)}.$$

7.6.2 COLISÕES INELÁSTICAS

Uma colisão como a que observamos entre dois automóveis é um bom exemplo de colisão inelástica, uma vez que a energia cinética após a colisão não é a mesma de antes. Mas, considerando as forças envolvidas no choque entre os dois veículos muito superiores às forças externas, o momento linear se conserva. Podemos também citar como exemplo de colisão inelástica o choque entre um projétil e um alvo, onde o projétil fica preso, e, eventualmente, os corpos movem-se juntos após o choque.

EXERCÍCIOS RESOLVIDOS

IMPULSO E MOMENTO LINEAR

1. Um bloco de massa m = 5,0 kg está em repouso sobre uma superfície horizontal onde podemos desprezar o atrito ao movimento do bloco, quando uma força $\vec{F}$ de intensidade 18 N, paralela à superfície, atua sobre ele.

    a) Qual é o impulso aplicado ao bloco durante o 1º segundo?

    b) Qual é o impulso aplicado entre o 1º e o 3º segundo?

    c) Qual é a velocidade do bloco nos instantes 1s e 3s?

    Solução:

    a) O impulso tem mesma direção e mesmo sentido da força aplicada.

    $I = F \cdot \Delta t \Rightarrow I = 18,0 \, \text{N} \cdot \text{s}$

    b) $I = F \cdot \Delta t \Rightarrow I = 36,0 \, \text{N} \cdot \text{s}$

    c) No instante 1,0 s

    $I = F \cdot \Delta t = m \cdot v_f - m \cdot v_i \Rightarrow 18 = 5 \cdot (v_f - 0) \Rightarrow$
    $\Rightarrow v_f = 3,6 \text{ m/s}$

    No instante 3,0 s

    $I = F \cdot \Delta t = m \cdot v_f - m \cdot v_i \Rightarrow 36 = 5 \cdot (v_f - 3,6) \Rightarrow$
    $\Rightarrow v_f = 10,8 \text{ m/s}.$

2. Uma bola de 1,3 kg cai de uma altura h de 20 m sobre um piso horizontal e ressalta, atingindo uma altura de 10 m. Considerando que o tempo de contato com o piso foi de 0,0018 s e adotando $g = 9,8 \text{ m/s}^2$,

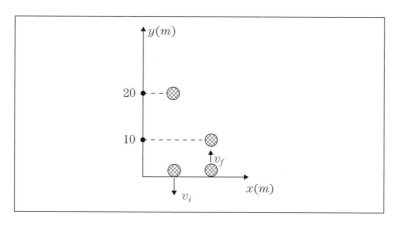

Figura 7.15

a) que impulso atuou sobre a bola, durante o contato com o chão?

b) qual a intensidade da força média que o piso exerceu sobre a bola?

c) qual foi a perda da energia cinética durante a colisão?

Solução:

a) Antes do contato com o chão

$v_i = \sqrt{2 \cdot 9{,}8 \cdot 20} \Rightarrow \vec{v}_i = -19{,}8 \text{ m/s } \hat{j}$.

Após o contato $v_f = \sqrt{2 \cdot 9{,}8 \cdot 10} \Rightarrow \vec{v}_f = 14{,}0 \text{ m/s } \hat{j}$.

$\vec{I} = \vec{F} \cdot \Delta t = \vec{p}_f - \vec{p}_i \Rightarrow I = 1{,}3 \cdot 14{,}0 - 1{,}3 \cdot (-19{,}0) \Rightarrow$
$I = 43{,}9 \text{ kg} \cdot \text{m/s}$

b) $I = F \cdot \Delta t \Rightarrow 43{,}9 = F \cdot 0{,}0018 \Rightarrow F = 2{,}4 \cdot 10^3 \text{ N}$

c) $\Delta EC = \dfrac{1}{2} \cdot m \cdot v_f^{\,2} - \dfrac{1}{2} \cdot m \cdot v_i^{\,2} = \dfrac{1}{2} \cdot 1{,}3 \cdot (14{,}0^2 - 19{,}8^2) \Rightarrow$
$\Delta EC = -127 \text{ joules}$.

3. Aquela bola do exercício 2, de $m = 1{,}3 \text{ kg}$, cai verticalmente sobre uma superfície inclinada de 30° com a horizontal, atingindo a superfície com a mesma velocidade $v_i = 19{,}8$ m/s. A bola é refletida com velocidade $v_f = 14{,}0$ m/s numa direção que é dada pelo ângulo $r = i$, indicados na figura. A bola fica em contato com a superfície durante 0,018 s.

Determinar:

a) o impulso exercido pela superfície do plano e

b) a intensidade da força média que a superfície exerceu sobre a bola.

Figura 7.16

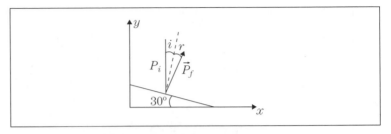

Solução:
a) $\vec{p}_i = -1{,}3 \cdot 19{,}8\,\text{kg} \cdot \text{m/s}\,\hat{j} \Rightarrow \vec{p}_i = -25{,}7\,\text{kg} \cdot \text{m/s}\,\hat{j}$;

$\vec{p}_f = p_x\hat{i} + p_y\hat{j},\, p_f = 1{,}3\,\text{kg} \cdot 14{,}0\,\text{m/s} = 18{,}2\,\text{kg} \cdot \text{m/s} \Rightarrow$

$\begin{cases} p_x = 18{,}2 \cdot \cos 30° \\ p_y = 18{,}2 \cdot \text{sen}\,30° \end{cases}$

logo $\vec{p}_f = 15{,}8\hat{i} + 9{,}1\hat{j}$

$\vec{I} = \vec{p}_f - \vec{p}_i = 15{,}8\hat{i} + 9{,}1\hat{j} - (-25{,}7\hat{j}) \Rightarrow$

$\vec{I} = 15{,}8\hat{i} + 34{,}8\hat{j}$ ou $\vec{I} = 38{,}2\,\text{kg} \cdot \text{m/s}\,\lfloor 65{,}6°$

b) $I = F \cdot \Delta t \Rightarrow 38{,}2 = F \cdot 0{,}018 \Rightarrow F = 2{,}1 \cdot 10^3\,\text{N}$.

4. Um carrinho de massa $m = 2{,}0$ kg está inicialmente em repouso, quando uma força horizontal variável de intensidade $F = 3{,}0 \cdot t(\text{N})$ é aplicada nele e o carrinho passa a se movimentar sobre uma superfície horizontal sem atrito.

   a) Determinar o impulso sobre o carrinho no intervalo de tempo entre os instantes e $t = 0{,}0$s e $t = 3{,}0$ s.

   b) Qual a velocidade do carrinho em $t = 3{,}0$s?

   c) Qual o valor da força média que produziria o mesmo efeito no intervalo de tempo do item b)?

Figura 7.17

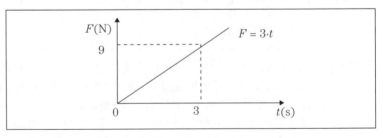

Solução:
a) Para uma força constante $\Rightarrow I = F \cdot \Delta t$

Para uma força variável, podemos calcular, por meio da área sob a curva de $F \cdot t$

Então: $I = \dfrac{(3 \cdot t \cdot t)}{2} = \dfrac{3 \cdot t^2}{2}$

No intervalo de tempo 0,0 s a 3,0 s

$I = 13,5\,N\cdot s$

b) $I = p_f - p_i = m\cdot v_f - m\cdot v_i \Rightarrow 13,5 = 2\cdot v_f - 2\cdot 0 \Rightarrow$
$\Rightarrow v_f = 6,8\,m/s$

c) Uma força média é a força que produziria impulso igual no mesmo intervalo de tempo.

$I = F\cdot \Delta t \Rightarrow 13,5 = F\cdot 3 \Rightarrow F = 4,5\,N.$

CENTRO DE MASSA

5. No sistema representado na figura, temos três partículas de massas: $m_A = 5,0\,kg$, $m_B = 7,0\,kg$ e $m_c = 2,0\,g$.

   a) Determinar as coordenadas do centro de massa do sistema.

   b) Mudando de posição apenas a partícula A, quais devem ser suas novas coordenadas para que $x_{CM} = 4,0\,m$ e $y_{CM} = 3,0\,m$?

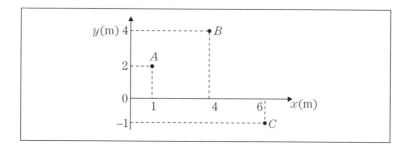

Figura 7.18

Solução:

a) Da equação 7.8a $x_{CM} = \dfrac{(5\cdot 1 + 7\cdot 4 + 2\cdot 6)}{(5 + 7 + 2)} = 3,2\,m$

e da equação 7.8b $y_{CM} = \dfrac{[5\cdot 2 + 7\cdot 4 + 2\cdot (-1)]}{(5 + 7 + 2)} = 2,6\,m$

b) $4,0 = \dfrac{[5\cdot x_A + 7\cdot 4 + 2\cdot (-1)]}{14} \Rightarrow x_A = 6,0\,m$

$3,0 = \dfrac{[5\cdot y_A + 7\cdot 4 + 2\cdot (-1)]}{14} \Rightarrow y_A = 3,2\,m.$

6. Determinar o CM do sistema formado por seis moedas idênticas, conforme a figura abaixo.

Figura 7.19

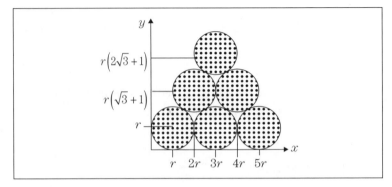

Solução:

$$x_{CM} = \frac{(m \cdot r + m \cdot 2 \cdot r + 2 \cdot m \cdot 3 \cdot r + m \cdot 4 \cdot r + m \cdot 5 \cdot r)}{6 \cdot m} = 3 \cdot r$$

$$y_{CM} = \frac{\left[3 \cdot m \cdot r + 2 \cdot m \cdot r \cdot \left(\sqrt{3}+1\right) + m \cdot r \cdot \left(2 \cdot \sqrt{3}+1\right)\right]}{6 \cdot m} =$$

$$\frac{r \cdot \left(2 \cdot \sqrt{3}+3\right)}{3}$$

7. Na Figura 7.19, deslocamos a origem do referencial de um r para a direita e para cima. Construímos o triângulo equilátero com vértices nos centros das moedas, conforme a Figura 7.20.

Figura 7.20

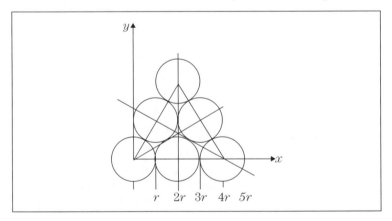

Solução:

O baricentro do triângulo coincide com o CM do sistema de moedas nesse nosso referencial. Compare o resultado com o do exercício anterior.

$$x_{CM} = 2 \cdot r; \quad \frac{y_{CM}}{x_{CM}} = \text{tg}30° \Rightarrow y_{CM} = \frac{2 \cdot r \cdot \sqrt{3}}{3}.$$

8. Considere três carrinhos: A, B e C de massas $m_A = 3,0$ kg, $m_B = 2,0$ kg e $m_c = 4,0$ kg em movimento sobre uma superfície horizontal com velocidades $v_A = 2,0$ m/s, $v_B = 3,0$ m/s e $v_C = 4,0$ m/s. Determinar a velocidade do CM dos três carrinhos.

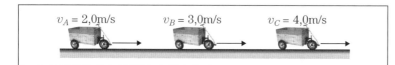

Figura 7.21

Solução:

Como os três carrinhos têm velocidades constantes e o sistema está isolado, a velocidade do CM é constante.

Da equação 7.12

$$M \cdot v_{CM} = \sum p_i \Rightarrow v_{CM} = \frac{1}{M} \cdot (m_A \cdot v_A + m_B \cdot v_B + m_C \cdot v_C)$$

$$v_{CM} = \frac{1}{9} \cdot (3,0 \cdot 2,0 + 2,0 \cdot 3,0 + 4,0 \cdot 4,0)$$

$$v_{CM} = 3,1 \, \text{m/s}.$$

MOMENTO LINEAR E ENERGIA CINÉTICA

9. Um exemplo clássico é o caso do pêndulo balístico: um dispositivo utilizado para determinar a velocidade de um projétil disparado contra um pêndulo que utiliza, por exemplo, uma caixa de areia onde fica retido o projétil após a colisão.

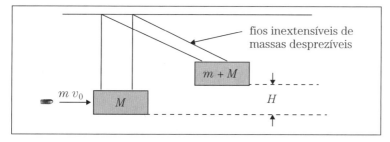

Figura 7.22

Um projétil de massa atinge a caixa de massa M e fica retido no seu interior. Imediatamente após a colisão a caixa inicia um movimento com velocidade v_i. A caixa sobe a uma altura H. Calcular a velocidade inicial v_0 do projétil.

Solução:

Para determinar a velocidade inicial da caixa, vamos considerar que a energia mecânica (E_M) se conserva enquanto a caixa sobe

$$E_{M_{inicial}} = E_{M_{final}} \Rightarrow \frac{1}{2} \cdot (m+M) \cdot v_i^2 = (m+M) \cdot g \cdot H \Rightarrow$$
$$v_i = \sqrt{2 \cdot g \cdot H}$$

Para determinar a velocidade do projétil num instante imediatamente anterior à colisão com a caixa, vamos considerar a conservação do momento linear para o sistema isolado durante a colisão.

Seja $m \cdot v_0 = (m+M) \cdot v_i \Rightarrow v_0 = \dfrac{(m+M)}{m} \cdot \sqrt{2 \cdot g \cdot H}$

Aplicação: Qual a altura H esperada para uma caixa de massa 10 kg, atingida por um projétil de massa 10 g com velocidade $v_0 = 480$ m/s?

Resposta:

1,1 cm.

10. Duas esferas de aço de massas $m_A = 300$ g e $m_B = 700$ g que se movimentam sobre uma superfície plana horizontal sem atrito, e com velocidades $v_A = 1{,}0$ m/s e $v_B = -2{,}5$ m/s, colidem frontalmente e, após a colisão, a energia cinética do sistema é conservada. Qual a velocidade das duas esferas após a colisão?

Figura 7.23

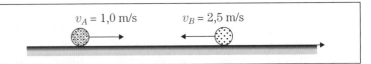

Solução:

Para o sistema isolado $\vec{P}_i = \vec{P}_f$ e $EC_i = EC_f$

$0{,}3 \cdot 1{,}0 - 0{,}7 \cdot 2{,}5 = 0{,}3 \cdot v_A{'} + 0{,}7 \cdot v_B{'}$ \hfill (I)

$\dfrac{1}{2} \cdot 0{,}3 \cdot 1{,}0^2 + \dfrac{1}{2} \cdot 0{,}7 \cdot (2{,}5)^2 = \dfrac{1}{2} \cdot 0{,}3 \cdot (v_A{'})^2 +$
$\dfrac{1}{2} \cdot 0{,}7 \cdot (v_B{'})^2$ \hfill (II)

Daí:

$\begin{cases} 0{,}3 \cdot v_A{'} + 0{,}7 \cdot v_B{'} = -1{,}45 \\ 0{,}3 \cdot (v_A{'})^2 + 0{,}7 \cdot (v_B{'})^2 = 4{,}65 \end{cases} \Rightarrow \begin{cases} v_A{'} = -3{,}9 \, m/s \\ v_B{'} = -0{,}4 \, m/s \end{cases}$

11. Considere uma colisão não frontal completamente elástica entre duas bolas de massas $m_A = 2{,}0$ kg e $m_B = 3{,}0$ kg. A bola, inicialmente tem velocidade $v_A = -2{,}5$ m/s $\hat{i}$ e a bola

B encontra-se em repouso, conforme mostra a figura. Após a colisão, a bola *A* tem velocidade de módulo $v_A' = 1,5$ m/s.

a) Qual a velocidade escalar da bola *B*?
b) Quais são os ângulos de desvio das bolas *A* e *B*?

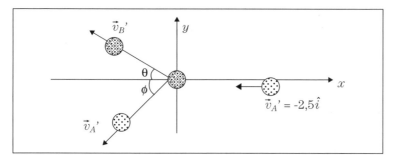

Figura 7.24

Solução:
a) A colisão é elástica $\Rightarrow$

$$\frac{1}{2} \cdot 2 \cdot (-2,5)^2 = \frac{1}{2} \cdot 2 \cdot 1,5^2 + \frac{1}{2} \cdot 3 \cdot (v_B')^2 \Rightarrow$$

$$v_B' = 2 \cdot \sqrt{\frac{2}{3}} \text{ m/s}$$

b) Sistema isolado $\vec{p}_i = \vec{p}_f \Rightarrow$

$$-5,0\hat{i} + 0,0\hat{j} = \left(-2 \cdot 1,5 \cdot \cos\phi - 3 \cdot 2 \cdot \sqrt{\frac{2}{3}} \cdot \cos\theta\right)\hat{i} +$$

$$\left(-2 \cdot 1,5 \cdot \operatorname{sen}\phi + 3 \cdot 2 \cdot \sqrt{\frac{2}{3}} \cdot \operatorname{sen}\theta\right)\hat{j}$$

Igualando as componentes da identidade acima temos o sistema:

$$3 \cdot \cos\phi + 6 \cdot \sqrt{\frac{2}{3}} \cdot \cos\theta = 5 \Rightarrow \quad \text{(I)}$$

$$\Rightarrow \cos^2\phi = \left(\frac{5}{3} - 2 \cdot \sqrt{\frac{2}{3}} \cdot \cos\theta\right)^2$$

$$\operatorname{sen}\phi = 2 \cdot \sqrt{\frac{2}{3}} \cdot \operatorname{sen}\theta \Rightarrow \quad \text{(II)}$$

$$\Rightarrow \operatorname{sen}^2\phi = 4 \cdot \left(\frac{2}{3}\right) \cdot \operatorname{sen}^2\theta$$

de II, $1 - \cos^2\phi = \frac{8}{3} \cdot (1 - \cos^2\theta)$

$$\cos^2\phi = 1 - \frac{8}{3} \cdot (1 - \cos^2\theta)$$

substituindo $\cos^2\phi$ em I

$$1 - \frac{8}{3} \cdot \left(1 - \cos^2 \theta\right) = \frac{1}{9} \cdot \left(25 + 24 \cdot \cos^2 \theta - 60 \cdot \sqrt{\frac{2}{3}} \cdot \cos \theta\right)$$

$$9 - 24 + 24 \cdot \cos^2 \theta = 25 + 24 \cdot \cos^2 \theta - 60 \cdot \sqrt{\frac{2}{3}} \cdot \cos \theta$$

$$60 \cdot \sqrt{\frac{2}{3}} \cdot \cos \theta = 40 \Rightarrow \cos \theta = \sqrt{\frac{2}{3}} \Rightarrow \theta \cong 35{,}3°$$

substituindo θ em II encontramos $\phi \cong 70{,}5°$.

COLISÕES

12. Dois corpos idênticos e de mesma massa podem se movimentar sobre uma superfície horizontal sem atrito. O corpo B está inicialmente em repouso. O corpo A com velocidade inicial v_0 colide frontalmente com o corpo B. A colisão é elástica. Quais são as velocidades finais de A e B?

Figura 7.25

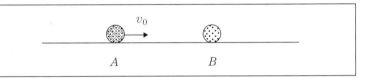

Solução:
O sistema é isolado $\Rightarrow \vec{p}_i = \vec{p}_f \Rightarrow m \cdot v_0 = m \cdot v_A + m \cdot v_B$

$$v_0 = v_A + v_B \qquad (I)$$

Na colisão elástica $\Rightarrow \frac{1}{2} \cdot m \cdot v_0^2 = \frac{1}{2} \cdot m \cdot v_A^2 + \frac{1}{2} \cdot m \cdot v_B^2$

$$v_0^2 = v_A^2 + v_B^2 \qquad (II)$$

resolvendo o sistema formado pelas equações I e II, encontramos $v_A \cdot v_B = 0$.

Logo $v_A = 0$, já que v_B não fica parado após a colisão. A energia de A é totalmente transferida para B.

13. No exercício anterior, considere a colisão completamente inelástica, onde os dois corpos permanecem ligados após a colisão e se movimentam com velocidade final v.

   a) Calcular a velocidade v e
   b) a energia cinética final.

Figura 7.26

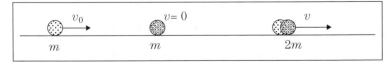

Solução:

O sistema é isolado $\Rightarrow \vec{p}_i = \vec{p}_f \Rightarrow m \cdot v_0 = 2 \cdot m \cdot v \Rightarrow v = \dfrac{v_0}{2}$

$$EC_f = \dfrac{1}{2} \cdot 2 \cdot m \cdot \left(\dfrac{v_0}{2}\right)^2 = \dfrac{1}{4} \cdot m \cdot v_0^2$$

$$EC_f = \dfrac{EC_i}{2}.$$

14. Dois corpos de mesma massa se movimentam sem atrito numa pista de gelo, seguindo direções perpendiculares entre si, conforme a figura. O corpo B tem velocidade $4{,}0$ m/s $\hat{i}$. A colisão ocorre no ponto 0 da figura. Após a colisão eles permanecem unidos com velocidade $\vec{v}$ a $40°$ em relação ao sentido positivo do eixo x. Qual era a velocidade do corpo A?

Solução:

Antes da colisão: $\vec{p}_i = m \cdot v_B \,\hat{i} + m \cdot v_A \,\hat{j}$

Após a colisão: $\vec{p}_f = 2 \cdot m \cdot v \cdot \cos 40° \,\hat{i} + 2 \cdot m \cdot v \cdot \text{sen}\, 40° \,\hat{j}$

Figura 7.27

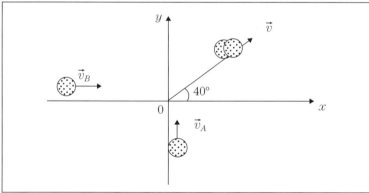

$\begin{cases} m \cdot 4 = 2 \cdot m \cdot v \cdot \cos 40° \\ m \cdot v_A = 2 \cdot m \cdot v \cdot \text{sen}\, 40° \end{cases} \Rightarrow v_A = 4 \cdot \text{tg}\, 40° \Rightarrow v_A = 3{,}36$ m/s

EXERCÍCIOS COM RESPOSTAS

1. Um corpo, de massa $m = 3$ kg e velocidade $\vec{v}_i = 4$ m/s $\hat{i}$, sofre a ação de uma força $\vec{F} = 5\,\text{N}\,\hat{j}$ durante seis segundos. Determinar:

   a) o impulso aplicado por esta força e

   b) sua velocidade ao final do sexto segundo.

Respostas:

a) $\vec{I} = 30\,\text{N}\cdot\text{s}\,\hat{j}$;

b) $\vec{v}_f = 10,0\,\text{m/s}\,\hat{i} + 4,0\,\text{m/s}\,\hat{j}$.

2. Um corpo de massa $m = 400$ g apoiado sobre uma superfície horizontal onde pode se movimentar sem atrito, é impulsionado por uma mola de constante elástica $k = 1480$ N/m. A mola é comprimida pelo próprio corpo até que sua deformação seja de 12,0 cm. Quando o corpo é liberado, a mola o impulsiona até sua descompressão total por 0,30 segundos.

   a) Determinar a velocidade final do corpo,

   b) O impulso aplicado pela mola e

   c) O valor médio da força aplicada pela mola.

   Respostas:

   a) 7,3 m/s;

   b) 2,9 kg·m/s;

   c) 9,70 N.

3. Uma bola de 0,5 kg cai de uma altura de 10 m. Após o choque com o piso, volta subir até atingir uma altura de 5,0 m.

   a) Determinar o impulso que o piso aplica sobre a bola.

   b) Se o intervalo de tempo que a bola permanece em contato com o piso for de 30 ms, qual a força média exercida sobre a bola durante o contato.

   Resposta:

   a) 11,9 N·s

   b) 397 N.

4. Numa partida de tênis a bola de massa 150 gramas chega na quadra adversária com velocidade $\vec{v}_1 = -1,5\,\text{m/s}\,\hat{i} - 2,0\,\text{m/s}\,\hat{j}$; após a tacada do tenista sai com velocidade $\vec{v}_2 = 24,0\,\text{m/s}\,\hat{i} + 1,0\,\text{m/s}\,\hat{j}$. Supondo que o tempo de contato com a raquete foi de 1,5 ms,

   a) qual o módulo e a direção do impulso recebido pela bola?

   b) qual o módulo e a direção da força exercida pela raquete?

   Respostas:

   a) $5,9\,kg\cdot\text{m/s}$ e $8,7°$ em relação a $\hat{i}$;

   b) $3\,946$ N e $8,7°$ em relação a $\hat{i}$.

5. Determine as coordenadas do centro de massa do sistema formado pelas partículas nas posições indicadas na figura, sendo dadas as massas $m_A = 8,0$ g; $m_B = 7,0$ g; $m_C = 3,0$ g e $m_D = 5,0$ g.

Respostas:

$x_{CM} = 3,9$ cm e $y_{CM} = 3,0$ cm.

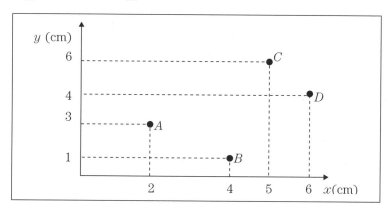

Figura 7.28

6. Dois discos homogêneos de massas $m_A = 6,0$ kg e $m_B = 1,5$ kg de raios $R_A = 40$ cm e $R_B = 20$ cm, estão fixos um ao outro, conforme a figura. Determinar as coordenadas do centro de massa do sistema.

Respostas:

$x_{CM} = 51,3$ cm e $y_{CM} = 36,0$ cm.

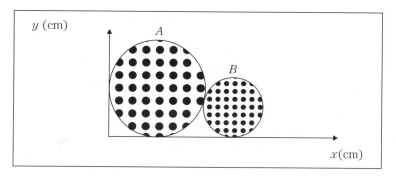

Figura 7.29

7. Um sistema formado por duas partículas de massas $m_A = 0,4$ kg e $m_B = 0,3$ kg está em movimento livre, cada partícula tem velocidade: $\vec{v}_A = 7,0$ m/s $\hat{i}$ e $\vec{v}_B = 8,0$ m/s $\hat{j}$. Determinar a velocidade do centro de massa do sistema.

Resposta:

$\vec{v}_{CM} = 3,5$ m/s $\hat{i} + 3,0$ m/s $\hat{j}$

8. Três partículas de massas: $m_A = 4,0\,\text{kg}$, $m_B = 2,0\,\text{kg}$ e $m_C = 1,0\,\text{kg}$. Inicialmente estão ocupando as seguintes posições: $x_A = 1,0\,\text{m}$, $y_A = 1,0\,\text{m}$, $x_B = 2,0\,\text{m}$, $y_B = 4,0\,\text{m}$ e $x_C = 4,0\,\text{m}$, $y_C = 5,0\,\text{m}$. Suas velocidades são: $\vec{v}_A = 2,0\,\text{m/s}\,\hat{i}$; $\vec{v}_B = 3,0\,\text{m/s}\,\hat{i} + 1,0\,\text{m/s}\,\hat{j}$; $\vec{v}_C = 4,0\,\text{m/s}\,\hat{i} + 2,0\,\text{m/s}\,\hat{j}$.

Determinar:

a) a posição inicial do centro de massa.

b) o momento linear do sistema.

c) a velocidade do CM e

d) após 2,0 s, a posição do centro de massa.

Respostas:

a) $x_{CM} = 1,7\,\text{m}$, $y_{CM} = 2,6\,\text{m}$;

b) $\vec{p} = (18,0\hat{i} + 4,0\hat{j})\,\text{kg}\cdot\text{m/s}$;

c) $\vec{v}_{CM} = (2,6\hat{i} + 0,6\hat{j})\,\text{m/s}$;

d) $x_{CM} = 5,2\,\text{m}$, $y_{CM} = 1,2\,\text{m}$.

9. Um sistema é formado por duas partículas de massas $m_A = 0,6\,\text{kg}$ e $m_B = 0,8\,\text{kg}$. A partícula A, no instante $t = 0$ está na origem e o CM do sistema está localizado em: $x_{CM} = 3,0\,\text{m}$ e $y_{CM} = 4,0\,\text{m}$. Uma força $\vec{F} = 6,0\,N\,\hat{j}$ passa a atuar sobre as partículas. Determinar:

a) a posição inicial da partícula B;

b) a aceleração do CM do sistema;

c) em $t = 3,0$ s, a velocidade do CM e

d) sua posição.

Respostas:

a) $x_B = 5,3\,\text{m}$, $y_B = 7,0\,\text{m}$;

b) $\vec{a}_{CM} = 8,6\,\text{m/s}\,\hat{j}$;

c) $\vec{v}_{CM} = 25,7\,\text{m/s}\,\hat{j}$;

d) $x_{CM} = 3,0\,\text{m}$, $y_{CM} = 42,5\,\text{m}$.

10. Um trem de massa $3,5 \cdot 10^5$ kg em movimento com velocidade de 30 m/s colide com uma locomotiva de massa $4,0 \cdot 10^4$ kg que entra na mesma linha e no mesmo sentido com velocidade de 8,0 m/s. Imediatamente após a colisão, os dois ficam engatados e continuam em movimento livre,

sem tração e sem freios. Qual a velocidade do conjunto imediatamente após a colisão?

Resposta:

27,7 m/s.

11. Dois patinadores de massas $m_A = 65,0$ kg e $m_B = 80,0$ kg estão se deslocando em direções perpendiculares conforme mostra a figura. Suas velocidades são: $\vec{v}_A = 3,0$ m/s $\hat{i}$ e $\vec{v}_B = 2,5$ m/s $\hat{j}$ quando eles colidem e a partir da colisão continuam em movimento juntos com velocidade $\vec{v}$.

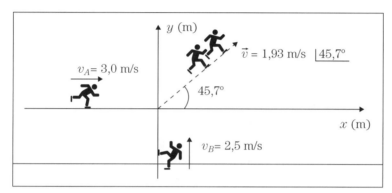

Figura 7.30

a) Determinar $\vec{v}$ expresso na forma de vetor unitário e como um módulo e um ângulo.

b) Calcular a energia cinética antes e após a colisão.

Respostas:

a) $\vec{v} = 1,35$ m/s $\hat{i} + 1,38$ m/s $\hat{j}$, $v = 1,93$ m/s a $45,7°$;

b) $EC_i = 542,5$ joules e $EC_f = 270,1$ joules.

12. Um míssil voa horizontalmente a 400 m/s na direção $\hat{i}$, quando explode, dividindo-se em duas partes de massas iguais. Uma delas passa a ter $\vec{v}_1 = 300$ m/s $\hat{i} - 200$ m/s $\hat{j}$.

a) Qual a velocidade da outra parte?

b) Há conservação da energia mecânica na explosão?

Respostas:

a) $\vec{v}_2 = 500\hat{i} + 200\hat{j}$;

b) Não, na explosão, houve transferência de energia interna para mecânica.

13. Dois discos de hóquei de massas $m_A = 0,25$ kg e $m_B = 0,35$ kg colidem frontalmente sobre uma superfície

horizontal de gelo. O disco B está inicialmente em repouso e o disco A com velocidade $\vec{v}_A = 1,2\,\text{m/s}\,\hat{i}$. Após a colisão o disco A tem velocidade $\vec{v}_A' = 0,18\,\text{m/s}\,\hat{i}$. Calcular:

a) a velocidade final do disco.

b) a velocidade inicial do centro de massa do sistema.

c) a velocidade do centro de massa do sistema após a colisão e

d) a variação da energia cinética do sistema.

Respostas:

a) $\vec{v}_B' = 0,75\,\text{m/s}\,\hat{i}$;

b) $\vec{v}_{CM} = 0,5\,\text{m/s}\,\hat{i}$;

c) $\vec{v}_{CM}' = 0,51\,\text{m/s}\,\hat{i}$;

d) $0,08\,\text{J}$.

---

14. Um bloco de massa $m_A = 4,0$ kg e velocidade $\vec{v}_A = 7,0\,\text{m/s}\,\hat{i}$ colide com um bloco de massa m_B, inicialmente em repouso. Após a colisão o bloco A possui velocidade $\vec{v}_A' = 3,0\,\text{m/s}\,\hat{i}$. Supondo que a colisão é perfeitamente elástica e os dois blocos continuam em movimento livre,

a) qual a massa do bloco B?

b) Qual a velocidade do bloco B após a colisão?

c) Qual a velocidade do centro de massa do sistema?

Respostas:

a) $m_B = 1,6$ kg;

b) $\vec{v}_B = 10,0\,\text{m/s}\,\hat{i}$;

c) $\vec{v}_{CM} = 5,0\,\hat{i}$.

---

15. Um garoto está em pé sobre patins, ele está parado quando um colega passa por ele em movimento com velocidade $\vec{v} = 10,0\,\text{m/s}\,\hat{i}$ e joga um pacote de massa 1,2 kg que ele agarra para não deixar que o pacote caia. A massa do garoto é de 70 kg. Qual será a velocidade do garoto com o pacote na mão?

Resposta:

$\vec{v} = 0,17\,\text{m/s}\,\hat{i}$.

Momento linear e impulso

16. Um casal de patinadores deslizam abraçados com velocidade de $\vec{v}_0 = 2,5$ m/s $\hat{i}$, quando ela dá um empurrão nele. Após o empurrão ela adquire uma velocidade de $4,0$ m/s $\hat{i}$. Considerando que o peso dos dois juntos é de 1225 N e o dele é de 539 N, qual será a velocidade dele após o empurrão?

    Resposta:

    $\vec{v} = 1,3$ m/s $\hat{i}$

17. Uma pessoa de massa m caminha de uma extremidade a outra de um pequeno barco cuja massa M é e o comprimento é L. Quanto o barco se desloca no sentido contrário ao deslocamento do homem, considerando que a água não oferece resistência ao movimento do barco?

    Resposta:

    $\Delta s_{\text{barco}} = \dfrac{m \cdot L}{(m + M)}$.

18. Um nêutron inicialmente em repouso se desintegra em três partículas: um próton, um elétron e um neutrino. As velocidades após a desintegração são: do elétron $\vec{v}_e = 1,2 \cdot 10^5$ m/s $\hat{i}$, do próton $\vec{v}_p = 2,0 \cdot 10^3$ m/s $\hat{j}$. Sabendo-se que as massas do elétron e do próton são, respectivamente, $m_e = 9,11 \cdot 10^{-31}$ kg e $m_p = 1,67 \cdot 10^{-27}$ kg, determinar o momento linear do neutrino.

    Resposta:

    $\vec{p}_n = -1,1 \cdot 10^{-25}\,\hat{i} - 3,3 \cdot 10^{-24}\,\hat{j}$.

19. Dois carrinhos de massas $m_A = 1,5$ kg e $m_B = 2,0$ kg estão em repouso sobre uma superfície horizontal unidos por uma linha entre os carrinhos, como mostra a figura. Presa aos carrinhos existe uma mola de constante elástica 185 N/m. A mola está deformada por compressão de 10 cm. Quando a linha é rompida, os carrinhos são liberados. Determine as velocidades dos carrinhos.

    Resposta:

    $\vec{v}_A = -3,0$ m/s $\hat{i}$ e $\vec{v}_B = 4,0$ m/s $\hat{i}$

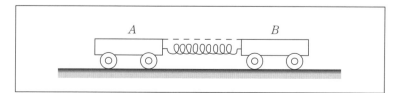

Figura 7.31

20. Um projétil de massa 16,0 g, com velocidade de 450 m/s, colide com um saco de areia que está sobre um carrinho. O carrinho estava em repouso sobre uma superfície na qual pode movimentar-se livremente. O projétil fica alojado no saco de areia. A massa do carrinho mais o saco de areia é 50,0 kg.

   a) Qual a velocidade que o carrinho adquire?

   b) Qual a variação da energia cinética do sistema: carrinho com areia+projétil?

   Resposta:

   a) $v = 0,14$ m/s;

   b) −1620 joules.

Figura 7.32

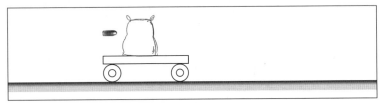

21. Considere no exercício anterior uma situação em que o projétil atravessa o saco de areia e emerge com uma velocidade de 80 m/s .

    a) Qual será nesse caso a velocidade do carrinho?

    b) Qual a velocidade do centro de massa do sistema: carrinho+projétil?

    c) Qual a variação da energia cinética do sistema?

    Resposta:

    a) $v = 0,1$ m/s;

    b) $v_{CM} = 0,13$ m/s;

    c) $\Delta EC = -1569$ joules.

22. Uma bola de massa colide de raspão com uma bola de massa $m_B = 2,0$ kg. Considerando que a colisão tenha sido completamente elástica e que a bola sofre uma deflexão de 60°, qual o módulo e a direção da velocidade da bola?

    Resposta:

    $v_B = 2,3$ m/s, $\theta = 47°$.

Eduardo Acedo Barbosa
Francisco Tadeu Degasperi

8.1 CINEMÁTICA ROTACIONAL

A cinemática das rotações pode ser entendida como um análogo rotacional da cinemática translacional. Desta forma, para cada grandeza de translação, existe um análogo no movimento de rotação. Se uma partícula efetua um movimento de trajetória circular de raio R em torno da origem do sistema de coordenadas cartesianas mostrado na Figura 8.1, sua posição angular a partir do eixo x positivo é θ, assim como a posição de um móvel em translação é dada pelas coordenadas x ou pelo vetor posição $\vec{r}$. Se na translação o deslocamento é dado em função das posições inicial e final como $\Delta x = x - x_0$, quando a partícula em movimento circular move-se da posição θ_0 para a posição θ, tem-se um deslocamento angular $\Delta\theta = \theta - \theta_0$.

A *velocidade angular de rotação* ω também é definida analogamente à velocidade de translação como a variação da posição angular num dado intervalo de tempo Δt:

$$\omega = \frac{\Delta\theta}{\Delta t}, \qquad (8.1a)$$

e a *velocidade angular instantânea* é definida como

$$\omega = \frac{d\theta}{dt}, \qquad (8.1b)$$

Sendo ω dado em radianos por segundo (rad/s) ou graus por segundo (graus/s) no SI. Na área tecnológica usa-se muito a unidade rotações por minuto (rpm). De acordo com o esquema da Figura 8.1, se $\omega > 0$, a rotação ocorre no sentido anti-horário; se $\omega < 0$, o movimento circular se efetua no sentido horário.

Figura 8.1

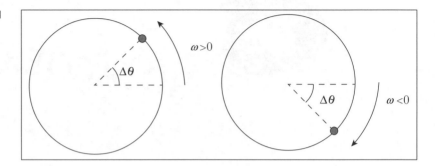

A Figura 8.2 mostra que um dado deslocamento angular infinitesimal $d\theta$ corresponde a um deslocamento dS, e ambos relacionam-se pela equação $dS = Rd\theta$. Derivando-se os dois membros desta equação em relação ao tempo, obtém-se uma importante relação entre a velocidade angular ω e a velocidade tangencial v (lembrando que a trajetória tem raio R constante):

$$\frac{dS}{dt} = R\frac{d\theta}{dt} \Rightarrow v = R\omega \qquad (8.2)$$

Figura 8.2

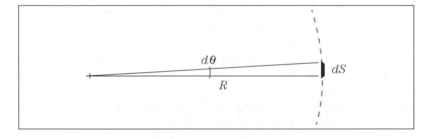

Desta equação simples, podem-se descrever alguns fenômenos e chegar a algumas conclusões interessantes. Considere um disco girando em torno de seu centro C, como mostra a Figura 8.3a. O ponto A está mais distante do centro do que o ponto B, ambos dispostos ao longo de uma mesma linha radial. Como o disco é um sólido rígido, cada vez que A dá uma volta completa, o ponto B também o faz; generalizando, pode-se dizer que um deslocamento angular descrito pelo ponto A corresponde ao mesmo deslocamento angular efetuado pelo ponto B, de onde se conclui que ambos têm a mesma velocidade angular de rotação, ou seja, $\omega_A = \omega_B$. Da equação 8.2, e sabendo-se que

$R_A > R_B$, temos que $v_A > v_B$. Esta análise mostra que quando vários pontos de um objeto giram de maneira solidária, todos têm a mesma velocidade angular e, portanto, os pontos mais externos terão velocidades tangenciais maiores.

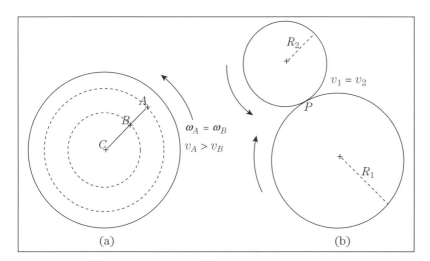

Figura 8.3

Outra faceta da equação 8.2 está mostrada na Figura 8.3b, com dois discos rígidos 1 e 2, tal que o movimento de rotação do disco 1 é transmitido ao disco 2 por contato com atrito estático. Isto significa que não há deslizamento entre os discos e, consequentemente, ambos têm a mesma velocidade tangencial no ponto de contato P, e em todos os pontos das bordas de ambos os discos. Se v_1 e v_2 são estas velocidades tangenciais, temos $v_1 = v_2$. Pela equação 8.2, isso implica que $\omega_1 R_1 = \omega_2 R_2$. Em outras palavras, se o raio do disco 1 é maior que o do disco 2, então a velocidade angular do segundo disco é maior, e vice-versa. Os casos analisados acima são a base de uma larga gama de aplicações na transmissão de movimentos por engrenagens ou polias. Conjuntos de elementos como estes com diferentes diâmetros, girando ora em torno do mesmo eixo, ora conectados por correias ou por atrito estático, propiciam diferentes variações de velocidades tangenciais ou angulares. Alguns exemplos serão mostrados a seguir:

Exemplo I

A Figura 8.4 mostra um esquema de engrenagens comumente utilizado para transmitir movimento de rotação. As engrenagens 1, 2 e 3 tem raios R_1, R_2 e R_3, respectivamente. Admite-se aqui que não haja qualquer escorregamento entre as engrenagens, como é o usual. A engrenagem 1 tem raio 5 cm e gira a uma taxa de 1 000 rpm. As engrenagens 2 e 3 têm, respectivamente, raios 7 cm e 3 cm. Deseja-se determinar a velocidade angular de cada uma das engrenagens em rad/s, bem como a velocidade tangencial das bordas de cada uma delas.

Figura 8.4

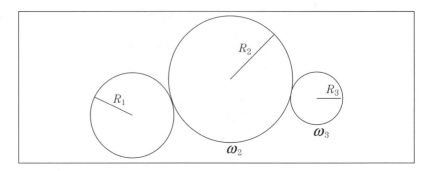

Solução

A velocidade angular da engrenagem 1 deve ser escrita em rad/s. Uma rotação completa equivale a 2π rad, de modo que 1 000 rotações por minuto equivalem a $(1\,000 \cdot 2\pi\,\text{rad})/(60\,\text{s})$, e assim

$$\omega_1 = 104{,}72 \text{ rad/s}$$

Como as engrenagens estão em contato, suas velocidades tangenciais são iguais, de modo que vale a relação

$\omega_1 R_1 = \omega_2 R_2 = \omega_3 R_3$, de onde se obtém

$$\omega_2 = \frac{\omega_1 R_1}{R_2} = \frac{104{,}72 \cdot 0{,}05}{0{,}07} = 74{,}8 \text{ rad/s e}$$

$$\omega_3 = \frac{\omega_1 R_1}{R_3} = \frac{104{,}72 \cdot 0{,}05}{0{,}03} = 174{,}53 \text{ rad/s}$$

Note que, como as três engrenagens estão em contato sem deslizamento, elas têm a mesma velocidade tangencial v, tal que

$$v = \omega_1 R_1 = \omega_2 R_2 = \omega_3 R_3 = 52{,}36 \text{ m/s}.$$

Exemplo II

A polia 1, de raio $R_1 = 4$ cm, tem velocidade tangencial de 30 m/s. Ela e a polia 2, de raio $R_2 = 5$ cm, giram em torno de um mesmo eixo rígido, e o movimento da polia 2 é transmitido à polia 3 por meio de uma correia inextensível. O arranjo está esquematizado na Figura 8.5. A polia 3 tem raio $R_3 = 6$ cm. Deseja-se calcular as velocidades angular e tangencial desta última polia, sabendo-se que não ocorre deslizamento entre ela e a correia.

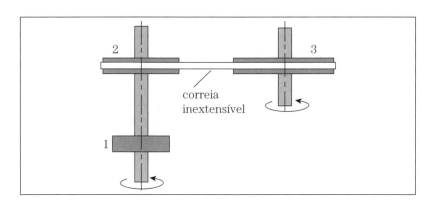

Figura 8.5

Solução

Para a determinação das velocidades angular e tangencial da polia 3, é necessário determinar os valores dessas grandezas para a polia 2. Se as polias 1 e 2 giram em torno do mesmo eixo, pode-se então escrever

$$\omega_1 = \frac{v_1}{R_1} = \omega_2 \tag{8.3}$$

Como as polias 2 e 3 comunicam-se por uma correia sem deslizamento, ambas têm a velocidade tangencial em comum, de modo que vale entre elas a relação

$$v_2 = v_3 \Rightarrow \omega_2 R_2 = \omega_3 R_3 \tag{8.4}$$

Combinando-se as equações 8.3 e 8.4, obtém-se as velocidades tangencial e angular da polia 3 como

$$v_3 = \frac{v_1}{R_1} R_2 = 37,5\,\text{m/s} \quad \text{e} \quad \omega_3 = \frac{v_1}{R_1} \frac{R_2}{R_3} = 6,25\,\text{rad/s}.$$

8.1.1 MOVIMENTO CIRCULAR UNIFORME

Neste caso, a velocidade angular é constante no tempo. Esse movimento pode ser observado em inúmeros rotores que requerem esse regime de rotação uniforme, como os antigos toca-discos e os tocadores de CDs e DVDs, além de carrosséis, politrizes e uma infinidade de outras máquinas. Contando-se o tempo inicial (o instante a partir do qual o movimento começa a ser observado) como $t_0 = 0$, pode-se escrever a equação horária da posição angular $\theta(t)$ de um ponto sobre um eixo ou disco em movimento circular uniforme como

$$\theta(t) = \theta_0 + \omega t \tag{8.5}$$

A similaridade desta equação com seu correspondente no movimento de translação $x(t) = x_0 + vt$ é evidente.

8.1.2 MOVIMENTO CIRCULAR ACELERADO

Quando o motor de um esmeril é ligado, seu eixo e seu disco passam a girar a partir do repouso. Nesse caso, a velocidade angular desses elementos varia com o tempo, até que o sistema adquira um regime em que a velocidade de rotação torna-se constante. O mesmo ocorre com qualquer tipo de máquina que possua rotores e que seja ligada a partir do repouso. Enquanto a velocidade de rotação varia, a sua taxa de variação temporal é a *aceleração angular* α, dada por

$$\alpha = \frac{d\omega}{dt} \qquad (8.6)$$

A unidade da aceleração angular do SI é rad/s². A aceleração angular está intimamente ligada à aceleração tangencial a de um ponto no disco. Derivando-se a equação 8.2 em relação ao tempo, tem-se

$$\frac{d^2x}{dt^2} = R\frac{d^2\theta}{dt^2} \Rightarrow \frac{dv}{dt} = R\frac{d\omega}{dt} \Rightarrow \alpha = \frac{a}{R} \qquad (8.7)$$

8.1.3 MOVIMENTO CIRCULAR UNIFORMEMENTE ACELERADO

Suponha que o disco do esmeril continue a girar mesmo após o esmeril ter sido desligado. Na ausência de qualquer atrito ou outro efeito dissipativo, esse disco giraria indefinidamente, obedecendo à primeira lei de Newton. No mundo real, o atrito nos mancais ajuda a frear o disco, como mostrado esquematicamente por meio da força F_{at}, na Figura 8.6a; pode-se então dizer que sua velocidade angular diminui a uma taxa constante até atingir o repouso, ou seja:

$$\alpha = \frac{\Delta\omega}{\Delta t} = \text{constante}$$

Procedendo-se analogamente à equação 8.5 em relação ao tempo inicial, a função horária da velocidade angular é escrita como

$$\omega(t) = \omega_0 + \alpha t \qquad (8.7)$$

onde a velocidade angular inicial do movimento ω_0 e a aceleração α são os parâmetros do movimento. O exemplo do esmeril acima é um dos que melhor se enquadram ao de um movimento com aceleração angular constante descrito pela equação 8.7 – assim como o do automóvel freando com as rodas travadas no

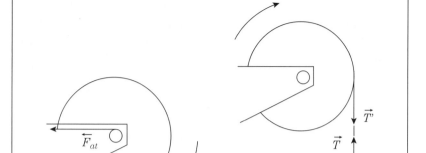

Figura 8.6

asfalto é um bom exemplo de translação uniformemente acelerada. Outro arranjo que poderia gerar um movimento de rotação com aceleração angular constante consiste em enrolar o esmeril com um fio inextensível, na ponta do qual prende-se um corpo de peso Q, como mostra a Figura 8.6b. Neste caso, a queda do peso ocorre verticalmente com movimento de translação uniformemente acelerado, gerando um movimento de rotação no disco do esmeril com aceleração angular constante, sujeito à força de tração de modulo T' mostrada na figura. Como o fio é inextensível, a aceleração de queda a do peso relaciona-se com a aceleração angular α do disco e com seu raio R segundo a equação 8.7.

A partir da relação $\omega = d\theta/dt$, pode-se obter a equação horária da posição angular neste movimento:

$$\theta(t) - \theta_0 = \int_0^t \omega(t')dt' = \int_0^t (\omega_0 + \alpha t')dt' \Rightarrow$$
$$\theta(t) = \theta_0 + \omega_0 t + \frac{\alpha t^2}{2} \qquad (8.8)$$

Mais uma vez, a função horária da posição angular encontra seu análogo à função da posição de translação dada por $x(t) = x_0 + v_0 t + at^2/2$.

8.2 DINÂMICA ROTACIONAL

Como já foi visto nos Capítulos 2, 3 e 4, enquanto a cinemática limita-se a observar os movimentos e obter funções que os descrevam, a dinâmica dedica-se estudar as suas origens e as interações que os causaram. Assim como isso é verdade para os movimentos de translação, também o é para os de rotação. Estudando a Primeira e a Segunda Leis de Newton, vimos que é a força o elemento que define o tipo de movimento de translação: se não há força resultante, a aceleração é nula, de modo que o corpo permanece em repouso, quando já assim estava, ou move-se com velocidade constante.

A questão que então surge é: se na translação é a força resultante quem desempenha o papel de definir o movimento, o será também na rotação? No parágrafo anterior, com o exemplo da rotação do esmeril, foi dada a pista: se a força resultante é nula quando o disco gira, ele permanece girando indefinidamente; se ele é freado pela força de atrito F_{at}, ou quando está sob a influência do peso Q, ele passa a ter movimento com aceleração angular, sugerindo que a ação de uma força leva à aceleração α.

A segunda lei de Newton aplicada à translação mostra que, para haver aceleração, deve haver uma *força resultante não nula*. Entretanto, no caso do esmeril, a força resultante é nula, como mostram as Figuras 8.7a e 8.7b, que mostram de forma mais completa todas as forças que agem sobre o rebolo do esmeril anteriormente mostrado nos casos das Figuras 8.6a e 8.6b. A ação de uma força externa, como a tração T' pela ação do peso Q, por exemplo, gera uma força de apoio do mancal T''' sobre o disco, de mesma intensidade que T' e de sentido contrário, que impede o disco de transladar. Ou seja, o fato de a força resultante ser nula impede a translação, mas não impede que o corpo tenha movimento, no caso, o de rotação. Isso vai ao encontro do que foi analisado no Capítulo 5, que mostrou que o equilíbrio estático de um corpo só é completamente caracterizado quando tanto a

Figura 8.7

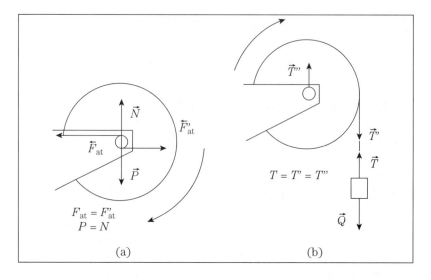

translação quanto a rotação estão ausentes. A análise da energia cinética de um corpo que possui movimentos combinados de translação e de rotação é elucidativa para se determinar o verdadeiro papel da força no movimento de rotação.

8.2.1 ENERGIA CINÉTICA DE UMA PARTÍCULA EM MOVIMENTO CIRCULAR

Considere uma partícula de massa m descrevendo uma órbita circular de raio R com velocidade tangencial v, mostrada na Figura 8.8. A energia cinética da partícula, dada por $EC = mv^2/2$, pode ser expressa em termos de sua velocidade angular ω, já que a partícula gira em torno de um centro. Com o auxílio da equação 8.2, a energia cinética da partícula é dada por

$$EC = \frac{m}{2}(\omega R)^2 = \frac{(mR^2)}{2}\omega^2 \qquad 8.9$$

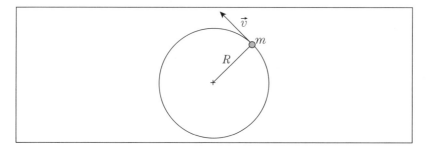

Figura 8.8

Por ser de grande importância para a continuidade da análise que será feita a seguir, o termo mR^2 foi destacado na equação 8.9 acima.

8.2.2 ENERGIA CINÉTICA DE UM SISTEMA DE PARTÍCULAS/MOMENTO DE INÉRCIA

Considere um determinado sistema composto de um número finito N de partículas girando solidariamente (ou seja, com a mesma velocidade angular ω) em órbitas circulares de diferentes raios, mas em torno de um mesmo eixo. A energia cinética total do sistema será a soma das energias individuais das partículas:

$$EC = (m_1 R_1^2 + m_2 R_2^2 + m_3 R_3^2 + ... + m_N R_N^2)\frac{\omega^2}{2} = \left(\sum_{i=0}^{N} m_i R_i^2\right)\frac{\omega^2}{2} \quad (8.10)$$

Note que na equação 8.10 surge um termo entre parênteses similar ao destacado na equação 8.9. Considere agora um sólido rígido e contínuo, de forma arbitrária, que não translada, mas que gira em torno de um determinado eixo de rotação, também com velocidade ω, como mostra a Figura 8.9. O eixo passa pelo ponto O e é perpendicular ao plano do papel, no qual o corpo bidimensional gira. Com base na equação 8.10 a energia infinitesimal dEC de uma única massa elementar dm desse corpo a uma distância r de O será dada por

$$dEC = \frac{\omega^2}{2} r^2 dm$$

Apesar de o corpo não transladar, é inegável que ele possui energia cinética, uma vez que todas as suas partículas estão em movimento. Sua energia cinética total é obtida integrando-se a equação acima:

$$EC = \frac{\omega^2}{2} \int_0^R r^2 dm \qquad 8.11)$$

O termo r^2 da equação 8.11 foi mantido dentro da integral, apesar de aparentemente dissociado da massa m. Isto se deve ao fato de cada infinitésimo de massa ter uma posição distinta em relação ao eixo de rotação.

Figura 8.9

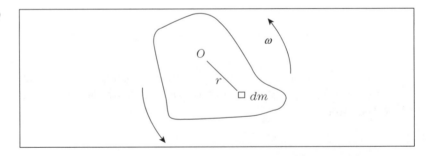

Assim como nas equações 8.9 e 8.10, na equação 8.11 a energia cinética surge novamente como um produto do termo $\omega^2/2$ por um termo proporcional à massa m e ao quadrado da posição r de cada massa em relação ao eixo de rotação. Esse termo, que aparece de forma recorrente em todas as versões de energias cinéticas escritas nesta seção, é o chamado *momento de inércia I*, escrito em sua forma mais geral como

$$I \equiv \int_0^R r^2 dm, \qquad (8.12)$$

de modo que a energia cinética de um sistema de partículas passa a ser dada por

$$EC = \frac{I\omega^2}{2} \qquad (8.13)$$

Convém salientar que, apesar do nome, o momento de inércia é uma grandeza* *escalar*, assim como a massa. A equação 8.13 fornece a energia cinética para qualquer sistema de partículas, seja ele formado por uma distribuição contínua de massa, seja formado por uma distribuição discreta, com partículas isoladas umas das outras. A condição para que essa equação seja válida é que o centro de massa deste corpo (ver definição de CM no Capítulo 7) esteja em repouso e que todas as partículas girem com a mesma velocidade angular em torno de um determinado eixo de rotação, o que equivale a dizer que esse sistema de partículas é rígido. Como a energia cinética dada pela equação 8.13 vale apenas quando o sistema possui rotação, ela é chamada de *energia cinética de rotação*, a partir de agora simbolizada por EC_R, para distinguir-se da *energia cinética de translação*, escrita agora como EC_T. A energia cinética do corpo pode ser, então, escrita na sua forma mais completa como a soma das energias de translação e de rotação:

$$EC = EC_T + EC_R = \frac{mv^2}{2} + \frac{I\omega^2}{2} \qquad (8.14)$$

A Tabela 8.1 mostra as similaridades entre as grandezas e as equações dos movimentos de translação e de rotação. Vale

Tabela 8.1

Translação retilínea		Rotação	
Deslocamento	Δx	Deslocamento	$\Delta \theta$
Velocidade	v	Velocidade	w
Aceleração	a	Aceleração	α
Equação MRU	$x = x_0 + vt$	Equação MCU	$\theta = \theta_0 + \omega t$
Equação MUA	$x = x_0 + v_0 t + at^2/2$	Equação MCUA	$\theta = \theta_0 + \omega_0 t + \alpha t^2/2$
Massa	m	Momento de inércia	$I = \int r^2 dm$
2ª lei de Newton	$F = ma;\ F = dp/dt$	2ª lei de Newton	$M = I\alpha;\ M = dL/dt$
Trabalho	$\tau = \int F \cdot dx$	Trabalho	$\tau = \int M d\theta$
Energia cinética	$EC_T = mv^2/2$	Energia cinética	$EC_R = I\omega^2/2$
Momento linear	$p = mv$	Momento angular	$L = I\omega$

Nota:

* Nos casos mais gerais dos movimentos de rotação a grandeza momento de inércia é uma grandez chamada tensor.

notar, pela comparação mostrada na tabela, que, a exemplo de várias outras grandezas, as energias cinéticas EC_T e EC_R têm formas análogas: enquanto a primeira é o produto do quadrado da velocidade de translação pela metade da *quantidade de inércia* (outro nome que pode ser dado à massa inercial m), a segunda é o produto da velocidade de rotação ao quadrado pela metade do momento de inércia. Desta comparação, conclui-se que o momento de inércia desempenha na rotação um papel análogo ao da massa no movimento de translação. Enquanto a massa pode ser encarada como a medida da resistência de um corpo ou partícula, em relação a uma possível alteração da velocidade, o momento de inércia é a resistência de um corpo extenso, em relação a uma possível alteração na sua velocidade angular.

Como o fenômeno de rotação existe apenas em corpos extensos e nunca em partículas, o momento de inércia é uma forma de quantificar a distribuição de massa de um corpo em relação a um determinado eixo de rotação. Consequentemente, corpos de mesma massa podem ter diferentes momentos de inércia, simplesmente por terem geometrias diferentes. Além disso, um mesmo corpo pode ter dois ou mais momentos de inércia, dependendo do eixo em relação ao qual ele gira.

8.2.3 CÁLCULO DE MOMENTOS DE INÉRCIA

8.2.3.1 Disco

Considere o disco de massa M, raio R e espessura h, que gira em torno do seu cento de massa CM, mostrado na Figura 8.10. O eixo de rotação é perpendicular à superfície do disco, e este é feito de um material homogêneo de densidade constante ρ. Deseja-se obter a expressão do momento de inércia desse corpo por meio da equação 8.12.

Figura 8.10

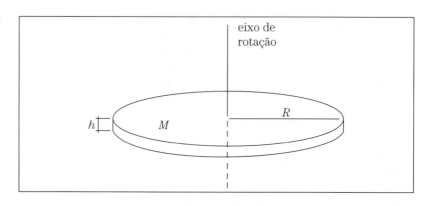

A densidade atua como um componente auxiliar para que se escreva o elemento de massa dm em função da sua distância r em relação ao eixo de rotação na integral da equação 8.12. Como o corpo é homogêneo, a densidade de um elemento de massa é a mesma do resto do disco, de modo que pode-se escrever a massa infinitesimal como $dm = \rho dV$. Sendo o volume V do disco igual à área πr^2 da base multiplicada pela sua espessura h, o elemento de massa passa a ser dado por

$$dm = \rho\, d(hA) = \rho h\, dA = \rho h d(\pi r^2) = 2\pi\rho h r dr \quad (8.15)$$

Substituindo-se o diferencial dm na equação 8.12, tem-se

$$I_{disco} = \int_0^R r^2 dm = 2\pi\rho h \int_0^R r^3 dr = \pi\rho h \frac{R^4}{2} \quad (8.16)$$

Escrevendo-se a densidade como função dos parâmetros do disco M e R:
$\rho = \dfrac{M}{V} = \dfrac{M}{\pi R^2 h}$, e substituindo-se sua expressão na equação 8.15, obtém-se o momento de inércia do disco que gira em torno do seu centro de massa:

$$I_{disco} = \pi h \frac{M}{\pi R^2 h} \frac{R^4}{2} \Rightarrow I_{disco} = \frac{MR^2}{2} \quad (8.17)$$

Note que o cancelamento da espessura h na equação acima significa que o momento de inércia independe dessa dimensão. Em outras palavras, discos de diferentes espessuras que giram em torno de seu eixo longitudinal, desde que tenham o mesmo raio e a mesma massa (incluem-se os cilindros), possuem o mesmo momento de inércia.

8.2.3.2 Barra rígida

Rotação em torno do centro de massa: deseja-se calcular o momento de inércia de uma barra rígida e homogênea de massa M e comprimento L, que gira em torno do seu centro de massa, o ponto CM, conforme a Figura 8.11a. Para simplificar, considere que a barra tem secção transversal quadrada de área a^2. A barra está posicionada ao longo do eixo x, e o elemento de massa da barra pode ser escrito como $dm = \rho\, dV = \rho a^2\, dx$. A equação 8.12 toma então a forma

$$I_{barra} = \int_{-L/2}^{L/2} x^2 dm = \rho a^2 \int_{-L/2}^{L/2} x^2 dx = \rho a^2 \frac{L^3}{12} \quad (8.18)$$

Como a barra é homogênea, sua densidade é simplesmente $\rho = M/V = M/(a^2 L)$. Substituindo-se ρ na equação 8.16, chega-se a

$$I_{\text{barra}} = \frac{M}{a^2 L} a^2 \frac{L^3}{12} = \frac{ML^2}{12} \qquad (8.19)$$

Rotação em torno da extremidade: a Figura 8.11b ilustra agora a situação na qual a mesma barra do caso anterior gira em torno de um ponto situado na sua extremidade, como se presa a uma parede por meio de um prego, por exemplo. O cálculo nesse caso efetua-se de maneira similar ao caso anterior, exceto pelo fato de que agora as distâncias dos elementos de massa da barra devem ser consideradas em relação à sua extremidade, o que muda os limites de integração, variando de 0 a L:

$$I_{\text{barra}} = \rho a^2 \int_0^L x^2 dx = \rho a^2 \frac{L^3}{3} = \frac{ML^2}{3} \qquad (8.20)$$

O interessante dos resultados dos exemplos a e b acima é que uma mesma barra pode apresentar diferentes momentos de inércia, dependendo do ponto em torno do qual ela gira. Isto significa que, para cada configuração, a barra apresenta uma diferente resistência a sofrer alterações em sua rotação, como será visto com mais profundidade, mais adiante.

Figura 8.11

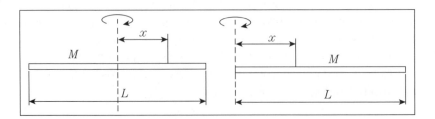

8.2.3.3 Anel

Deseja-se obter a expressão do momento de inércia de um anel que gira em torno do seu centro de gravidade. Considere que esse anel tem toda sua massa M distribuída a uma distância R do seu centro de gravidade, de acordo com o esquema da Figura 8.12a. Neste caso, é mais conveniente trabalhar com a densidade linear de massa $\lambda = M/(2\pi R)$. A massa infinitesimal das partículas que compõem o anel é, então, dada por $dm = \lambda dS = \lambda R d\theta$, onde $dS = R d\theta$ e o elemento de arco mostrado na Figura 8.12b. O momento de inércia será obtido integrando-se as contribuições de todas as massas que compõem o

perímetro do anel:
$$I_{anel} = \int_M R^2 dm = R^2 \int_0^{2\pi} \lambda R d\theta = 2\pi\lambda R^3 \quad (8.21)$$

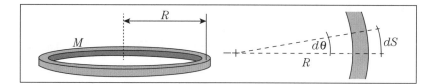

Figura 8.12

O momento de inércia do anel é obtido substituindo-se a expressão da densidade linear na equação 8.20:

$$I_{anel} = 2\pi \frac{M}{2\pi R} R^3 = MR^2 \quad (8.22)$$

Note que o momento de inércia obtido acima para um anel de massa M e raio R é o mesmo que o de uma partícula de mesma massa, movendo-se numa trajetória circular de raio R. Esta igualdade de resultados não é mera coincidência, já que a distribuição de massa gerada por uma partícula em movimento circular uniforme e a de um anel são equivalentes.

8.2.3.4 Cilindro oco (tubo)

O cilindro oco, de raio interno R_a, raio externo R_b, espessura h e massa m, girando em torno do seu eixo longitudinal, está mostrado na Figura 8.13. O cálculo de seu momento de inércia ocorre de maneira análoga à seção 8.2.3.1, com a integral definida entre diferentes limites:

$$I_{tubo} = \int_{R_1}^{R_2} r^2 dm = 2\pi\rho h \int_{R_1}^{R_2} r^3 dr = \pi\rho h \frac{\left(R_b^4 - R_a^4\right)}{2} \quad (8.23)$$

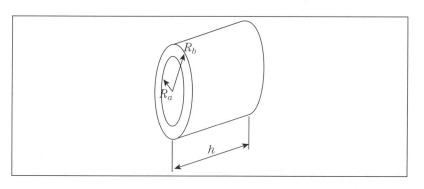

Figura 8.13

Substituindo-se a densidade do tubo $\rho = \dfrac{M}{\pi\left(R_b^2 - R_a^2\right)h}$ na equação 8.23, o momento de inércia pode ser adequadamente fatorado para fornecer a expressão

$$I_{tubo} = \frac{M\left(R_b^2 + R_a^2\right)}{2} \qquad (8.24)$$

Note que, se $R_a \to R_b$, o disco oco converte-se em um anel, e a equação 8.24 toma a forma $I = MR_b^2$, idêntica à equação 8.21.

Até agora, calcularam-se momentos de inércia de corpos que giravam em torno de eixos que passam pelo seu centro de massa, a chamada *rotação concêntrica*. Mas situações em que a rotação não ocorre em torno destes eixos também são comuns, é o caso da *rotação excêntrica*. Esse tipo de rotação é útil em alguns sistemas de transmissão de movimentos. Em alguns casos, porém, a rotação excêntrica torna-se altamente indesejável, gerando vibrações espúrias em rotores e esforços nos mancais dos eixos das máquinas, diminuindo, assim, sua vida útil. O balanceamento de pneus, por exemplo, com a colocação de pequenas massas em pontos adequados das rodas, é realizado justamente com a finalidade de se fazer coincidir o centro de massa da roda com o seu eixo de rotação, eliminando, assim, a rotação excêntrica e aumentando a durabilidade do pneu.

Por meio do Teorema dos Eixos Paralelos, ou Teorema de Huygens-Steiner, pode-se mostrar que, quando um corpo com massa M gira em torno de um eixo que dista de d do seu centro de massa CM, o momento de inércia é dado por

$$I = I_{CM} + Md^2, \qquad (8.25)$$

onde I_{CM} é o momento de inércia do corpo quando gira em torno de CM. Esse teorema será demonstrado no Tópico Complementar, no fim do capítulo.

Usando-se a equação 8.25, pode-se determinar o momento de inércia de uma barra rígida homogênea de massa M e comprimento L que gira em torno de sua extremidade. Dessa maneira, sendo $d = L/2$ e $I_{CM} = ML^2/12$, a equação (25) toma a forma

$$I = \frac{ML^2}{12} + M\left(\frac{L}{2}\right)^2 = \frac{ML^2}{3}$$

Note que este é o mesmo resultado obtido na equação 8.19.

Exemplo III

Um grande lote de peças cilíndricas de aço é descarregado na linha de produção de uma fábrica e, para isso, as peças devem rolar rampa abaixo, como mostrado na Figura 8.14, a partir do repouso. Para se acelerar o processo de recepção das peças para a produção, os cilindros devem descer a rampa no menor tempo possível. A rampa de altura H, por sua vez, é uma enorme, pesada e estática estrutura de concreto e, portanto, não pode ter sua inclinação alterada. Considere que, para o fornecedor dos tarugos, tanto faz produzi-los como cilindros maciços ou como tubos, desde que tenham a mesma massa. Desta forma, pergunta-se:

a) para que as peças cheguem mais rapidamente ao destino, qual deve ser a sua geometria mais conveniente, cilindro maciço ou cilindro oco?

b) se a altura da rampa é $H = 20$ m, calcule a máxima e a mínima velocidade de translação que os cilindros podem ter ao final da rampa.

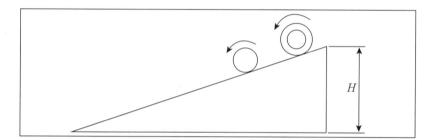

Figura 8.14

Solução:

a) Dizer que o tempo de descida de cada peça deve ser o menor possível equivale a dizer que a velocidade de translação do cilindro ao final da rampa deve ser máxima. Neste problema, a condição de conservação de energia mecânica pode ser satisfatoriamente aplicada. A energia mecânica tem, então, o mesmo valor nos pontos superior A e inferior B da rampa:

$$E_A = E_B \Rightarrow EC_A + EP_A = EC_B + EP_B, \qquad (8.25)$$

onde $EC_{A(B)}$ é a energia cinética do cilindro em A (B), e $EP_{A(B)}$ é a energia potencial gravitacional nesses pontos. Cada cilindro, ao descer a rampa rolando, tem sua energia cinética como fruto de uma combinação dos movimentos de translação e rotação, de acordo com a equação 8.14. A energia potencial, por sua vez, é dada para uma altura y do cilindro como $EP = mgy$, de modo que a equação 8.25 toma a forma

$$\frac{mv_A^2}{2} + \frac{I\omega_A^2}{2} + mgy_A = \frac{mv_B^2}{2} + \frac{I\omega_B^2}{2} + mgy_B \qquad (26)$$

Como a rampa é abandonada do repouso, temos $v_A = \omega_A = 0; y_A = H$, escolhendo-se arbitrariamente $y_B = 0$, tem-se $y_A = H$. Analisemos agora cada caso, obtendo a expressão para a velocidade de translação de cada cilindro ao final da rampa.

Cilindro maciço: Sendo o momento de inércia do cilindro maciço dado por $I = mR^2/2$, pode-se escrever a equação 8.26 como

$$mgH = \frac{mv_B^2}{2} + \frac{mR^2}{2}\frac{\omega_B^2}{2}, \qquad (8.27)$$

De acordo com a equação 8.14, pode-se substituir ω_B^2 por v_B^2/R^2, de modo a se obter

$$mgH = \frac{mv_B^2}{2} + \frac{mv_B^2}{4} \qquad (8.28)$$

A velocidade final de translação do cilindro maciço $v_{\text{maciço}}$ na base do plano inclinado é, então, escrita como

$$v_{\text{maciço}} = v_B = \sqrt{\frac{4}{3}gH} \qquad (8.29)$$

O resultado da equação (29) nos mostra uma característica interessante desse movimento: a velocidade final de translação não depende nem da massa, nem do raio do cilindro, mas da sua forma.

Cilindro oco: seu momento de inércia é dado pela equação 8.14: $I = M\left(R_b^2 + R_a^2\right)/2$. Será útil escrevermos a relação entre os raios externo R_b e interno R_a na forma $R_a = sR_b$, onde s é um numero real menor que 1. O momento de inércia passa a ser dado como

$$I = \frac{MR_b^2}{2}\left(1+s^2\right) \qquad (8.30)$$

Procedendo-se analogamente ao caso anterior, chega-se à seguinte expressão para a velocidade final de translação v_{oco}:

$$v_{\text{oco}} = \sqrt{\frac{4}{(s^2+3)}gH} \qquad (8.31)$$

Note que as velocidades finais para o cilindro oco e para o maciço têm a mesma forma, exceto pelo termo s^2, somado no denominador, tornando-o maior que o denominador da equação 8.29. Portanto, comparando-se as equações 8.29 e 8.31, chega-se à conclusão de que $v_{maciço} > v_{oco}$, mostrando que a opção pelos cilindros maciços é a mais favorável. A equação 8.31 é a maneira mais geral de se expressar a velocidade de um cilindro ao rolar por um plano inclinado partindo do repouso, seja esse cilindro oco ou maciço. Se o cilindro é maciço, $s = 0$, se é um tubo, $0 < s < 1$.

b) Para $H = 20$ m e sendo $g = 10$ m/s², da equação 8.29 chega-se à velocidade do cilindro maciço, a máxima possível para esta altura:

$$v_{máx} = \sqrt{\frac{4}{3} 10 \cdot 20} = 16,3 \text{ m/s}$$

A mínima velocidade possível para um cilindro é obtida a partir da equação 8.31, para o cilindro oco, quando $s \to 1$, o que corresponde a um cilindro de uma casca finíssima, cuja espessura tende a zero:

$$v_{mín} \approx \sqrt{gH} = 14,1 \text{m/s}$$

A conclusão que se tira deste exemplo é que, apesar de a velocidade final não depender nem da massa, nem do seu raio, ela depende de sua geometria ou, mais especificamente, de sua forma, como se vê nitidamente pela equação 8.31. A geometria do cilindro, seja ele oco ou maciço, é determinada sobretudo pela constante s.

8.3.3 SEGUNDA LEI DE NEWTON DO MOVIMENTO DE ROTAÇÃO

Para uma melhor compreensão da análise a seguir, usaremos o Teorema do Trabalho e Energia Cinética, visto no Capítulo 6, para obter a segunda lei de Newton para um objeto que se translada em decorrência da ação de uma força constante. A partir desta abordagem, e tendo em mente que os estudos dos movimentos de rotação podem ser realizados analogamente aos de translação, obteremos o análogo da segunda lei na dinâmica rotacional.

Consideremos uma partícula de massa m sujeita a uma força resultante F constante, que gera um deslocamento x e provoca a variação de velocidade da partícula, uma vez que esta adquire movimento acelerado. Admitindo-se que o móvel se desloca na mesma direção e sentido do vetor força resultante, o trabalho aplicado pela força é escrito como $\tau = F x$. Pelo Teorema do Trabalho e Energia Cinética, temos que o trabalho externo sobre uma partícula é igual à variação da sua energia cinética de translação, ou seja,

$$\tau = \frac{mv^2}{2} - \frac{mv_0^2}{2} \qquad (8.32)$$

Supondo que o móvel esteja inicialmente em repouso ($v_0 = 0$), o teorema pode ser, então, escrito como

$$\tau = Fx = \frac{mv^2}{2} \qquad (8.33)$$

Derivando-se ambos os membros da equação acima em relação ao tempo, obtém-se a forma mais conhecida da segunda lei de Newton para um movimento de translação:

$$F\frac{dx}{dt} = mv\frac{dv}{dt} \Rightarrow Fv = mva \Rightarrow F = ma \qquad (8.34)$$

Suponha que uma partícula de massa m está presa a extremidade de uma barra rígida de massa desprezível e comprimento R. A extremidade oposta da barra é atravessada por um pino engastado numa superfície plana horizontal e é posta a girar em virtude da ação de uma força externa tangencial F_{ext}, como mostra a Figura 8.15. Considere a situação em que essa força provoca sobre o corpo um deslocamento S na direção longitudinal e, consequentemente, um deslocamento angular θ. O trabalho gerado pela força é então

$$\tau = F_{ext}S = F_{ext}R\theta \qquad (8.35)$$

Figura 8.15

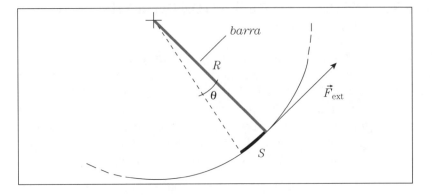

O Teorema do Trabalho e Energia Cinética também aplica-se à energia cinética de rotação, podendo ser escrito como

$$\tau = \frac{I\omega^2}{2} - \frac{I\omega_0^2}{2} \qquad (8.36)$$

Considerando-se que o corpo está inicialmente em repouso ($\omega_0 = 0$), e combinando-se as equações 8.24 e 8.25, obtemos a relação $F_{ext} R\theta = I\omega^2/2$. Derivando-se os dois membros da equação, chega-se a

$$F_{ext} R \frac{d\theta}{dt} = I\omega \frac{d\omega}{dt} \Rightarrow F_{ext} R\omega = I\omega\alpha \qquad (8.37)$$

Observando-se o termo $F_{ext}R$ da equação 8.37, vemos que ele é o torque da força F_{ext} em relação ao centro da trajetória descrita pela partícula, dado por $M = F_{ext}R$, de modo que a equação 8.37 toma a forma

$$M = I\alpha \qquad (8.38)$$

A equação 8.38 acima é o correspondente rotacional da segunda lei de Newton $F = ma$: no movimento de translação, a força resultante F provoca sobre o corpo um movimento com aceleração a. A massa m é a medida da resistência exercida pelo corpo a essa mudança em sua velocidade, pois, quanto maior a massa, menor a aceleração de translação. De forma análoga, o torque resultante M exerce sobre o corpo um movimento de rotação com velocidade angular variável, cuja taxa de variação temporal é a aceleração angular α. A equação 8.38 mostra que, quanto maior o momento de inércia I, menor é a aceleração angular adquirida pelo corpo, de onde se conclui que o momento de inércia I representa a resistência que o corpo oferece à variação da velocidade angular.

A forma mais completa de se expressar a relação entre torque e aceleração angular deve levar em conta o caráter vetorial destas grandezas, de modo que a equação 8.38 converte-se em

$$\vec{M} = I\vec{\alpha}, \qquad (8.39)$$

ou seja, o vetor aceleração angular é paralelo ao vetor torque. Convém relembrarmos a definição de torque para melhor relacionar as direções desses vetores com o movimento de rotação. De acordo com o Capítulo 5, quando uma força de módulo F é aplicada sobre um corpo rígido, o torque dessa força em relação a um determinado ponto O é dado por $\vec{M} = \vec{r} \times \vec{F}$, onde $\vec{r}$ é o vetor posição do ponto de aplicação P da força em relação ao ponto O. Para fins de simplificação, as dimensões do objeto na direção z são desprezíveis, se comparadas as suas dimensões nas direções x e y. A Figura 8.16 mostra os vetores $\vec{r}$ e $\vec{F}$ contidos no plano xy do sistema de coordenadas, de modo que o torque, por resultar do produto vetorial desses vetores, será paralelo ao eixo z, portanto, perpendicular ao plano xy. Se o corpo é posto a girar em torno do ponto O em virtude da ação de $\vec{F}$, teremos que *o eixo de rotação e o vetor torque serão paralelos*. A Figura 8.16 mostra um objeto na forma de um disco, mas esse é um resultado geral que independe da geometria do sólido girante.

Figura 8.16

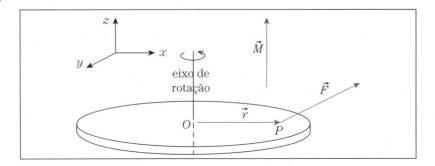

Da equação 8.39, conclui-se que o vetor aceleração angular $\vec{\alpha}$ também tem a mesma direção do eixo de rotação do corpo, assim como o vetor velocidade angular $\vec{\omega}$, como se pode inferir a partir da versão vetorial da equação 8.6, $\vec{\alpha} = d\vec{\omega}/dt$.

Exemplo IV

Um bloco de massa $m = 3$ kg está pendurado por um fio inextensível de massa desprezível. Esse fio está enrolado em uma polia cilíndrica homogênea de massa $M = 6$ kg engastada em uma parede. A polia tem raio $R = 25$ cm. O eixo da polia, em contato com o mancal, tem raio $r = 2$ cm.

Calcule a aceleração de queda do bloco quando:

a – não há atrito entre o eixo da polia e os mancais;

b – o coeficiente de atrito dinâmico entre o eixo da polia e o mancal é $\mu_d = 0,3$.

Solução:

a) O esquema das forças que agem sobre o conjunto está mostrado na Figura 8.17a. Sobre o bloco, agem as forças peso P_B e a tração T por meio do fio. Sobre a polia, há a força peso P_P, a força normal N exercida pelo mancal e a tração T', exercida pelo bloco através do fio. A força resultante sobre o bloco pode ser dada por meio da segunda lei de Newton como

$$P_B - T = ma \Rightarrow mg - T = ma, \qquad (8.40)$$

onde a é a aceleração vertical para baixo do bloco. O torque das forças sobre a polia calculado em torno do seu centro de massa CM, pelo qual passa o eixo de rotação, gera um movimento circular uniformemente acelerado na polia. Sendo o torque M dado por $M = T \cdot R$, e como o momento de inércia da polia é $I = MR^2/2$, tem-se por meio da equação 8.38, a relação

$$M = I\alpha \Rightarrow T'R = \frac{MR^2}{2}\frac{a}{R} \Rightarrow T' = \frac{Ma}{2} \qquad (41)$$

Como $T = T'$, por serem forças que compõem um par ação/reação, das equações 8.40 e 8.41 obtém-se a aceleração de descida do bloco como

$$a = \left(\frac{m}{M/2+m}\right)g = 5{,}0\,\text{m/s}^2 \qquad (8.42)$$

b) Neste caso, ao levar-se em consideração o atrito entre a polia e o mancal, o esquema de forças assume a forma apresentada na Figura 8.17b, que mostra uma força de atrito F_{AT}, cujo torque tem sinal oposto ao da força T'. Assim, a equação 8.39 toma a forma

$$T'R - F_{AT}r = \frac{MR^2}{2}\frac{a}{R} \Rightarrow T'R - F_{AT}r = \frac{MRa}{2} \qquad (8.43)$$

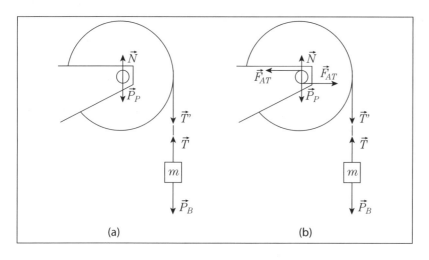

Figura 8.17

Como foi visto no Capítulo 4, a força de atrito dinâmico é dada por $F_{AT} = \mu_d N$, onde $N = P_P + T' = Mg + T'$, de acordo com a Figura 8.17b, já que a resultante sobre a polia é nula. Desta forma, a equação 8.43 pode ser escrita como

$$T'R - F_{AT}r = T'R - \mu_d(Mg + T')r = \frac{MRa}{2} \qquad (8.44)$$

Usando-se $T" = T = mg - ma$ da equação 8.40 e substituindo-se na equação 8.44 obtém-se a aceleração do bloco como

$$a = \left(\frac{mR - \mu_d(M+m)r}{MR/2 + mR - \mu_d mr} \right) g = 4,8 \text{ m/s}^2 \qquad (8.45)$$

Como era de se esperar, em virtude da ação do atrito, a aceleração ficou um pouco menor que a calculada no item a. Vale notar que, quando não há atrito, $\mu_d = 0$, e a equação 8.45 resume-se à equação 8.42.

Exemplo V: Máquina de Atwood

Esse dispositivo foi estudado no Capítulo 4 para o caso de polias de massa desprezível. A Máquina de Atwood será analisada novamente, com a diferença de que, agora, dispomos de fundamentos para estudarmos sistemas em que a massa, assim como o momento de inércia da polia, são relevantes. Como já foi descrito, os dois corpos 1 e 2 de massas m_1 e m_2 são suspensos por um fio inextensível de massa desprezível que passa pela polia cilíndrica de massa M e raio r. O sistema está esquematizado na Figura 8.18, mostrando as forças relevantes. O fio, nos dois lados da polia, está submetido a trações T'_1 e T'_2 de valores diferentes, em decorrência da própria resistência da polia ao movimento de rotação, expressa pelo seu momento de inércia. Dessa forma, a tração de módulo T_1 opõe-se à descida do corpo 1, bem como a tração de módulo T_2 é a força responsável pela subida de corpo 2. Se a polia gira em sentido horário, deseja-se calcular a aceleração dos corpos 1 e 2, ou a aceleração tangencial da polia.

Figura 8.18

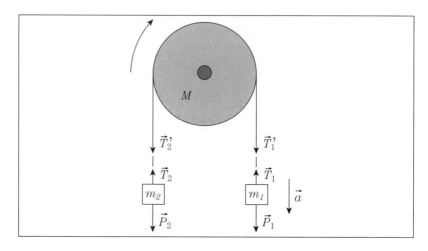

Solução:

Escrevendo-se a segunda lei de Newton para os corpos 1 e 2, tem-se, respectivamente (ver Capítulo 4):

$$m_1 g - T_1 = m_1 a$$

$$T_2 - m_2 g = m_2 a \tag{8.46}$$

O torque sobre a polia é dado por $M = T_1' R - T_2' R = I\alpha$. Sendo a polia um cilindro homogêneo, pode-se então escrever

$$(T_1' - T_2')R = (T_1 - T_2)R = \frac{MR^2}{2}\frac{a}{R} \Rightarrow T_1 - T_2 = \frac{Ma}{2} \tag{8.47}$$

Isolando-se as trações T_1' e T_2' nas equações 8.46, e substituindo-as na 8.47, chega-se à aceleração dos corpos 1 e 2:

$$a = \frac{m_1 - m_2}{m_1 + m_2 + M/2} g \tag{8.48}$$

Note que, se a massa da polia é desprezível, a expressão para a aceleração resume-se exatamente àquela da equação 4.5 do Capítulo 4, na qual a massa não foi levada em conta. O resultado da equação 8.48 mostra, como seria de se esperar, que, quanto maior a massa M da polia, menor a aceleração do conjunto.

8.3.4 MOMENTO ANGULAR

Ao longo de todo este capítulo vimos as similaridades e correspondências entre a grandezas rotacionais e seus equivalentes translacionais. Essa similaridade ocorre não apenas entre as grandezas envolvidas, mas também entre as equações, já que praticamente cada equação da cinemática ou da dinâmica de translação encontra um análogo na rotação. Vimos também no Capítulo 4 que uma forma mais completa de se escrever o Princípio Fundamental da Dinâmica relaciona a força resultante à derivada temporal do momento linear, na forma $\vec{F} = d\vec{p}/dt$. Seguindo este raciocínio, conclui-se que deve existir uma grandeza cuja derivada temporal seja igual ao torque, e que desempenhe na dinâmica rotacional o mesmo papel que o momento linear $\vec{p}$ desempenha da dinâmica de translações. Essa grandeza vetorial chama-se momento angular, designada por $\vec{L}$. Assim, a segunda lei de Newton para a rotação toma a forma

$$\vec{M} = \frac{d\vec{L}}{dt} \tag{8.49}$$

Convém relacionar o momento angular a outras grandezas da dinâmica para que se estudem suas propriedades. Da definição de torque e da equação 8.38, tem-se

$\vec{M} = \vec{r} \times \vec{F} = \dfrac{d\vec{L}}{dt}$. Da segunda lei de Newton para a translação, a equação acima chega à forma

$$\vec{r} \times \dfrac{d\vec{p}}{dt} = \dfrac{d\vec{L}}{dt} \qquad (8.50)$$

A equação 8.50 sugere que examinemos a derivada temporal do produto vetorial de dois vetores quaisquer $\vec{A}$ e $\vec{B}$:

$$\dfrac{d(\vec{A}\times\vec{B})}{dt} = \dfrac{d\vec{A}}{dt}\vec{B} + \vec{A}\dfrac{d\vec{B}}{dt} \Rightarrow \vec{A}\dfrac{d\vec{B}}{dt} = \dfrac{d(\vec{A}\times\vec{B})}{dt} - \dfrac{d\vec{A}}{dt}\vec{B} \qquad (8.51)$$

Note que o termo isolado na equação acima tem a mesma forma do primeiro membro da equação (8.50). Desta forma, substituindo-se $\vec{A}$ por $\vec{r}$ e $\vec{B}$ por $\vec{p}$ na equação (8.51), chega-se a

$$\vec{r}\dfrac{d\vec{p}}{dt} = \dfrac{d(\vec{r}\times\vec{p})}{dt} - \dfrac{d\vec{r}}{dt}\vec{p} \qquad (8.52)$$

Analisemos o último termo à direita na equação acima. Sendo $d\vec{r}/dt = \vec{v}$ e $\vec{p} = m\vec{v}$, ele pode ser reescrito como $\vec{v}\times(m\vec{v})$. Por se tratar de um produto vetorial de dois vetores paralelos $\vec{v}$ e $m\vec{v}$, este termo é nulo, de modo que a equação 8.52 toma a forma

$$\vec{r}\dfrac{d\vec{p}}{dt} = \dfrac{d(\vec{r}\times\vec{p})}{dt} \qquad (8.53)$$

Comparando-se as equações 8.53 e 8.50, conclui-se que o momento angular é o produto vetorial de $\vec{r}$ e $\vec{p}$:

$$\vec{L} = \vec{r}\times\vec{p} \qquad (8.54)$$

A equação acima mostra que, por ser perpendicular ao plano que contém os vetores $\vec{r}$ e $\vec{p}$, o momento angular também é paralelo ao eixo de rotação do corpo.

Outra relação extremamente útil pode ser extraída escrevendo-se a equação 8.38 na forma $\vec{M} = I d\vec{\omega}/dt$ e igualando-a à equação 8.49:

$$\dfrac{d\vec{L}}{dt} = I\dfrac{d\vec{\omega}}{dt}$$

Integrando-se ambos os membros da equação acima no tempo, obtém-se

$$\vec{L} = I\vec{\omega} \qquad (8.55)$$

8.3.4.1 Conservação do momento angular

A equação 8.50 indica uma importantíssima característica do momento angular, também intimamente relacionada ao seu correspondente de translação, o momento linear. No Capítulo 4, sobre dinâmica de translação, mostrou-se que, quando a força resultante sobre um determinado sistema é nula, tem-se $\vec{F} = d\vec{p}/dt = \vec{0}$. Se esse sistema é constituído de N corpos, tem-se então

$$\vec{F} = \frac{d\vec{p}}{dt} = \frac{d}{dt}(\vec{p}_1 + \vec{p}_2 + \vec{p}_3 + \vec{p}_4 + \ldots + \vec{p}_N) = \vec{0},$$

de onde se conclui que

$$\vec{p}_1 + \vec{p}_2 + \vec{p}_3 + \vec{p}_4 + \ldots + \vec{p}_N = \text{constante},$$

o que equivale a dizer que o momento linear de um sistema se conserva quando a força resultante sobre ele é zero.

Da equação 8.50, tem-se que para $d\vec{p}/dt = \vec{0}$, $\vec{M} = d\vec{L}/dt = \vec{0}$. Consequentemente, um sistema sujeito a um torque nulo tem seu momento angular conservado, de modo que a somatória vetorial dos momentos angulares de N corpos de um sistema isento de torques externos será:

$$\vec{L}_1 + \vec{L}_2 + \vec{L}_3 + \vec{L}_4 + \ldots + \vec{L}_N = \text{constante} \qquad (8.56)$$

A conservação do momento angular tem implicações importantes em inúmeros fenômenos da natureza e permite a compreensão a respeito do funcionamento de uma série de máquinas e dispositivos tecnológicos. Com o auxílio das equações 8.55 e 8.56, alguns fenômenos envolvendo conservação de momento angular serão analisados a seguir.

a) *cadeira giratória* – esse aparelho é largamente utilizado em laboratórios e museus de ciências em demonstrações de fenômenos de rotação. Consiste de uma cadeira que gira sobre um tripé que está em atrito estático com o chão. Para que os efeitos decorrentes da conservação do momento linear se tornem mais evidentes, geralmente as pessoas giram sobre essa cadeira segurando pequenos halteres, como mostra a Figura 8.19. Inicialmente, o conjunto pessoa+cadeira é posto a girar com velocidade angular aproximadamente constante, com a pessoa segurando os halteres de braços esticados, conforme mostrado na Figura 8.19a. Se subitamente a pessoa traz os halteres junto ao corpo, como na Figura 8.19b, sua velocidade angular aumenta sensivelmente. Quando a pessoa estica e abre novamente os braços em cruz, a velocidade angular volta ao valor original, descontando-se os efeitos do atrito nos mancais do eixo da cadeira.

Figura 8.19

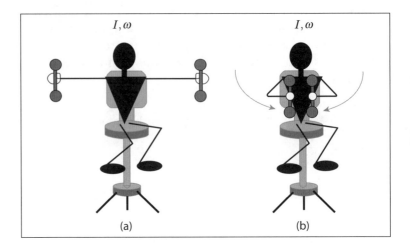

Como explicar esse comportamento? Isso é possível com o auxílio da equação $\vec{L} = I\vec{\omega}$, tendo-se em mente que o torque resultante sobre o sistema pessoa+cadeira é nulo o tempo todo e, portanto, o momento angular do sistema se conserva. Ao aproximar os braços do corpo, o momento de inércia I do sistema diminui, o que resulta num aumento do valor da velocidade angular ω, mantendo então o produto $I\omega$ inalterado. Ao abrir os braços, a massa do sistema como um todo tende a distanciar-se do eixo de rotação, gerando o aumento do valor de I e a consequente diminuição do valor de ω.

Esse fenômeno é a base de um sem-número de manobras realizadas por atletas e acrobatas. A patinadora artística, por exemplo, vale-se dele para aumentar drasticamente sua velocidade angular quando efetua um giro na vertical. O giro se inicia com a patinadora de braços abertos e, ao fechá-los rapidamente, ela diminui seu momento de inércia, aumentando sua velocidade angular. Quanto maior a taxa de variação do momento de inércia, mais rapidamente a velocidade angular varia.

Esse também é o princípio por trás do salto mortal realizado por acrobatas e mergulhadores de saltos ornamentais, como se pode ver na sequência fotográfica da Figura 8.20. A mergulhadora inicia seu salto com o corpo praticamente reto, efetuando uma rotação de baixa velocidade angular no sentido anti-horário, como na Figura 8.20a. A partir de 0,2 s, ela se encolhe, aproximando os joelhos ao queixo e abraçando as pernas. Com esta diminuição do momento de inércia, sua velocidade angular aumenta, permitindo-lhe efetuar uma rotação completa até aproximadamente 0,6 s, Figura 8.20e. A partir do instante 1,0 s (Figura 8.20f), ao esticar o corpo novamente, ela aumenta o seu momento de inércia, sua velocidade angular de rotação diminui, e a mergulhadora prepara-se para começar a cair na posição vertical, como mostrado na Figura 8.20h. Outro fenômeno relacionado à conservação do momento angular é o famoso *pulo do gato*. Costuma-se dizer popularmente que o "o gato sempre cai em pé". Mais do que folclore, esta é a constatação de que o gato, mesmo sem estudar Física, usa intuitivamente o conceito de conservação de momento angular a seu favor, encolhendo ou esticando o corpo de modo a variar seu momento de inércia e sua velocidade angular, de modo a cair sempre em pé.

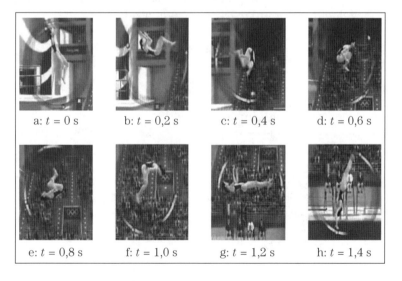

Figura 8.20
(fonte: www.youtube.com/watch?v=PANg1hccUPY)

b) helicóptero – para entendermos a função das hélices de um helicóptero, consideremos agora o sistema constituído de uma pessoa sentada sobre a cadeira giratória, como a descrita no item anterior. A base da cadeira repousa sobre uma superfície plana horizontal, e entre ambas há atrito estático. A pessoa segura um rotor, como a roda de bicicleta mostrada na Figura 8.21. Este rotor é posicionado com seu eixo na vertical, paralelo ao eixo de rotação da cadeira. Inicialmente, o sistema está em repouso de rotação e de translação, ou seja, nada gira, nem translada, como mostrado na Figura 8.21a. Dessa forma, podemos escrever que o momento angular do sistema $\vec{L}_{SIS}$, que é a soma dos momentos angulares da cadeira com pessoa $\vec{L}_C$ (cadeira e pessoa considerados um corpo só, já que ambos giram solidariamente) e do rotor $\vec{L}_R$, é identicamente nulo:

$$\vec{L}_{SIS} = \vec{L}_C + \vec{L}_R = \vec{0}, \text{ sendo } \vec{L}_C = \vec{0} \text{ e } \vec{L}_R = \vec{0} \qquad (8.57)$$

Suponhamos agora que a roda de bicicleta seja posta em rotação pela pessoa. O momento angular do rotor passa a ser não nulo, sendo seu momento linear um vetor vertical apontado para cima. Agora, a cadeira com a pessoa passa a girar no sentido contrário, de modo a ter um momento angular vertical, apontado para baixo, de mesmo módulo que o momento angular da roda, de acordo com a Figura 8.21b. Dessa forma, a soma de ambos os vetores é nula, e o sistema tem seu momento linear conservado. Matematicamente, tem-se $\vec{L}_C = -\vec{L}_R$, ambos os vetores diferentes de zero, o que leva novamente a $\vec{L}_{SIS} = \vec{0}$. Dessa condição, se o rotor tem velocidade angular ω_R e o sistema cadeira+pessoa tem velocidade angular ω_C, chega-se à relação

$$I_C \vec{\omega}_C = -I_R \vec{\omega}_R \Rightarrow \vec{\omega}_C = -\frac{I_R}{I_C} \vec{\omega}_R, \qquad (8.58)$$

onde I_C e I_R são, respectivamente, os momentos de inércia do sistema cadeira+pessoa e do rotor.

Figura 8.21

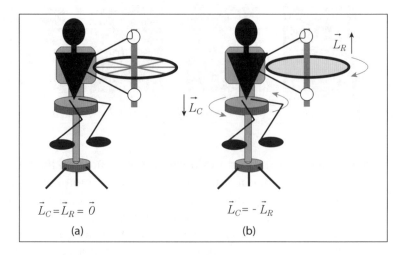

Agora, a compreensão sobre o papel de cada hélice do helicóptero mostrado na Figura 8.22 torna-se possível. A hélice grande que gira no plano horizontal tem a função de dar a sustentação à cabine, fazendo o helicóptero subir, descer, ou pairar no ar. Mas, se o helicóptero tivesse apenas essa hélice, o conjunto cabine+hélice comportar-se-ia como a cadeira giratória, ou seja, para conservar o momento linear do sistema inicialmente nulo, o helicóptero também giraria, no sentido contrário à rotação da hélice, como mostra a Figura 8.22a, o que tornaria a aeronave incontrolável. A função da hélice pequena é evitar que o helicóptero gire. Ao girar, essa hélice impulsiona o ar, que, por sua vez, aplica uma força de reação sobre as pás da hélice. Essa força de reação acaba por aplicar um torque sobre o helicóptero, impedindo-o assim de girar e garantindo a dirigibilidade da aeronave e a segurança dos passageiros. A vista superior do helicóptero na Figura 8.22b ilustra o esquema de forças e torques envolvidos. Situações em que o motor da extremidade do helicóptero falha convertem-se geralmente em acidentes dramáticos, pelos motivos expostos acima.

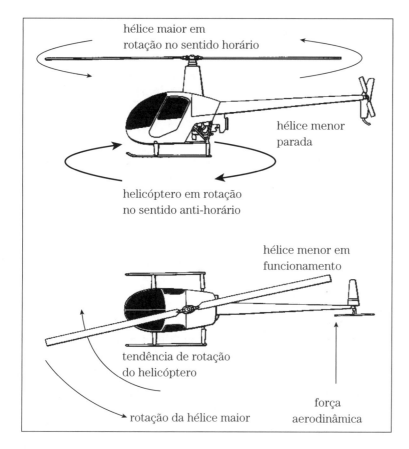

Figura 8.22

Conclui-se, desta análise, que uma aeronave movida a hélice necessita obrigatoriamente de uma força externa, caso contrário, a fuselagem e o corpo da aeronave girarão no sentido oposto ao da hélice. No caso de um avião monomotor, por exemplo, essa força externa é aplicada pelo ar sobre as asas do avião, mais especificamente sobre os flaps, convenientemente orientados, de modo que o arraste aerodinâmico sobre eles aplique o torque necessário para evitar a rotação do corpo do avião. Em aviões bimotores ou quadrimotores isso é feito mais facilmente, basta que as hélices de uma asa girem num sentido, e as da outra asa, no outro.

Em face da análise deste item, poderíamos pensar o que ocorreria se um liquidificador bem potente funcionasse sobre uma pia bem lisa de mármore sem os típicos pezinhos de borracha desses aparelhos, que garantem o atrito estático entre sua base e a pia. Embora altamente não recomendável, do ponto de vista da segurança elétrica e da integridade do aparelho, essa experiência seria ainda mais instrutiva se a superfície da pia estivesse coberta com espuma de sabão.

O correspondente translacional do exemplo da cadeira giratória com o rotor está esquematizado na Figura 8.23. Uma pessoa está de pé sobre uma superfície plana horizontal e carrega uma bola de boliche de massa comparável à da pessoa. Se no caso anterior não havia atrito entre o eixo da cadeira e a sua base, neste caso não há atrito entre os pés da pessoa e o piso. Inicialmente, tanto a pessoa como a bola estão em repouso em relação ao chão, de acordo com a Figura 8.23a. Desta forma, o momento linear do sistema, que é a soma dos momentos lineares da pessoa e $\vec{p}_{sis}$ do projétil, é identicamente nulo. Isto é posto matematicamente como

$$\vec{p}_{sis} = \vec{p}_{pessoa} + \vec{p}_{bola} = \vec{0}, \text{ onde } \vec{p}_{pessoa} = \vec{p}_{bola} = \vec{0} \quad (8.59)$$

A pessoa lança a bola de boliche horizontalmente com uma velocidade $\vec{v}$ para a direita, de modo que a bola, de massa m, passa a ter momento linear $\vec{p}_{bola} = m\vec{v}$. Mas o momento linear do sistema era inicialmente nulo, e conserva-se assim, já que, no processo, não houve ação de uma força externa. Consequentemente, a pessoa recua para a esquerda com velocidade $\vec{V}$, passando a ter momento linear de mesmo módulo do momento da bola, mas com sentido contrário, mantendo o momento linear total nulo, de modo correspondente. Se a pessoa tem massa M, o momento linear do sistema passa a ser escrito como

$$\vec{p}_{sis} = \vec{p}_{pessoa} + \vec{p}_{bola} = M\vec{V} + m\vec{v} = \vec{0}, \quad (8.60)$$

de onde se obtém a relação entre as velocidades da bola de boliche e da pessoa:

$$\vec{V} = -\frac{m}{M}\vec{v} \qquad (8.61)$$

A similaridade da equação 8.61 com a 8.58 reforça a correspondência entre os fenômenos.

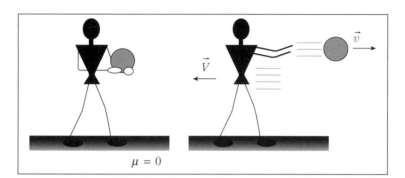

Figura 8.23

Tópico complementar

Até agora, calcularam-se momentos de inércia de corpos que giravam em torno de eixos que passam pelo seu centro de massa. Mas situações em que a rotação não ocorre em torno desses eixos também são comuns. O cálculo a seguir determinará os momentos de inércia nesses casos, por meio do chamado Teorema do Eixo Paralelo. Consideremos um corpo de massa M e forma genérica. Serão calculados os momentos de inércia em relação a um eixo z que passa pelo seu centro de massa CM, e depois em relação a um eixo z', paralelo ao z, que dista de d deste. Como a rotação pode se efetuar no plano xy, a análise pode ser restrita a esse plano. A Figura 8.24 mostra uma seção transversal no plano xy desse objeto, com o ponto CM e o ponto P, por onde passa o eixo z'. De acordo com a análise da Seção 8.2.2, se esse corpo for tratado como um conglomerado de N partículas, seu momento de inércia será escrito como

$$I = m_1 R_1^2 + m_2 R_2^2 + m_3 R_3^2 + \ldots + m_N R_N^2 = \sum_{i=0}^{N} m_i R_i^2$$

Se o CM estiver na origem do sistema de coordenadas, e a posição da i-ésima partícula for (x_i, y_i), temos $R_i^2 = x_i^2 + y_i^2$ (ver Figura 8.24), e o momento de inércia em relação a CM será

$$I_{CM} = \sum_{i=0}^{N} m_i \left(x_i^2 + y_i^2 \right) \qquad (8.62)$$

Figura 8.24

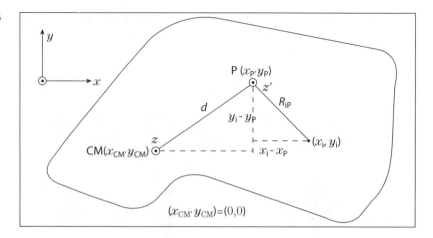

Por meio de raciocínio análogo, pode-se calcular o momento de inércia I_P em relação ao eixo z'. Como se pode ver pela Figura 8.24, usando-se o Teorema de Pitágoras, escreve-se o quadrado da distância de um ponto (x_i, y_i) ao ponto P, de coordenadas (x_P, y_P), como $R_{iP}^2 = (x_i - x_P)^2 + (y_i - y_P)^2$. O centro de massa I_P será dado então por

$$I_P = \sum_{i=0}^{N} m_i R_{iP}^2 = \sum_{i=0}^{N} m_i \left[(x_i - x_P)^2 + (y_i - y_P)^2 \right] \quad (8.63)$$

Desenvolvendo-se o termo entre colchetes, a equação 8.63 toma a forma

$$I_P = \sum_{i=0}^{N} m_i x_i^2 - 2x_P \sum_{i=0}^{N} m_i x_i + \sum_{i=0}^{N} m_i x_P^2 + \\ \sum_{i=0}^{N} m_i y_i^2 - 2y_P \sum_{i=0}^{N} m_i y_i + \sum_{i=0}^{N} m_i y_P^2 \quad (8.64)$$

Dos termos da equação acima, note que $\sum_{i=0}^{N} m_i x_i = X_{CM} \cdot M$ e $\sum_{i=0}^{N} m_i y_i = Y_{CM} \cdot M$, onde X_{CM} e Y_{CM} são as coordenadas do centro de massa. Como no nosso caso o CM está posicionado na origem do sistema de coordenadas, tem-se $X_{CM} = Y_{CM} = 0$, e portanto os termos que contém $\sum_{i=0}^{N} m_i x_i$ e $\sum_{i=0}^{N} m_i y_i$ são nulos. Reagrupando-se os termos da equação 8.64, pode-se escrever

$$I_P = \sum_{i=0}^{N} m_i \left(x_i^2 + y_i^2 \right) + \sum_{i=0}^{N} m_i \left(x_P^2 + y_P^2 \right) = \\ \sum_{i=0}^{N} m_i \left(x_i^2 + y_i^2 \right) + \left(x_P^2 + y_P^2 \right) \sum_{i=0}^{N} m_i \quad (8.65)$$

O primeiro termo do membro direito da equação acima é o próprio momento de inércia para a rotação concêntrica I_{CM}

dado pela equação 8.52. Examinando-se a Figura 8.24, vê-se que $x_P^2 + y_P^2 = d^2$, e sabendo que $\sum_{i=0}^{N} m_i = M$, tem-se que a equação 8.65 toma finalmente a forma

$$I_P = I_{CM} + Md^2,\qquad 8.66$$

o que demonstra a equação 8.25.

EXERCÍCIOS COM RESPOSTAS

1) Considere uma porta residencial típica. Determine o seu momento de inércia. Explicar por que é mais fácil fechar ou abrir a porta próximo à maçaneta do que no centro da porta, e ainda, por que é muito difícil fazer essas operações bem próximo à dobradiça.

   Resposta:

   Considere o momento de inércia de uma placa.

2) Considere uma patinadora em movimento de rotação em torno de um eixo, digamos o eixo que passa ao longo do corpo e ela apoiada nas pontas de um dos pés. O que ocorre quando ela, em giro, afasta os braços para longe do tronco e quando ela os aproxima para bem junto ao tronco? Analisar a situação.

   Resposta:

   Mudança do momento de inércia e assim mudança da rotação.

3) Digamos que, em uma mala, exista um volante em rotação. Agora você caminha com essa mala. Diga o que pode ocorrer quando você sobe uma escada e quando você faz uma curva em um plano.

   Resposta:

   Haverá uma guinada da mala, pois precisa de um torque para mudar o vetor momento angular.

4) Em problemas envolvendo polia, uma das simplificações feitas é considerar a massa da polia desprezível. Diante da teoria exposta neste capítulo, como você deve incluir a

presença da polia e participando do movimento? Analisar e discutir a situação.

Resposta:

Considere o momento de inércia da polia e inclua-a no movimento.

5) Considere a seguinte situação. Seja a polia de massa de 5 kg, com raio externo de 15 cm e espessura de 50 mm. A corda enrolada na polia pode ser considerada de massa desprezível. Em uma das extremidades da corda está preso um bloco de massa de 2 kg. Quando o bloco é solto, estudar o movimento do bloco e da polia.

Resposta:

Aceleração de descida é de 4,44m/s^{-2}

6) Volante é um dispositivo que gira e pode ser usado para armazenar energia cinética, por exemplo, ele é utilizado em grandes prensas. Calcular a energia cinética de rotação de um volante com formato cilíndrico que gira à frequência de 7 Hz e tem as seguintes dimensões: diâmetro de 120 cm e largura de 300 mm, com massa total de 700 kg. Qual a aceleração angular constante necessária para, partindo do repouso, fazer com que o volante atinja a frequência de 5 Hz em 30 segundos?

Resposta:

$\alpha = 1{,}05$ rad s^{-2}

7) Considere os seguintes dois volantes, em forma cilíndrica, mostrados na seguinte situação. No volante da esquerda, o cilindro da parte interna tem densidade de 7 kg/cm^3, raio de 20 cm e espessura de 150 mm. A casca cilíndrica externa desse volante tem densidade de 15 kg/cm^3, raio interno de 20 cm, raio externo de 40 cm e espessura de 15 cm. Calcule o momento de inércia do volante da esquerda. Considere agora a troca de materiais, da parte interna para a parte externa e o material da parte externa para a parte interna. Calcule o momento de inércia do volante da direita. Você esperava valores iguais? Se eles são diferentes, por que isso ocorre? Depois de ter calculado, explique fisicamente.

8) Seja o movimento de um pêndulo simples, isto é, uma massa bastante concentrada presa por um fio fino de massa desprezível. Estude o movimento do corpo, no campo gravitacional e sem atrito com o ar ou na articulação, por meio da dinâmica da rotação. Considere pequenos ângulos de oscilação. Encontrar a equação de movimento do pêndulo simples. Sugestão $\theta \cong 0 \Rightarrow \text{sen } \theta \cong \theta$.

9) Seja um corpo em queda livre a partir do repouso e a uma altura de 30 metros. Estudar o movimento considerando a dinâmica das rotações. Escrever a equação de movimento do corpo, e ainda, exibir os valores do momento angular, da velocidade angular, da aceleração angular e do torque da força peso, quando o corpo está a 20 metros de altura e a 10 metros de altura. Considere a origem do referencial situada no chão e a uma distância de 15 metros da linha de queda do corpo.

10) Seja uma mesa de bilhar e o choque de duas bolas. Considere o choque elástico. Escrever as equações de conservação da energia, do momento linear e do momento angular para o caso geral, isto é, as bolas se chocando com um ângulo qualquer e ainda o choque não passando pela linha de centro das bolas de bilhar. Sugestão: As três leis de conservação são independentes entre si.

11) Vejamos, ainda, o que ocorre com o movimento de uma bola de bilhar quando o taco de bilhar atinge a bola abaixo da linha de centro, na linha de centro e acima da linha de centro. Estudar os vários casos. Considere as condições para que a bola de bilhar não deslize na mesa de bilhar, ou seja, ela deve sempre rolar sobre a mesa de bilhar.

EXERCÍCIOS RESOLVIDOS

1. Uma das combinações de movimentos que geralmente encontramos em muitos dispositivos mecânicos é de uma roda rolando em uma superfície. Considere uma roda de raio de 0,35 m rolando, **sem escorregar,** em uma superfície plana horizontal. A roda gira a uma velocidade angular constante igual a 30 rad/s. Encontrar a velocidade do ponto de contato da roda na superfície, a velocidade do centro da roda e a velocidade do ponto que está, em um dado instante, no ponto superior da roda (ponto diametralmente oposto ao

ponto de contato com a superfície). Admita que o ponto de contato da roda no piso gere uma trajetória retilínea.

Resposta:

Iniciaremos a solução do problema fazendo uma discussão sobre a questão de rolar sem escorregar, como enfatizamos no enunciado do problema. Em muitos sistemas mecânicos, como por exemplo, em dispositivos usados em máquinas de usinagem e motores, as partes que giram devem, em geral, se movimentar em relação a outras partes dos dispositivos sem ocorrer o escorregamento ou deslizamento. Para ilustrar uma situação: durante a frenagem de um carro podemos ter os pneus sempre em contato com o piso, somente girando ou girando com escorregamento no piso. A correia de acionamento do comando de válvulas de um motor de combustão não pode escorregar, pois, caso contrário, ocorrerá uma falta de sincronismo entre o movimento do pistão e a abertura e fechamento de válvulas. Desta forma, o assunto que se coloca neste problema tem muitas aplicações na tecnologia. Assim, na situação em análise, a velocidade da roda em seu ponto de contato no piso deve ser sempre igual a zero; esta é uma condição necessária e suficiente para que não ocorra escorregamento entre as partes em contato. A reta perpendicular ao plano da roda e que passa pelo ponto de contato da roda com o piso é chamada de eixo instantâneo de rotação. Este conceito é bastante útil para o estudo de movimentos de rotação. Vejamos a situação em estudo ilustrada na figura a seguir.

Figura 8.25
A Figura 8.25, em perspectiva, mostra uma roda rolando em uma superfície plana horizontal.

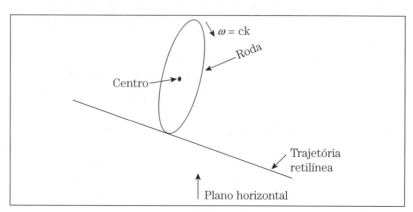

Assim, a velocidade do centro da roda é dada pela velocidade angular multiplicada pela distância do eixo instantâneo de rotação – ponto de contado da roda com o piso – ao centro da roda. Isto é,

$$v_{CR} = \omega R$$

sendo v_{CR} a velocidade do centro da roda, ω a velocidade angular e R o raio da roda. Veja que o raio da roda é a distância do eixo instantâneo de rotação ao centro da roda. Assim, encontramos o valor procurado de v_{CR},

$$v_{CR} = 30 \times 0{,}35 \Rightarrow v_{CR} = 10{,}5 \text{ m} \cdot \text{s}^{-1}$$

Interpretando: a velocidade do centro da roda, em relação ao piso, é de 10,5 m/s. Veja que ao falarmos de velocidade, e de várias outras grandezas físicas, temos que especificar o referencial, no caso, dizer que a velocidade do centro da roda está sendo calculada em relação ao referencial fixo no piso em que rola a roda. Continuando, vamos agora encontrar a velocidade do ponto superior da roda. Usando o mesmo raciocínio usado anteriormente,

$$v_{PS} = \omega D$$

sendo v_{PS} a velocidade do ponto superior da roda, ω a velocidade angular e D a distância do ponto superior da roda ao centro instantâneo de rotação, isto é, o ponto de contato. Veja que a distância D é o diâmetro da roda. Assim, encontramos o valor procurado de v_{PS},

$$v_{PS} = 30 \times (2 \times 0{,}35) \Rightarrow v_{PS} = 21 \text{ m} \cdot \text{s}^{-1}$$

Interpretando este resultado: a velocidade do ponto superior da roda, em relação ao piso, é de 21 m/s. Enfatizando, mais uma vez, ao falarmos de velocidade, e de várias outras grandezas físicas, temos necessariamente que especificar o referencial. Neste caso dizer que a velocidade do ponto superior da roda está sendo calculada em relação ao referencial fixo no

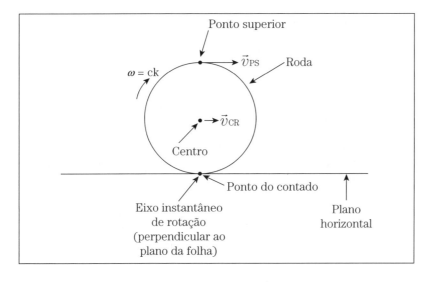

Figura 8.26
A Figura 8.26 mostra as velocidades nos três pontos da roda rolando em uma superfície plana horizontal.

piso em que a roda gira sem deslizar. Temos, finalizando este problema, uma representação esquemática da roda girando e mostrando as velocidades nos pontos em que foram calculadas as velocidades em relação ao referencial fixo no piso.

2. Consideremos novamente uma roda que rola sem deslizar em uma superfície e que o ponto de contato da roda no piso percorre uma trajetória retilínea. Determinar a energia cinética total do sistema mecânico em relação ao piso. Considere a roda de raio de 0,5 m rolando, **sem escorregar,** em uma superfície e com velocidade angular constante igual a 100 rad/s. A roda tem massa igual a 40 kg e momento de inércia igual a 6 kg.m^2.

Resposta:

A energia cinética depende da velocidade e esta depende do referencial escolhido. Considerando o conceito de eixo instantâneo de rotação, a energia cinética total da roda é igual à energia cinética de rotação da roda que gira em torno do eixo instantâneo de rotação. Assim, podemos escrever que a energia cinética total do sistema mecânico em estudo em relação ao eixo instantâneo de rotação é dada por

$$EC = \frac{1}{2} I_{EIR} \omega^2$$

sendo I_{EIR} o momento de inércia em relação ao eixo instantâneo de rotação e ω a velocidade angular. Considerando o teorema dos eixos paralelos, podemos escrever

$$I_{EIR} = I_{CM} + Md^2$$

sendo I_{CM} o momento de inércia da roda em relação ao seu centro de massa, M a massa total da roda e d a distância do ponto de contato da roda com o piso e o seu centro de massa.

Multiplicando ambos os membros da equação acima por $\frac{1}{2}\omega^2$ temos

$$\frac{1}{2}\omega^2 I_{EIR} = \frac{1}{2}\omega^2 (I_{CM} + Md^2) \Rightarrow \frac{1}{2} I_{EIR} \omega^2 = \frac{1}{2} I_{CM} \omega^2 + \frac{1}{2} Md^2 \omega^2$$

Como $d \cdot \omega$ é a velocidade linear do centro de massa em relação ao referencial fixo no piso que gira a roda, chegamos à expressão

$$\frac{1}{2} I_{EIR} \omega^2 = \frac{1}{2} I_{CM} \omega^2 + \frac{1}{2} Md^2 \omega^2 \Rightarrow$$

$$\frac{1}{2} I_{EIR} \omega^2 = \frac{1}{2} I_{CM} \omega^2 + \frac{1}{2} M v_{CM}^2$$

Desta forma temos a importante expressão que nos permite encontrar a energia cinética total de um corpo rígido que realiza movimentos complexos, que podemos considerar como realizando movimento de rotação em relação ao seu centro de massa e o seu centro de massa realizando movimento de translação. Usando esta relação matemática, podemos determinar a energia cinética da roda considerando os valores numéricos das grandezas em questão,

$$EC = \frac{1}{2} I_{EIR} \omega^2 = \frac{1}{2} I_{CM} \omega^2 + \frac{1}{2} M v_{CM}^2$$

$$= \frac{1}{2} \times 6 \times 100^2 + \frac{1}{2} \times 40 \times (100 \times 0,5)^2 \Rightarrow$$

$$EC = 30.000 + 50.000 \Rightarrow EC = 8 \times 10^4 \text{ J}$$

O problema resolvido acima poderia ser muito bem ilustrado com sendo próximo à situação de uma roda de caminhão ou ônibus com velocidade de aproximadamente 180 km/h. Este problema mostra como as rodas de um veículo estocam uma quantidade grande de energia. A situação ilustra também que muitos resultados podem ser obtidos considerando as suas partes e estas, em geral, são mais fáceis de serem analisadas. Assim, como outro exemplo, podemos considerar uma chave inglesa lançada ao campo gravitacional. O seu movimento, movimento complicado, pode ser analisado considerando o movimento de rotação em relação ao centro de massa da chave inglesa em composição ao movimento de translação do centro de massa. Veja que em todas essas operações de velocidades temos que considerar a análise vetorial, uma vez que a velocidade é uma grandeza vetorial. A solução apresentada pretende nos mostrar que problemas complicados podem ser decompostos em problemas mais simples. Este tipo de procedimento deve ser sempre explorado.

3. Seja uma estrutura mecânica formada por um disco cilíndrico fabricado em alumínio. A espessura do disco é de 10 cm e o seu diâmetro é de 1,2 m. São instaladas no disco seis peças de formato esférico a uma distância de 30 cm do centro do disco. As esferas são fixadas por parafusos. Cada uma delas tem massa igual a 2,3 kg e raio de 6 cm. Determine o momento de inércia da estrutura mecânica em relação ao eixo que passa perpendicularmente ao plano do disco e o seu centro (situação típica de um volante ou roda).

Resposta:

Analisaremos o problema, entendendo a geometria proposta e, em seguida, faremos algumas suposições simplificadoras aceitáveis para solucionar o problema. Como enfatizamos em outros problemas, deveremos sempre analisar o problema e considerar um modelo a ser utilizado em sua solução. Como no enunciado, as peças esféricas a serem instaladas são parafusadas a igual distância do centro e estão igualmente afastadas das vizinhas mais próximas. Isto significa que os centros das seis peças esféricas formam um hexágono centrado no centro do disco de alumínio. Tente visualizar a situação! Muitas vezes nas atividades tecnológicas as ideias são passadas por meio de palavras, sem um desenho disponível. Certamente uma figura ou um desenho é mais esclarecedor, mas nem sempre eles estão disponíveis. Continuando, em nosso modelo vamos considerar como simplificação o fato de desprezarmos os parafusos no cálculo do momento de inércia. Se tivéssemos que considerá-los, não seria difícil considerar o seu efeito no cálculo, uma vez que poderíamos admitir o seu centro de massa, a distância ao centro de rotação e a massa dos parafusos. Como nosso sistema tem muita massa, o efeito dos parafusos pode ser desprezado. Veja que estamos considerando os parafusos distribuídos uniformemente ao longo do disco. Se tivéssemos considerado a distribuição não simétrica em relação ao centro e diferentes distâncias entre elas, certamente teríamos o efeito do desbalanceamento. Assim, mesmo tendo os parafusos massas relativamente pequenas, por exemplo, em alta rotação o efeito seria bastante perceptível. Sabemos que, ocorre quando as rodas dos carros estão desbalanceadas, os mecânicos instalam pequenas massas distribuídas criteriosamente ao redor da roda. Vamos ao cálculo do momento de inércia do sistema mecânico. Vamos considerar primeiro o cálculo do momento de inércia do disco de alumínio e em seguida adicionar o momento de inércia das esferas distribuídas no disco de alumínio.

O disco de alumínio tem o momento de inércia dado pela expressão

$$I_{Disco} = \frac{M_{Disco} r_{Disco}^2}{2} = \rho_{Al} \cdot V_{Disco} \frac{r_{Disco}^2}{2}$$

sendo M_{Disco} a massa do disco de alumínio, r_{Disco} o raio do disco, ρ_{Al} a densidade do alumínio, igual a 2700 kg.m^{-3} (estamos considerando alumínio laminado) e V_{Disco} o volume do disco. Inserindo os valores na expressão acima, temos

$$I_{Disco} = \rho_{Al} \cdot V_{Disco} \frac{r_{Disco}^2}{2} = \rho_{Al} \cdot (A_{Disco} \cdot E_{Disco}) \frac{r_{Disco}^2}{2}$$

$$= \rho_{Al} \cdot (\pi \cdot r_{Disco}^2 \cdot E_{Disco}) \frac{r_{Disco}^2}{2} \Rightarrow$$

$$I_{Disco} = 2700 \cdot (\pi \cdot 0,6^2 \cdot 0,1)\frac{0,6^2}{2} \Rightarrow$$

$$I_{Disco} = 55 \text{ kg.m}^2$$

Calculemos agora o momento de inércia das seis peças esféricas instaladas a uma distância de 0,3 m do centro do disco. O cálculo é feito a seguir, considerando o momento de inércia de somente uma esfera. Vamos utilizar o teorema dos eixos paralelos, assim, o momento de inércia da esfera em torno do eixo do disco, I_{Esfera}, é igual o momento de inércia da esfera em torno de seu próprio eixo (eixo passando pelo centro da esfera), I_{CM}, mais o momento de inércia da massa de esfera considerada concentrada em seu centro em relação ao eixo de rotação do disco, $M.d^2$ (d é distância do centro da esfera ao eixo de rotação do disco). Em termos matemáticos,

$$I_{Esfera} = I_{CM} + M_{Esfera} \cdot d^2 = 2 \cdot M_{Esfera} \frac{r_{Esfera}^2}{5} + M_{Esfera} \cdot d^2$$

$$= 2 \cdot 2,3 \cdot \frac{0,06^2}{5} + 2,3 \cdot 0,3^2 \Rightarrow$$

$$I_{Esfera} = 0,00331 + 0,207 \Rightarrow I_{Esfera} = 0,21 \text{ kg.m}^2$$

Como temos seis peças esféricas, o momento de inércia das seis peças é

$$I_{Esfera-Total} = 6 \cdot I_{Esfera} = 6 \cdot 0,21 \Rightarrow I_{Esfera-Total} = 1,26 \text{ kg.m}^2$$

Finalmente, podemos determinar o momento de inércia total do sistema mecânico,

$$I_{SistemaMec\ nico} = I_{Disco} + I_{Esfera-Total} = 55 + 1,26 \Rightarrow$$

$$I_{SistemaMecânico} = 56,26 \text{ kg.m}^2$$

Concluindo, vemos que a participação das seis peças esféricas, considerando a localização delas no disco, tem pequena presença no valor total do momento de inércia. Não devemos por isso dizer que a importância seja pequena. Como dissemos, em sistemas mecânicos em rotação, pequenos desbalanceamentos podem provocar severos danos ao conjunto, por exemplo, os mancais serão muito solicitados, teremos vibrações bastante indesejáveis e podendo ser bastante desconfortáveis, e outros efeitos. Certamente, tudo dependerá das aplicações e detalhes do sistema mecânico em questão.

4. Considere um corpo esférico rolando – sem escorregar – em um plano inclinado que forma um ângulo de 30° com a horizontal. Seja a esfera feita em cobre, esfera maciça, com diâmetro de 15 cm. Encontre o valor da velocidade da esfera, do seu centro de massa, quando ela está a 2,5 m abaixo, na direção vertical, de onde partiu. Considere que a esfera partiu do repouso. O desenho do arranjo é mostrado logo a seguir.

Figura 8.27
A Figura 8.27 mostra o corpo esférico rolando sobre a superfície plana inclinada.

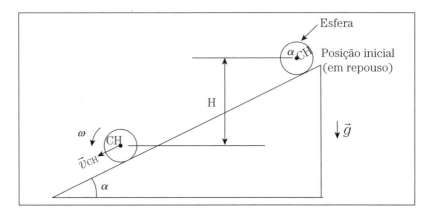

Resposta:

Vamos analisar este sistema mecânico que ilustra bastante bem o efeito da rotação em conjunto com a translação em relação a um movimento puramente de translação. Iniciamos a resolução do problema considerando duas maneiras de chegarmos à velocidade do centro de massa do cilindro 2,5 m abaixo, na vertical, de onde ele partiu. A primeira forma de cálculo é considerando somente as energias que estão em jogo no fenômeno, ou seja, uma análise puramente energética. A segunda forma de chegarmos à solução do problema é considerarmos as forças que agem no cilindro e, a partir da 2ª lei de Newton, encontrar o valor da velocidade do centro de massa da esfera. Tanto uma forma de cálculo como a outra tem vantagens e desvantagens. A grande vantagem de realizarmos uma análise puramente energética é que as grandezas físicas que concorrem no cálculo são escalares. No caso da análise considerando a 2ª lei de Newton, temos o envolvimento de forças e torques, e sabemos que essas grandezas são vetoriais, mais difíceis de trabalhar do que as grandezas escalares. Vamos inicialmente considerar a análise energética. Na posição em que a esfera parte do repouso, tanto a energia cinética de translação como a energia cinética de rotação são nulas. A esfera na posição de partida tem energia potencial. Na posição 2,5 m abaixo de onde partiu a esfera, o movimento transformou a energia potencial em energia cinética de translação e energia cinética de rotação, mais especificamente, energia cinética de translação do centro de massa da esfera e energia cinética de rotação da esfera em relação ao seu centro de massa. Veja que estamos considerando o referencial de trabalho fixo na base do plano inclinado. Assim, pelo do princípio de conservação de energia mecânica, podemos escrever a equação

$$EP_{Esfera} = EC_{Translação} + EC_{Rotação} \Rightarrow$$

$$M_{Esfera} \cdot g \cdot H = \frac{1}{2} \cdot M_{Esfera} \cdot v_{CM}^2 + \frac{1}{2} \cdot I_{Esfera} \cdot \omega_{Esfera}^2$$

sendo M_{Esfera} a massa da esfera, v_{CM} a velocidade do centro de massa da esfera em relação ao referencial fixo no plano, I_{Esfera} o momento de inércia da esfera em relação ao seu centro de massa, H a altura de partida do centro de massa da esfera, g a aceleração da gravidade e ω_{Esfera} a velocidade angular da esfera em relação ao seu centro de massa. Antes de colocarmos os valores numéricos para encontrar o valor da velocidade do centro de massa da esfera na posição 2,5 m abaixo, na direção vertical, do ponto de partida, vamos encontrar a expressão analítica e, a partir dela, analisar o movimento.

Sendo o momento de inércia da esfera

$$I_{Esfera} = \frac{2}{5} \cdot M_{Esfera} \cdot R_{Esfera}^2 \quad \text{e} \quad v = \omega_{Esfera} \cdot R_{Esfera}$$

Substituindo na equação da energia temos que,

$$EP_{Esfera} = M_{Esfera} \cdot g \cdot H = \frac{1}{2} \cdot M_{Esfera} \cdot v_{CM}^2 +$$

$$\frac{1}{2} \cdot \frac{2}{5} \cdot M_{Esfera} \cdot R_{Esfera}^2 \cdot \omega_{Esfera}^2 \Rightarrow$$

$$EP_{Esfera} = M_{Esfera} \cdot g \cdot H = \frac{1}{2} \cdot M_{Esfera} \cdot v_{CM}^2 +$$

$$\frac{1}{2} \cdot \frac{2}{5} \cdot M_{Esfera} \cdot R_{Esfera}^2 \cdot \left(\frac{v_{CM}}{R_{Esfera}}\right)^2 \Rightarrow$$

$$EP_{Esfera} = M_{Esfera} \cdot g \cdot H = \frac{1}{2} \cdot M_{Esfera} \cdot v_{CM}^2 + \frac{1}{5} \cdot M_{Esfera} \cdot v_{CM}^2 \Rightarrow$$

$$M_{Esfera} \cdot g \cdot H = \left(\frac{1}{2} + \frac{1}{5}\right) \cdot M_{Esfera} \cdot v_{CM}^2 \Rightarrow$$

$$M_{Esfera} \cdot g \cdot H = \frac{7}{10} \cdot M_{Esfera} \cdot v_{CM}^2 \Rightarrow$$

$$v_{CM} = \sqrt{\frac{10}{7} \cdot g \cdot H}$$

Este cálculo mostra que a esfera rolando, sem deslizar ou escorregar, chega à posição 2,5 m abaixo do ponto em que partiu do repouso com velocidade dada por

$$v_{CM} = \sqrt{\frac{10}{7} \cdot g \cdot H} \Rightarrow v_{CM} = \sqrt{\frac{10}{7} \cdot 10 \cdot 2,5} \Rightarrow v_{CM} = 6 \text{ m.s}^{-1}$$

Se a esfera deslizasse sem rolar, ela chegaria à mesma posição abaixo com o valor, já bem conhecido pelo estudo do movimento do ponto material, dado pela expressão

$$v_{CM} = \sqrt{2 \cdot g \cdot H}$$

Vemos assim, que o valor encontrado para a velocidade do centro de massa, no caso da esfera rolando sem deslizar, é menor que aquele da esfera descendo o plano inclinado sem rolar, somente deslizando. O motivo de ser menor a velocidade do centro de massa da esfera girando é que parte da energia potencial deve ser convertida em energia cinética de rotação. Outro ponto que chama a atenção é o fato de o resultado não depender da massa, pois poderíamos pensar que pelo fato de estar envolvida rotação, de alguma forma apareceria a massa do corpo em rotação. Vimos, em capítulos anteriores que a velocidade do centro de massa, qualquer que seja a geometria do corpo, não depende da massa ou de sua distribuição no corpo rígido. Aqui se coloca uma questão: a força de atrito é considerada uma força dissipativa, assim, por que não consideramos este fato? Por que usamos a conservação da energia mecânica no movimento? Pense! Mais à frente discutiremos este ponto.

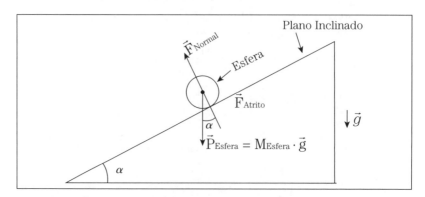

Figura 8.28
A Figura 8.28 mostra as forças que agem numa esfera descendo sem deslizar por um plano inclinado.

Considerando a 2ª lei de Newton, podemos escrever as equações do movimento do centro de massa do corpo esférico,

-Na direção perpendicular ao plano inclinado,
$F_{Normal} - M_{Esfera} \cdot g \cdot \cos\alpha = 0$

-Na direção paralela ao plano inclinado,

$$M_{Esfera} \cdot g \cdot sen\alpha - F_{Atrito} = M_{Esfera} \cdot a_{CM}$$

Vamos agora relacionar o movimento de translação do centro de massa da esfera em relação ao referencial fixo no plano inclinado com o movimento de rotação da esfera em relação ao seu centro de massa. Isso é possível fazer, pois há um vínculo entre os dois tipos de movimento; no caso, não há deslizamento da esfera na superfície do plano inclinado. Vamos exibir as equações do movimento de rotação da esfera em torno do seu centro de massa,

$$\mathbf{M}_{Esfera} = I_{Esfera} \cdot \alpha_{Esfera} \quad \text{e} \quad a = a_{CM} = \alpha_{Esfera} \cdot R_{Esfera}$$

$$I_{Esfera} = \frac{2}{5} \cdot M_{Esfera} \cdot R_{Esfera}{}^2$$

O torque que age na esfera é devido à força de atrito, pois tanto a força peso como a força normal passam pelo centro de massa, assim, os torques devidos a essas forças são nulos. Portanto,

$$\mathbf{M}_{Esfera} = F_{Atrito} \cdot R_{Esfera} \quad \text{e, como} \quad \mathbf{M}_{Esfera} = I_{Esfera} \cdot \alpha_{Esfera}$$

ficamos com $\quad \mathbf{M}_{Esfera} = I_{Esfera} \cdot \alpha_{Esfera}$

$$\Rightarrow F_{Atrito} \cdot R_{Esfera} = I_{Esfera} \cdot \alpha_{Esfera}$$

sendo $I_{Esfera} = \frac{2}{5} \cdot M_{Esfera} \cdot R_{Esfera}{}^2$ e $a_{CM} = R_{Esfera} \cdot \alpha_{Esfera}$

temos

$$F_{Atrito} \cdot R_{Esfera} = I_{Esfera} \cdot \alpha_{Esfera} = \frac{2}{5} \cdot M_{Esfera} \cdot R_{Esfera}{}^2 \cdot \alpha_{Esfera}$$

$$= \frac{2}{5} \cdot M_{Esfera} \cdot R_{Esfera}{}^2 \cdot \frac{a_{CM}}{R_{Esfera}} \Rightarrow$$

$$F_{Atrito} = \frac{2}{5} \cdot M_{Esfera} \cdot R_{Esfera}{}^2 \cdot \frac{a}{R_{Esfera}} \cdot \frac{1}{R_{Esfera}} =$$

$$\frac{2}{5} \cdot M_{Esfera} \cdot R_{Esfera}{}^2 \cdot \frac{a_{CM}}{R_{Esfera}{}^2} \Rightarrow$$

$$F_{Atrito} = \frac{2}{5} \cdot M_{Esfera} \cdot a_{CM}$$

Assim, das expressões acima, chegamos à aceleração do centro de massa

$$F_{Atrito} = \frac{2}{5} \cdot M_{Esfera} \cdot a_{CM} \Rightarrow a_{CM} = \frac{5}{2} \cdot \frac{F_{Atrito}}{M_{Esfera}}$$

Mas, sabemos pela 2ª lei de Newton, que

-Na direção paralela ao plano inclinado,

$$M_{Esfera} \cdot g \cdot sen\alpha - F_{Atrito} = M_{Esfera} \cdot a_{CM} \Rightarrow$$

$$\frac{F_{Atrito}}{M_{Esfera}} = g \cdot sen\alpha - a_{CM}$$

Portanto,

$$a_{CM} = \frac{5}{2} \frac{F_{Atrito}}{M_{Esfera}} = \frac{5}{2}(g \cdot sen\alpha - a_{CM}) \Rightarrow a_{CM} = \frac{5}{7} g \cdot sen\alpha$$

Então, vemos que o centro de massa da esfera rola, sem deslizar, plano inclinado abaixo com aceleração menor do que teria se deslizasse sem rolar. Vemos ainda que a esfera, o seu centro de massa, tem movimento retilíneo uniformemente variado, isto é, aceleração constante. Assim, por meio da equação de Torricelli, – equação vista no estudo do ponto material com aceleração constante, – chegamos ao valor da velocidade do centro de massa ao descer verticalmente, altura H, de 2,5 m do plano inclinado. Assim, pela equação de Torricelli, com o corpo partido do repouso, temos

$$v_{CM}^2 = 2 \cdot a_{CM} \cdot \frac{2,5}{sen\alpha} = 2 \cdot \frac{5}{7} g \cdot sen\alpha \cdot \frac{2,5}{sen\alpha} = \frac{10}{7} \cdot g \cdot 2,5 \Rightarrow$$

$$v_{CM} = \sqrt{\frac{10}{7} \cdot 10 \cdot 2,5} \Rightarrow v_{CM} = 6 \text{ m.s}^{-1}$$

Valor que coincide com aquele obtido por meio da análise puramente energética. Cabem alguns comentários para encerrar este exercício. As análises energética e dinâmica são complementares e há vantagens em cada uma delas. Na análise energética, como as grandezas envolvidas são escalares, os seus cálculos são mais fáceis de serem resolvidos. Em estudos mais aprofundados da mecânica, que escapam ao escopo deste livro, temos formulações alternativas da mecânica clássica que fazem uso exclusivo de considerações puramente energéticas. Nessas formulações – formulação de Euler-Lagrange e formulação de Hamilton-Jacobi – a noção de vetor não é usada, temos essencialmente o envolvimento de energias em seus cálculos. Essas formulações são muito mais poderosas que a formulação de Newton. Cabe mencionar que não são mecânicas diferentes, mas sim formulações diferentes da mesma mecânica, a mecânica clássica. Concluindo, ficou a questão do trabalho da força de atrito. Por que não consideramos o processo mecânico dissipativo? Ocorre que não há deslizamento entre as superfícies, assim, a força de atrito não trabalha no sentido de transformar a energia mecânica em energia térmica. No exercício resolvido, vimos que a força de atrito trabalha no sentido de transformar parte da energia potencial em energia cinética de rotação, por meio do torque da força de atrito. Tome cuidado, nem sempre a força de atrito dissipa energia! Temos a ideia que a força de atrito é sempre a força "vilã"! Temos erroneamente a ideia de que, em todas as situações físicas, força de atrito "degrada" a energia mecânica em energia térmica. Discuta esse assunto, em particular, com os seus colegas e professores. Discuta também o caso de a esfera, depois de descer o plano inclinado, seguir o movimento em um plano horizontal. Analise o caso real. Estes assuntos estão entre os conceitos mais importantes da física.

BIBLIOGRAFIA GERAL

1. AMALDI, Ugo. *Imagens da física.* As ideias e as experiências do pêndulo aos quarks. Tradução de Fernando Trotta. São Paulo: Scipione, 1995, 539 pp. (ISBN 8526224824)

2. CHAVES, Alaor & SAMPAIO, J. F. *Física básica.* Vol. I - Mecânica. 1ª ed., Rio de Janeiro: LTC, 2007, 328 pp. (ISBN 8521615493)

3. HALLIDAY, David & RESNICK, Robert & WALKER, Jearl. *Fundamentos de física.* Vol. I. 8ª ed., Rio de Janeiro: LTC, 2009, 368 pp. (ISBN 9788521616054)

4. McKELVEY, John P. & GROTCH, Howard. *Física.* Vol. I. 1ª ed., São Paulo: Harper & Row do Brasil, 1979, 428 pp.

5. NUSSENZVEIG, H. Moysés. *Curso de física básica* - I Mecânica. 4ª ed., São Paulo: Edgard Blücher, 2002, 328 pp. (ISBN 8521202989)

6. SERWAY, Raymond A. & JEWETT, John W. Jr. *Princípios de física.* Vol. I - Mecânica Clássica. 1ª ed., São Paulo: Thomson, 2003, 488 pp. (ISBN 8522103828)

7. TIPLER, Paul A. & MOSCA, Gene. *Física para cientistas e engenheiros.* Vol. I. 6ª ed., Rio de Janeiro: LTC, 2009, 824 pp. (ISBN 9788521617105)

GRÁFICA PAYM
Tel. (11) 4392-3344
paym@terra.com.br